中职信息技术

主　编　黄福林　卢婵娟　彭　阳

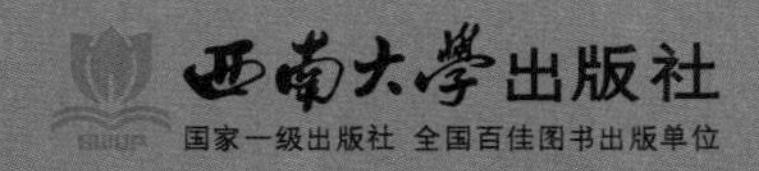

图书在版编目(CIP)数据

中职信息技术 / 黄福林，卢婵娟，彭阳主编. -- 2版. -- 重庆：西南大学出版社，2022.6
ISBN 978-7-5697-0410-5

Ⅰ.①中… Ⅱ.①黄… ②卢… ③彭… Ⅲ.①电子计算机—中等专业学校—教材 Ⅳ.①TP3

中国版本图书馆CIP数据核字(2022)第085177号

中职信息技术

主　编　黄福林　卢婵娟　彭　阳

责任编辑:曾　文　高　勇
责任校对:翟腾飞
装帧设计:杨　涵
排　　版:张　艳
出版发行:西南大学出版社
地址:重庆市北碚区天生路2号
邮编:400715
市场营销部电话:023-68868624
印　　刷:重庆康豪彩印有限公司
幅面尺寸:185 mm×260 mm
印　　张:15.5
字　　数:581千字
版　　次:2022年6月　第2版
印　　次:2023年3月　第1次印刷
书　　号:ISBN 978-7-5697-0410-5
定　　价:49.80元

尊敬的读者，感谢您使用西大版教材！如对本书有任何建议或要求，请发送邮件至xszjfs@126.com。

编委会

前言

在全国教育大会上，习近平总书记发表重要讲话，着眼我国教育事业的长远发展，对职业教育的改革和发展做出了重点部署，为坚决破除制约职业教育事业发展的体制机制障碍指明了方向和路径，对于加强推进职业教育现代化、建设教育强国、办好人民满意的教育具有重大指导意义。为此，教育部于2020年颁布了《中等职业学校信息技术课程标准》(以下简称“新课标”)。新课标明确了中职学校信息技术课程的性质与任务、学科核心素养与课程目标、课程结构、课程内容、学业要求、课程实施建议等具体内容。在教育教学中，采用新视野、新观念、新课标、新教材，实现课程改革。通过探索教材与教学设计、教育方法与教学手段的结合，共享教改新思想、课标新探索、教材新领悟、课程新设计、教学新举措和教研新经验。新课标变更了原有计算机应用基础课程名称及课程结构，拓展、丰富了课程内容，有助于增强学生信息意识，发展计算思维，提高数字化学习与创新能力，树立正确的信息社会价值观和责任感，培养符合时代要求的信息素养与适应职业发展需求的信息能力。课程改革在于教师、教材、教法的改革，教师是主体和关键，教材是载体，教法是路径，教师、教材改革最终通过教学改革来实现，主线是深化产教融合、校企合作，目标是理实一体，提高中职教学的针对性、实用性、职业性，提升中职学校人才培养质量。

本书按照“教师引导、自主学习”原则，融合行业标准、职业技能鉴定标准、“课程思政”等内容，开发有立体化数字资源(具体可咨询805639905@qq.com)。本教材的基础模块由信息技术应用基础、网络应用、图文编辑、数据处理、程序设计入门、数字媒体技术应用、信息安全基础、人工智能初步8个内容组成，适用于中职各专业学生学习，学时数共计108学时(6学分)；本教材的拓展模块由计算机与移动终端维护、小型网络系统搭建、实用图册制作、三维数字模型绘制、数据报表编制、数字媒体创意、演示文稿制作、个人网店开设、信息安全保护、机器人操作10个专题组成，根据各专业特点选修2~3个模块，学时数共计36学时(2学分)，可扫描教材最后的二维码，自行下载使用。

本书针对职业教育的教学特色，结合中职学生的学习特点，突显信息技术的课程特征，采用项目式编写模式编写，每个项目由学习目标、项目介绍、项目任务(任务描述、任务实施)、项目小结、学以致用等组成，符合学生认知规律，具有较强的针对性、实用性和可读性。

本书采用“理实一体学生学习清单”实现学生课前课中课后学习衔接；教材教学资源包括教学课件、视频、音频、应用软件、教学建议等，方便教师有效组织教学，体现“教中研”“研中教”；教材素材来源于生活、生产、工作中的实际案例，方便学生学有所用，体现“做中学”“学中做”。

本书由重庆市轻工业学校、重庆市工业学校、四川仪表工业学校、重庆北碚职业教育中心、重庆市矿业工程学校、重庆市新华技工学校承担编写任务，具体编写分工如下：黄仁祥编写了基础模块一和拓展模块一；杨宇巧编写了基础模块二和拓展模块五；黄福林编写了基础模块三和拓展模块三；蔺华编写了基础模块四和拓展模块七；吴珩编写了基础模块五和基础模块八；马鑫编写了基础模块六；赵久伟编写了基础模块七和拓展模块九；彭浪编写了拓展模块四和拓展模块十；陈可欣编写了拓展模块二；张立里、程清编写了拓展模块六。教学资源编写者有肖永莲、姚志娟、彭阳、李小平、张盼、周震、高宇、何洋、龙庭宇、雷洪波、夏显剑。本书由黄福林、卢婵娟统稿。另外特别聘请重庆市教育科学研究院职业教育与成人教育研究所信息技术教研员周宪章、重庆生产力促进中心副主任谢涛担任顾问，聘请重庆市工业学校副校长、正高级讲师吴帮用，重庆龙门浩职业中学校长助理、市级名师工作室负责人钟勤担任主任，聘请西南大学计算机与信息科学学院计算机基础系主任、硕士生导师邹显春担任主审，聘请本书编写单位领导杨景罡、陈玉明、邬疆、薛千万、陈勇、周彬、曾文担任编委委员。特别鸣谢武汉鹏达睿智科技有限公司经理蔡靖、重庆超星信息技术有限公司区域副总肖文给予的大力支持。

由于编者水平有限，本书难免疏漏或考虑不周之处，欢迎广大读者和选用本教材的老师提出宝贵意见和建议，以便及时调整补充。

目录 CONTENTS

模块一 信息技术应用基础

项目一 信息技术的基本概念 3
任务一 信息技术的定义与特征 3
任务二 信息系统的构成 5
任务三 信息在计算机中的表示 9

项目二 操作系统 14
任务一 认识各种操作系统 14
任务二 实用的操作系统 15
任务三 操作系统文件管理 21
任务四 更改系统设置 23

模块二 网络应用

项目一 神秘的计算机网络 29
任务一 认识计算机网络 29
任务二 认识计算机网络的分类 31
任务三 认识计算机网络的构成 33
任务四 认识计算机网络工作原理 36

项目二 多彩的计算机网络 38
任务一 搜索网络资源 38
任务二 下载网络资源 41
任务三 学会网络沟通 44
任务四 合法合理使用网络 48
任务五 应用物联网 51

项目三 实用的小型局域网 53
任务一 选购、安装网卡 53
任务二 制作双绞线 55
任务三 组建对等网 58
任务四 配置网络协议 59
任务五 配置路由器 61
任务六 测试连通性 62

项目四 实用的无线局域网 64
任务一 安装无线网卡 64
任务二 配置无线路由器 67
任务三 配置无线终端设备 68

模块三 图文编辑

项目一 美观的校园宣传报 75
任务一 设置页面格式 76
任务二 设置文档字符、段落格式 77
任务三 编辑图片、文本框、形状、图形 78
任务四 编辑带圈字符、文本效果、中文版式 80

项目二 规范的计算机教材 82
任务一 规划版面 83
任务二 编辑脚注、项目符号、编号、水印 84
任务三 编辑页眉、页码、目录 85
任务四 设计封面 86

项目三 灵活的学生信息表 88
任务一 制作Word表格 89
任务二 整理Excel表格信息 90
任务三 邮件合并 91

项目四 动感的学校宣传稿 93
任务一 规划演示文稿页面 94
任务二 添加目录和超级链接 96
任务三 设置母版、动画和切换效果 97

项目五 精美的个人相册集 100
任务一 新建文件和模板使用 101
任务二 添加文字和图片 102
任务三 编辑和使用母版页 104
任务四 打印相册 105

模块四 数据处理

项目一 规范的学生信息 109
任务一 完善新生信息表 109

任务二　计算新生中考成绩　113
任务三　分析新生中考成绩　115

项目二　灵活实用的小商品账目表　119
任务一　创建“小食品批发账目”工作簿　120
任务二　分析各类商品的销售情况　123
任务三　查看客户的进货情况　125

项目三　严谨的员工月度出勤统计　129
任务一　创建员工年假表　130
任务二　建立员工月度出勤表　133
任务三　统计月度出勤情况　136

模块五　程序设计入门

项目一　初识程序设计　143
任务一　认识程序及程序设计语言　143
任务二　了解主流程序设计语言及特点　145

项目二　规范的C语言基本规则　146
任务　认识C语言程序设计基础　147

项目三　实用的超市计费小程序　158
任务　设计超市计费小程序　158

模块六　数字媒体技术应用

项目一　最美证件照　165
任务一　了解数字图像的基本参数　165
任务二　获取证件照原始图像　170
任务三　编辑证件照原始图像　172
任务四　裁剪输出证件照图像　174

项目二　串烧音乐　176
任务一　了解数字音频的相关概念　176
任务二　录制音频　180
任务三　修饰音频　182
任务四　制作串烧音乐　187

项目三 数字视频 190
任务一 了解数字视频的相关概念 190
任务二 屏幕录制 193
任务三 编辑视频 195
任务四 视频格式转换 197

模块七 信息安全基础

项目一 重要的信息安全 203
任务一 认识信息安全 204
任务二 防范网络攻击 205

项目二 实用的信息系统安全技术 208
任务一 管理用户及密码 208
任务二 使用杀毒软件 211
任务三 设置系统防火墙 212
任务四 修补系统漏洞 215
任务五 保障计算机中的数据安全 216

模块八 人工智能初步

项目一 奇妙的人工智能 221
任务一 初识人工智能 221
任务二 无所不在的人工智能 223

项目二 体验腾讯AI开放平台 225
任务一 进入“腾讯AI体验中心” 226
任务二 “腾讯AI体验中心”典型功能应用 228

项目三 智慧的机器人 231
任务一 初识机器人 231
任务二 无所不能的机器人 234

附 录 拓展专题二维码

模块一

信息技术应用基础

人类社会已由工业化时代转入信息化时代。在信息化时代中，信息是一种非常重要的资源，它彻底改变了人们工作、学习和生活的方式，人们获取、加工、处理、传播信息的方式发生了重大改变。本模块介绍了信息技术的基本概念、信息技术的发展趋势和应用领域，信息系统的构成以及信息的表示，结合常见信息技术设备的使用，以Windows 10为例，对操作系统做了全面的介绍。

本模块通过信息易共享特性，引导学生增强信息安全意识，加强爱国主义教育；通过对计算机工作原理的讲授，让学生明白知识积累的必要性，鼓励学生努力学习，为祖国的繁荣富强添砖加瓦；通过对华为鸿蒙系统的介绍，讲解关键技术自主开发的重要性，激励学生奋发图强，增强为国增光的思想意识；通过对文件管理内容的讲解，让学生明析科学高效管理的必要性，指导学生用科学的方法努力学习，增强自律力，加快成才的步伐，早日为国做出自己的贡献。

本模块内容引导学生了解信息技术的发展趋势、应用领域以及现代信息技术相关知识，培养学生的信息意识；通过对不同进制转换的训练，加强学生的计算思维能力；通过对操作系统的讲授，能提高学生数字化资源自主学习的能力，增强其创新意识；学生通过对鸿蒙操作系统的学习增进了信息社会的责任感和使命感。

项目一 信息技术的基本概念

学习目标

(1)知道数据、信息、信息系统的概念。
(2)知道信息的特性。
(3)知道信息系统的构成。
(4)知道信息在计算机中如何表示。
(5)能进行不同数制之间的转换。

项目介绍

阿信已经是一名中职学生了,通过学校的入学教育他认识到自己即将是一名新型的社会主义劳动者,社会对新型的社会主义劳动者提出了更高要求,不再只是要求掌握单一的技能,还要求掌握和利用信息技术提高劳动生产率,创造更多的社会价值。

项目任务

任务一 信息技术的定义与特征

任务描述

学习信息的基本理论知识,掌握信息的基本特征,了解未来信息技术发展趋势。

任务实施

一、数据和信息

拓展资源

数据术语

数据和信息是信息系统中最基本的术语。数据是指记录下来的事实，是客观实体属性的值。

信息是对各种事物的特征及事物运动变化的反映，又是事物之间相互作用和联系的表示。

二、数据和信息的关系

数据和信息既有联系又有区别。数据是记录客观事物的可以被鉴别的符号(或载荷信息的特征符号)，其本身并无意义；信息则是数据所蕴含的关于客观事物的知识。数据只有经过处理和解释后并赋予一定的意义才成为信息。数据能够表示信息，但并不是任何数据都能够表示信息。信息不随载荷它的物理介质改变而变化，数据却不然，由于载体的不同，数据的表现形式也可以不同。

三、信息的特性

1.信息必须依附于某种载体进行传输

承载信息的物体称为载体。信息由信源发出后，可以借助于载体以相对独立的形式运动，即信息可以脱离信源进行传输，且在传输过程中可以转换载体而不影响信息的内容。

2.信息是可以识别的

信息可以采取直接观察、比较和间接识别等方式加以识别。

3.信息是可以处理的

信息可以通过一定的手段进行处理，如扩充、压缩、分解、综合、抽取、排序、决策、创造等。

4.信息能够以不同的形式进行传递、还原再现

信息可以通过不同的方法进行处理，然后用不同的形式进行传输，到达信宿后，再通过相应的处理还原再现。例如，人与人之间进行信息传递，是以感情、声音、文字、动作、图像、表格等形式，通过视觉、听觉、嗅觉、仪器、仪表和各种传感器来传递和还原再现的。

5.信息是可以共享的

信息具有扩散性，如前所说，同一信源可以供给多个信宿，因此信息是可以共享的。

6.信息有时效性和时滞性

某些信息在一定的时间内是有效的信息，在此时间之外就是无效信息。信息如不能及时反映事物的最新变化，其时效性就会降低。

7. 信息是可多次利用的

信息不会因信宿的多少而减少，并且一种信息可以多次被反复利用。

8. 信息是可以存储的

信息可以用不同的方式存储在不同的介质上。人类发明的文字、摄影、录音、录像和各式各样的存储器等都可以进行信息存储。

9. 信息是可以转换的

信息可以从一种形态转换为另一种形态。如信息可转换为语言、文字、图像等形态，也可转换为电信号或代码。

10. 信息是有价值的

信息是一种资源，因而信息是有价值的。信息的价值与信息反映事物的时间快慢有关，反映的时间越快，信息的价值就越大。

四、信息社会的发展趋势

当今世界，以信息技术为代表的新一轮科技革命方兴未艾，信息技术日新月异，以数字化、网络化、智能化为特征的信息化浪潮蓬勃兴起。信息化改变了人们的生产生活方式。

建设智慧社会是建设创新型国家的重要一环，是满足人民日益增长的美好生活需要的重要基础。它推动智慧公共服务深入发展，努力缩小城乡、区域发展差距，用法治保障公民个人信息安全。

任务二　信息系统的构成

任务描述

这一任务中阿信可以学习到有关信息系统的一些基本知识，如信息系统、数据处理系统、计算机系统等。

拓展资源

信息系统的构成

拓展资源

数据处理系统的构成

拓展资源

办公自动化系统的构成

任务实施

一、信息系统、数据处理系统及办公自动化系统的构成

信息系统是与信息加工、信息传递、信息贮存以及信息利用等有关的系统。

数据处理系统是由设备、方法、过程，以及人为组成并完成特定的数据处理功能的系统。

办公自动化系统是由计算机、办公自动化软件、通信网络、工作站等设备组成，使办公过程实现自动化的系统。

计算机系统是信息系统最重要的组成部分，也是目前使用最普遍的信息系统。

二、计算机系统的常用软硬件

没有安装任何软件的计算机通常称为“裸机”，裸机是无法工作的。如果计算机硬件脱离了计算机软件，那么它就成了一台无用的机器。如果计算机软件脱离了计算机的硬件就失去了它运行的物质基础，所以说二者相互依存，缺一不可，共同构成一个完整的计算机系统。如图1-1-1所示。

拓展资源
计算机软件术语

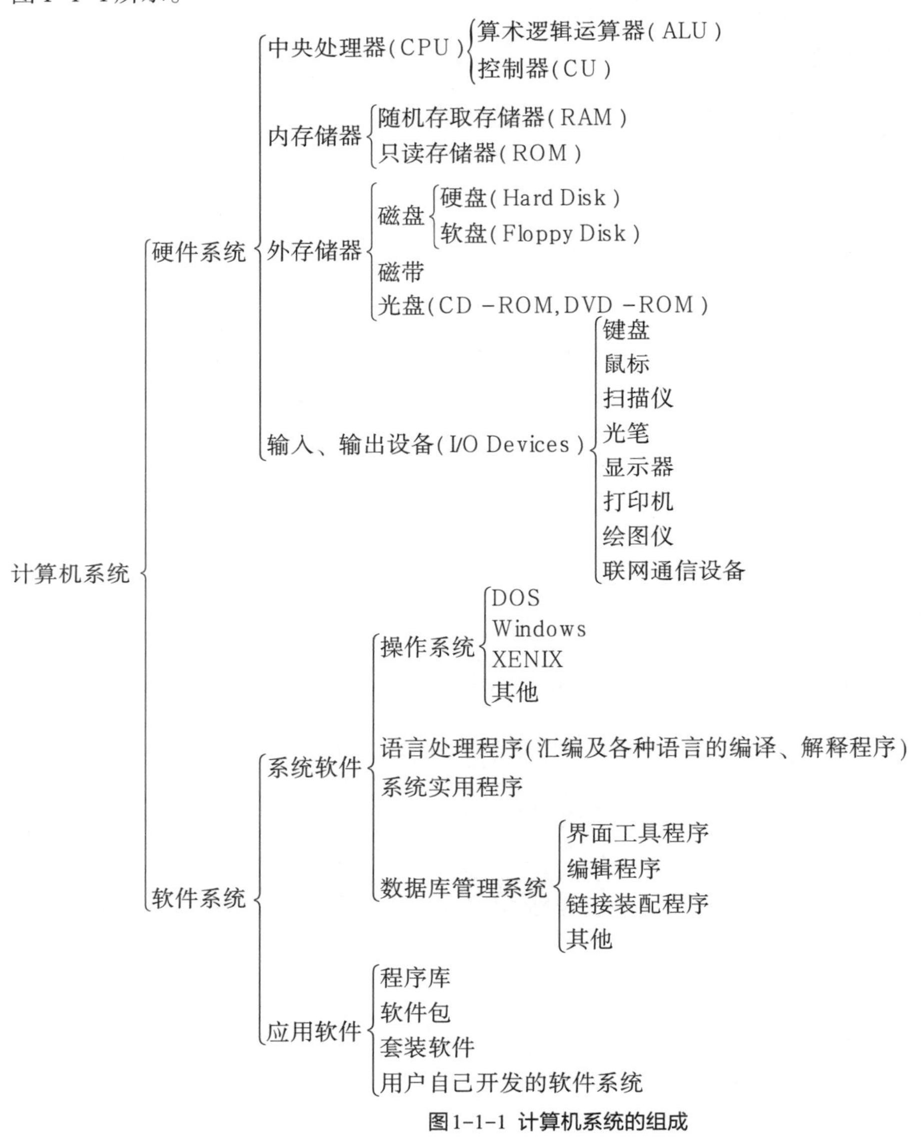

图1-1-1 计算机系统的组成

1. 计算机硬件系统的基本组成及工作原理

计算机硬件由五个基本部分组成:运算器、控制器、存储器、输入设备和输出设备。计算机内部采用二进制来表示程序和数据,采用“存储程序”的方式,将程序和数据放入同一个存储器中(内存储器),计算机能够自动高速地从存储器中取出指令加以执行。

计算机硬件系统的组成,如图1-1-2所示。

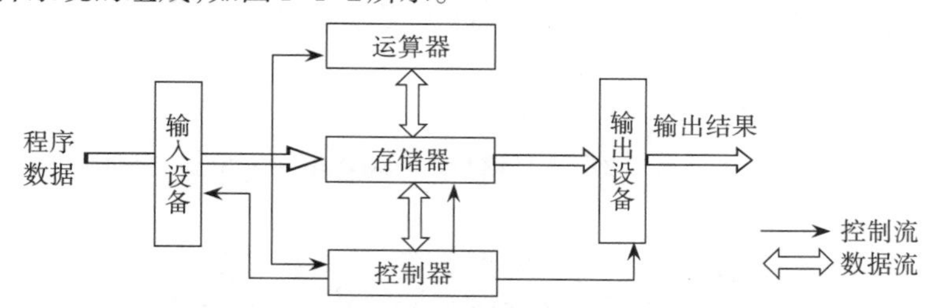

图1-1-2 计算机硬件系统的组成及工作原理

(1)运算器(ALU)。

运算器也称为算术逻辑单元(ALU,Arithmetic Logic Unit)。它的功能是完成算术运算和逻辑运算。算术运算是指加、减、乘、除及它们的复合运算。而逻辑运算是指“与”“或”“非”等逻辑比较和逻辑判断等操作。在计算机中,任何复杂运算都转化为基本的算术与逻辑运算,然后在运算器中完成。

(2)控制器(CU)。

控制器(CU,Controller Unit)是计算机的指挥系统,控制器一般由指令寄存器、指令译码器、时序电路和控制电路组成。它的基本功能是从内存取指令和执行指令。指令是指示计算机如何工作的一步操作,由操作码(操作方法)及操作数(操作对象)两部分组成。控制器通过地址访问存储器,逐条取出选中单元指令,分析指令,并根据指令产生的控制信号作用于其他各部件来完成指令要求的工作。上述工作周而复始,保证了计算机能自动连续地工作。

通常将运算器和控制器统称为中央处理器,即CPU(Central Processing Unit),它是整个计算机的核心部件,是计算机的“大脑”。它控制了计算机的运算、处理、输入和输出等工作。

(3)存储器(Memory)。

存储器是计算机的记忆装置,它的主要功能是存放程序和数据。程序是计算机操作的依据,数据是计算机操作的对象。

程序和数据在计算机中以二进制的形式存放于存储器中。存储容量的大小以字节为单位来度量。经常使用kB(千字节)、MB(兆字节)、GB(千兆字节)和TB来表示。它们之间的关系是:1kB=1024B=2^{10}B,1MB=1024kB=2^{20}B,1GB=1024MB=2^{30}B,1TB=1024GB=2^{40}B,在某些计算中为了计算简便经常把2^{10}(1024)默认为是1000。

位(Bit):位是计算机存储数据的最小单位。机器字中一个单独的符号“0”或“1”被称为一个二进制位,它可存放一位二进制数。

字节(Byte,简称B):字节是计算机存储容量的度量单位,也是数据处理的基本单位,8个二进制位构成一个字节。一个字节的存储空间称为一个存储单元。

字(Word):计算机处理数据时,一次存取、加工和传递的数据长度称为字。一个字通常由若干个字节组成。

字长(Word Long):中央处理器可以同时处理的数据的长度为字长。字长决定CPU的寄存器和总线的数据宽度。现代计算机的字长有8位、16位、32位、64位等。

(4)输入设备。

常用的输入设备有键盘、鼠标、光笔、扫描仪、条形码阅读器等。

(5)输出设备。

常用的输出设备有显示器、打印机、绘图仪等。

通常我们将输入设备和输出设备统称为I/O设备(Input/Output)。它们都属于计算机的外部设备。

2. 计算机软件系统

一个完整的计算机系统是由硬件和软件两部分组成的。软件按其功能划分,可分为系统软件和应用软件两大类型。

三、计算机的发展

根据所使用的关键电子器件的不同,电子计算机的发展被分为四个时代。

(1)第一代:电子管数字机(1946—1958年)。

(2)第二代:晶体管数字机(1959—1964年)。

(3)第三代:集成电路数字机(1965—1970年)。

(4)第四代:大规模集成电路机(1971年至今)。

计算机(computer)俗称电脑,是现代一种用于高速计算的电子计算机器,可以进行数值计算,又可以进行逻辑计算,还具有存储记忆功能。它是能够按照程序运行,自动、高速处理海量数据的现代化智能电子设备。

电子管数字机

晶体管数字机

集成电路数字机

大规模集成电路机

任务三　信息在计算机中的表示

任务描述

计算机要处理信息，必须先以某种方式表示信息、存储信息，计算机要处理的数字、文字、图形、动画、音频、视频信息以及处理这些信息的程序都需要以某种规定的形式表达、存储，然后由硬件识别并处理。现代计算机都采用二进制的“0”“1”组合来表示各种信息。

任务实施

一、信息在计算机中的表示

计算机中采用的是二进制数，即在计算机中保存和处理的只能是0和1的数字结合。而人们日常生活中以十进制作为主要的计算方式，所以要实现人与计算机之间信息的交互，首先要了解不同数制之间是如何转换的。考虑到计算机内部采用二进制计数，为了方便书写和显示，有时也用其他进制，所以我们不但要了解二进制，还需要了解八进制、十六进制及它们之间的转换等。

1.进制计数的有关概念

基数（基）：在采用进位计数的数字系统中，如果只用r个基本符号（例如$0,1,2,\cdots,r-1$）表示数值，则称其为基r数制，r称为该数制的“基数”，在进位计数制中常用“基数”来区别不同的进制。

位权（权）：任何一个进制的数都是由一串数码表示的，其中每一位数码所表示的实际大小与它所在的位置有关，由位置决定的值叫位权。

2.按权展开式：某数位的数值等于该位的系数和权的乘积

对任何一种进位计数制表示的数都可以写出按其权展开的多项式之和，任意一个r进制数$a_{n-1}a_{n-2}\cdots a_1a_0a_{-1}\cdots a_m$（其中$n$为整数位数，$m$为小数位数）可表示为：

$$a_{n-1}\times r^{n-1}+a_{n-2}\times r^{n-2}+\cdots+a_1\times r^1+a_0\times r^0+a_{-1}\times r^{-1}+\cdots+a_{-m}\times r^{-m}$$

其中：a_i是数码，r是基数，r^i是权；不同的基数，表示是不同的进制数。

二、计算机中常用的进制数

1. 十进制数

十进制数的主要特点：基数是10，由10个数码（数符）构成，即0，1，2，3，4，5，6，7，8，9。进位规则是“逢十进一”。各数位的权为10的幂。任意一个十进制数，如527可表示为$(527)_{10}$、$[527]_{10}$或527D。有时表示十进制数后的下标10或D也可以省略。

一般地说，任意一个十进制N可表达为以下形式：

$[N]_{10}=a_{n-1}\times10^{n-1}+a_{n-2}\times10^{n-2}+\cdots+a_1\times10^1+a_0\times10^0+a_{-1}\times10^{-1}+\cdots+a_{-m}\times10^{-m}$

例1-1-1：$1234.56=1\times10^3+2\times10^2+3\times10^1+4\times10^0+5\times10^{-1}+6\times10^{-2}$

2. 二进制数

二进制数的特点：基数是2，只有两个数码（数符）：0和1。进位规则是“逢二进一”。每左移一位，数值增大一倍；右移一位，数值减小一半。各数位的权为2的幂。

任意一个二进制数，如110可表示为$(110)_2$、$[110]_2$或110B。二进制数可以在数的后面放一个B（Binary）作为标志符，表示这个数是二进制数。

一般地说，任意一个二进制N可表达为以下形式：

$[N]_2=a_{n-1}\times2^{n-1}+a_{n-2}\times2^{n-2}+\cdots+a_1\times2^1+a_0\times2^0+a_{-1}\times2^{-1}+\cdots+a_{-m}\times2^{-m}$

例1-1-2:$111.11B=1\times2^2+1\times2^1+1\times2^0+1\times2^{-1}+1\times2^{-2}$

3. 八进制数

八进制数的特点：基数是8，由8个数码（数符）构成，即0，1，2，…，7。进位规则是“逢八进一”。各数位的权为8的幂。

任意一个八进制数，如425可表示为$(425)_8$、$[425]_8$或425Q（注：为了区分O与0，常把O用Q来表示）。

一般地说，任意一个八进制N可表达为以下形式：

$[N]_2=a_{n-1}\times8^{n-1}+a_{n-2}\times8^{n-2}+\cdots+a_1\times8^1+a_0\times8^0+a_{-1}\times8^{-1}+\cdots+a_{-m}\times8^{-m}$

例1-1-3：$(1234.56)_8=1\times8^3+2\times8^2+3\times8^1+4\times8^0+5\times8^{-1}+6\times8^{-2}$

4. 十六进制数

十六进制数的特点：基数是16，由6个数码（数符）构成，即0，1，2，…，A，B，C，D，E，F。其中A，B，C，D，E，F分别代表10，11，12，13，14，15。进位规则是“逢十六进一”。与其他进制的数一样，同一数符在不同数位所代表的数值是不相同的。每左移一位，数值增大16倍；右移一位，数值减小16倍。各数位的权为16的幂。

任意一个十六进制数，如7B5可表示为$(7B5)_{16}$，或$[7B5]_{16}$，或者为7B5H。在十六进制数的后面加一个H（Hexadecimal）表示是十六进制数。

一般地说，任意一个十六进制N可表达为以下形式：

$[N]_{16}=a_{n-1}\times16^{n-1}+a_{n-2}\times16^{n-2}+\cdots+a_1\times16^1+a_0\times16^0+a_{-1}\times16^{-1}+\cdots+a_{-m}\times16^{-m}$

$(12A4.56)_{16}=1\times16^3+2\times16^2+A\times16^1+4\times16^0+5\times16^{-1}+6\times16^{-2}$

三、不同进制的转换

1. 二进制数与八进制数的相互转换

二进制数转换成八进制数以小数点为基准，整数部分自右向左分，每三位一组，最高位不足三位时，在左面添0补足三位；小数部分自左向右，每三位一组，最低有效位不足三位时，在右面用0补足三位。然后将每组的三位二进制数转换成对应的的一位八进制数即可。

例1-1-4：101100010011100B＝101　100　010　011　100B＝$(5423)_8$

例1-1-5：11010.1110100B＝011　010.111　010B＝$(32.72)_8$

八进制数转换成二进制数，将每一位八进制数用相应的三位二进制数表示。

例1-1-6：3456 Q＝011 100 101 110B

例1-1-7：70.01 Q＝111　000. 000　001B

2. 十进制数转换成二进制数

十进制数转换成R进制数，整数部分和小数部分要分别进行转换，然后将转换结果合并在一起。

对整数部分：除以R取余法，即整数部分不断除以R取余数，直到商为0为止，最先得到的余数为最低位，最后得到的余数为最高位。

对小数部分：乘R取整法，即小数部分不断乘以R取整数，直到小数为0或达到有效精度为止，最先得到的整数为最高位（最靠近小数点），最后得到的整数为最低位。

这里主要介绍十进制数转换成二进制数，其他可以此为参考。

（1）十进制整数转换成二进制整数的方法。先用2去除整数，然后用2逐次去除所得的商，直到商为0止，依次记下得到的各个余数。第一个余数是转换后的二进制数的最低位，最后一个余数是最高位。这种方法称为“除2取余法”。

（2）十进制小数转换成二进制小数的方法。逐次用2乘小部分，依次记下所得到的整数部分，直到积的小数部分为0止。第一个整数是二进制小数的最高位，最后一个整数是二进制小数的最低位。这种方法称为“乘2取整法”。

例1-1-16：将十进制数41.6875转换二进制数。

整数部分：

```
2 |41    …1
 2 |20   …0
  2 |10  …0
   2 |5  …1   ↑
    2 |2 …0
     2 |1 …1
        0
```

41=101001B

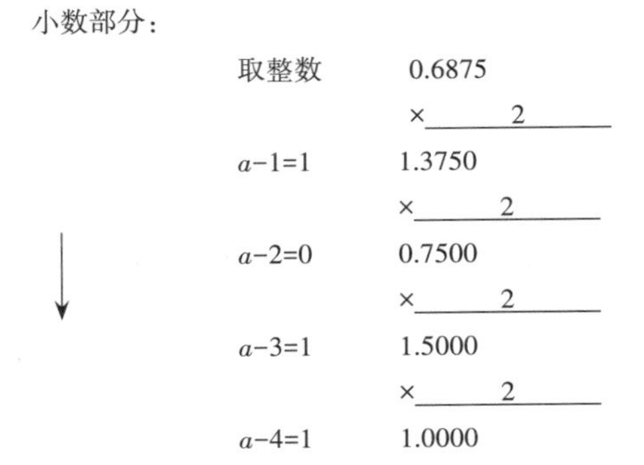

转换结果:41.71875=10101.1011B

四、常用的信息编码

在计算机内部,数字信息和非数字信号也是采用“0”和“1”两个符号来进行编码。

1.数字编码

为了使数据在输入和输出时更直观,可以用四位二进制数的形式来直接表示一位十进制数,这种表示方法称为二~十进制编码或称BCD编码,又叫8421BCD码。8421BCD码与十进制数的关系见表1-1-1。

表1-1-1 8421BCD码与十进制数的关系

十进制数	8421BCD码	十进制数	8421BCD码
0	0000	8	1000
1	0001	9	1001
2	0010	10	0001 0000
3	0011	11	0001 0001
4	0100	12	0001 0010
5	0101	13	0001 0011
6	0110	14	0001 0100
7	0111	15	0001 0101

2.英文编码

英文编码主要有三种,分别是ASCII码、EBCDIC码和Unicode码。

拓展资源

ASCII码

拓展资源

EBCDIC码

拓展资源

Unicode码

3.汉字编码

汉字信息处理系统在处理汉字和词语时，要进行一系列的汉字代码转换。常见的汉字编码有汉字国标码、汉字输入码(外码)、汉字内部码(内码)、汉字字形码(输出码)等。

汉字国标码

汉字输入码

汉字内部码

汉字字形码

项目二 操作系统

(1)知道常见的几种信息终端操作系统。
(2)知道几种信息终端操作系统特性。
(3)知道操作系统的特点。
(4)能在操作系统中管理文件与文件夹。
(5)能用控制面板对操作系统进行管理。

项目介绍

当今社会能对信息进行查看、接收、编辑等的终端设备有很多,如:电脑、手机等。他们的硬件设备在工作的时候,支撑硬件的操作系统可能不一样,那么广泛应用的操作系统都有哪些呢?阿信学习完这一部分知识后就可以认知各种不同的操作系统,并能操作主流的操作系统了。

项目任务

任务一 认识各种操作系统

任务描述

学习常见的操作系统,了解它们的发展历程及特点。

任务实施

一、Harmony OS

华为鸿蒙系统(Harmony OS)是基于微内核的全场景分布式OS,可按需扩展,实现更广泛的系统安全,主要用于智能物联网,特点是低时延,甚至可到毫秒级乃至亚毫秒级,由华为开发。

二、Microsoft Windows

Microsoft Windows 操作系统问世于1985年,起初仅仅是Microsoft-DOS模拟环境,后续的系统版本不断更新升级。

三、Android

Android是一种基于Linux的自由及开放源代码的操作系统,主要应用于移动设备,如智能手机和平板电脑。

四、Mac OS

Mac OS是首个在商用领域成功的图形用户界面操作系统。

拓展资源

HarmonyOS简介

拓展资源

Windows操作系统特点

拓展资源

Windows操作系统简介

拓展资源

Android简介

拓展资源

iOS简介

任务二 实用的操作系统

任务描述

学习操作系统的桌面布局,学习操作系统的基本操作,在操作系统中管理文件和文件夹,还要学习如何使用控制面板来管理自己的计算机。

任务实施

面向不同用户和设备,操作系统分为家庭版、专业版、企业版、教育版、移动版、企业移动版、物联网核心版等。以 Windows 10 为例,其操作系统基本桌面如图 1-2-1 所示。

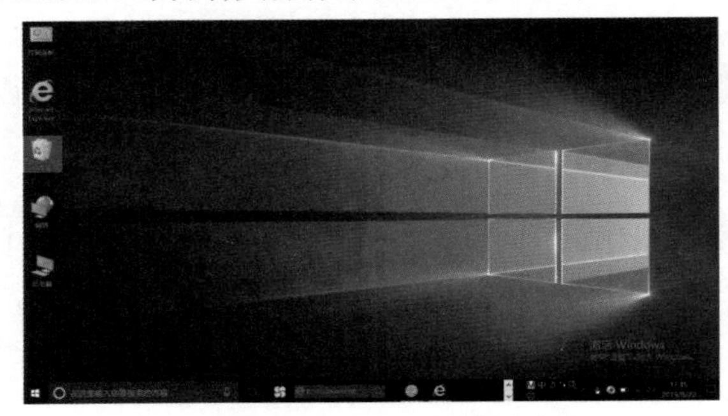

图 1-2-1　Windows 10 系统基本桌面

一、操作系统桌面布局

(1)开始菜单:熟悉的导航栏和个性化的动态磁贴。开始菜单的高度、宽度都是可以调节的。

(2)此电脑:通过该图标访问计算机中的内容,可以访问各个位置,如硬盘、CD 或 DVD 驱动器以及可移动媒体。还可以访问连接到计算机的其他设备,如外部硬盘驱动器和 USB 闪存驱动器等。

(3)网络:提供对网络上计算机和设备的便捷访问。可以在"网络"文件夹中查看网络计算机的内容,并查找共享文件和文件夹。还可以查看并安装网络设备,如网络打印机等。

(4)回收站:从计算机上删除文件时,文件实际上只是移动并暂时存储在回收站中,直至回收站被清空。因此,你可以恢复意外删除的文件,将它们还原到其原始位置。

二、操作系统基本操作

1. 鼠标与键盘的操作及作用

鼠标的操作方法与具体作用,以及键盘的操作方法。如表 1-2-1、表 1-2-2、表 1-2-3 所示。

表1-2-1 鼠标操作方法

动作	操作方法
单击	即用鼠标左键或右键点击一次的动作称为"单击",通常单击左键用于选定,右键用于打开菜单
双击	连续点击鼠标左键两次的过程称为"双击",双击图标通常用于直接打开文件、运行程序
拖放	鼠标指向一个对象,按住左键并拖至目标位置,然后释放目标
指向	将鼠标指向一个对象,停留一段时间,即为指向或称为持续操作,主要用来显示指向对象的指示信息
滚轮	按住滚轮,然后前后滚动即可,主要用于屏幕窗口中内容的上下移动

表1-2-2　不同形状鼠标的具体作用

指针形状	表示状态	具体作用
	正常选择	表示准备接受用户指令
	忙	正处于忙碌状态，此时不能执行其他操作
	文本移动	出现在可输入文本位置，表示此处可输入文本内容
	移动	该光标在移动窗口或对象时出现，使用它可以移动整个窗口或对象
	链接选择	表示指针所在位置是一个超级链接
	不可用	鼠标所在的按钮或某些功能不能使用

表1-2-3　操作系统中的常用快捷键

快捷键	功能	快捷键	功能
Ctrl+Esc	打开“开始”菜单	Del/Delete	删除选中对象
F10(或Alt)	激活当前程序中的菜单栏	Shift+Delete	永久删除
Alt+Enter	显示所选对象的属性	Esc	取消所选项目
Alt+Tab	在当前打开的各窗口间进行切换	Ctrl+Shift	在不同输入法之间切换
Print Screen	复制当前屏幕图像到剪贴板	Shift+空格键	全角/半角切换
Alt+Print Screen	复制当前窗口或其他对象到剪贴板	Ctrl+空格键	输入法/非输入法切换
Alt+F4	关闭当前窗口或退出程序	F1	显示被选中对象的帮助信息
Ctrl+A	选中全部内容	Ctrl+X	剪切
Ctrl+C	复制	Ctrl+V	粘贴
Ctrl+Z	撤销	Ctrl+S	保存

2.设置桌面图标

(1)使用桌面图标。

双击桌面“此电脑”图标，可打开如图1-2-2所示的“此电脑”。

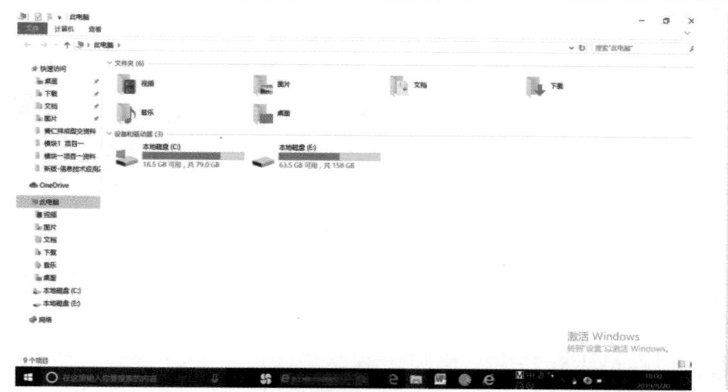

图1-2-2　此电脑

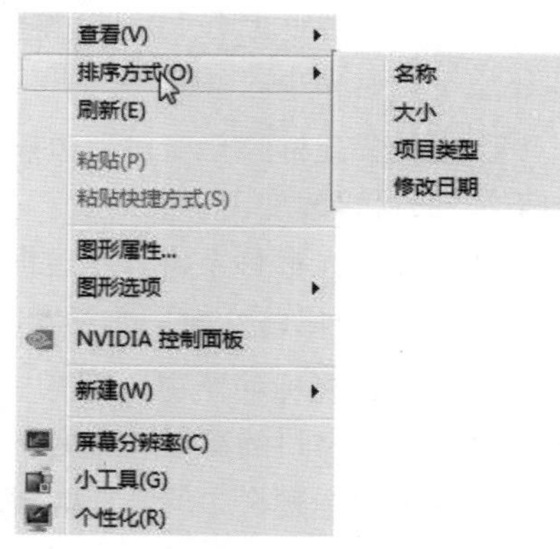

图1-2-3　桌面排列快捷菜单

(2)桌面图标的排列。

桌面图标的排列方式有4种,即按图标的名称、大小、项目类型和修改日期排列。将桌面图标按“修改日期”排列的操作步骤如下:

第一步,在桌面空白处单击鼠标右键,在弹出的快捷菜单中将鼠标光标指向“排序方式”项,系统弹出如图1-2-3所示级联菜单。

第二步,选择“修改日期”菜单命令即可将桌面图标按修改日期先后进行排列。

3.窗口的操作

大多数的程序都是以“窗口”形式呈现在用户面前。窗口通常由标题栏、菜单栏、工具栏、状态栏、地址栏、搜索框、窗口工作区和窗格等几部分组成,如图1-2-4所示。

图1-2-4 窗口

(1)改变窗口大小。

①单击标题栏上右上角的 按钮,窗口缩小为任务栏上的一个按钮,单击该按钮,可将窗口还原至原始大小。

②将鼠标光标移至窗口上边框或下边框上,当鼠标指针变为↕形状时,按下鼠标左键向上或向下拖动,可以改变窗口的高度。

③将鼠标光标移至窗口左边框或右边框上,当鼠标指针变为↔形状时,按下鼠标左键向左或向右拖动,可以改变窗口的宽度。

④将鼠标光标移至窗口任意一个角上,当鼠标指针变为⤡或⤢形状时,按下鼠标左键拖动即可同时调整窗口的高度和宽度。

双击窗口标题栏中的空白区域,窗口在最大化与恢复之间切换。

(2)移动窗口。

如果窗口没有处于最大化状态,可以移动、改变其位置。移动“此电脑”窗口,其操作步骤如下:

①在“此电脑”窗口中,将鼠标光标移动至窗口标题栏。

②按住鼠标左键不放,拖动鼠标。

③当窗口移动到需要的位置时松开鼠标左键即可。

(3)改变窗口中文件和文件夹的显示方式。

在“此电脑”窗口和“资源管理器”窗口中,文件或文件夹有“超大图标”“大图标”“中等图标”“小图标”“列表”“详细信息”“平铺”“内容”8种显示方式。设置文件或文件夹以“列表”方式显示的操作步骤如下:

①打开目标窗口。

②空白处右击鼠标选择“查看”→“列表”菜单命令,选择其中一种排列方式。

(4)关闭窗口。

关闭窗口可以选择多种操作方法,如下所示:

①单击窗口右上角的按钮。

②选择“文件”→“关闭”菜单命令。

③按【Alt】+【F4】键。

4.菜单的操作

通过选择菜单中的不同命令,可执行相应的操作,根据菜单所处的位置可以将菜单分为开始菜单、窗口菜单和快捷菜单。

(1)开始菜单。

单击屏幕左下角的按钮打开的菜单称为“开始”菜单,使用“开始”菜单几乎可以完成计算机中所有的任务,如启动程序、打开文档、自定义桌面、寻求帮助和搜索计算机中的项目等。

(2)窗口菜单。

窗口或应用程序通常都提供相应的菜单栏,可以使用键盘或鼠标操作菜单。通过菜单隐藏“此电脑”窗口状态栏的操作步骤如下:

①双击桌面“此电脑”图标,打开“此电脑”窗口。

②鼠标指向菜单栏的“查看”,单击鼠标左键,弹出菜单。

③在弹出的菜单中选择“状态栏”命令,该窗口状态栏不再显示。

(3)快捷菜单。

快捷菜单是指单击鼠标右键时在鼠标指针位置弹出的菜单,它提供了一种快速操作的途径。单击不同对象将弹出不同的快捷菜单,使用快捷菜单查看“系统属性”的操作步骤如下:

①鼠标指向桌面“此电脑”图标。

②单击鼠标右键,弹出如图1-2-5所示的快捷菜单。

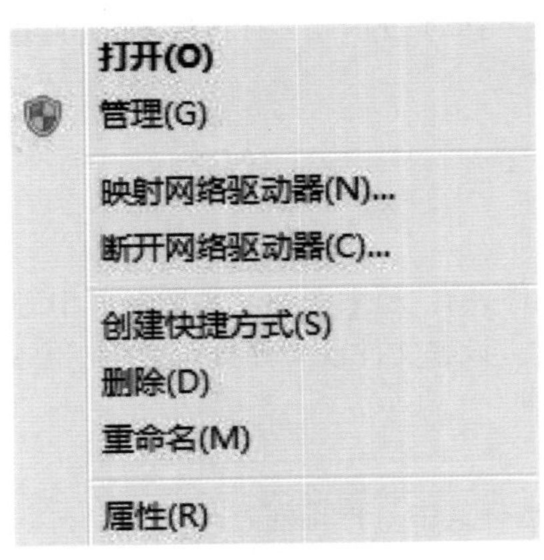

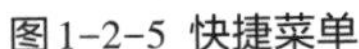

图1-2-5 快捷菜单

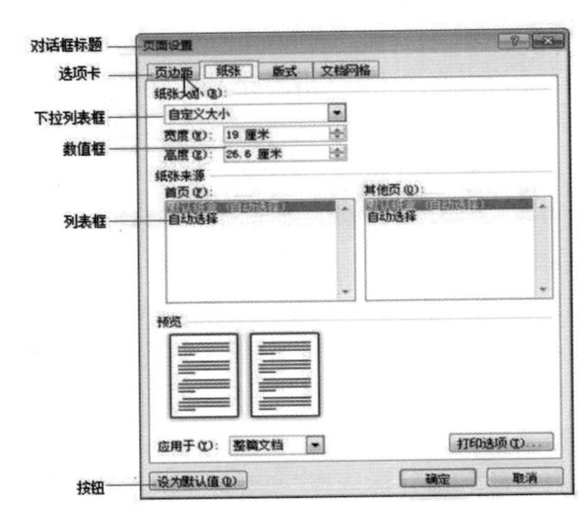

图1-2-6 “页面设置”对话框

5.对话框

对话框是用于人机“对话”的窗口，由一些特定的组件组成，通过对话框可以“告诉”电脑将进行什么操作。通常仅能移动位置，不能调整其大小。如图1-2-6所示一个“页面设置”对话框，常见组件的说明如下：

选项卡 当对话框中的内容较多时，可通过选项卡分别组织内容。单击各选项卡标题可以切换选项卡。

下拉列表框 单击下拉列表框，打开一个列表，列出了可供用户选择的项目。

数值框 也称微调按钮，在数值框中可以像文本框一样直接输入数字，也可单击右边的按钮来增加或减少数值。

命令按钮 单击命令按钮后将执行一定的操作，如果按钮名称后面有省略号将打开对应的对话框。

6.中文输入法的使用和设置

中文输入法：如微软拼音和微软五笔，用户可以在不同输入法间进行切换。具体方法有以下3种。

方法1：单击任务栏通知区域中的输入法图标，在弹出的输入法列表中选择所需输入法。

方法2：按Windows+空格组合键依次切换输入法，或按Ctrl+空格键进行中/英文输入法的切换。

方法3：按Ctrl+ Shift组合键依次切换输入法，或按Ctrl+空格键进行中/英文输入法的切换。

任务三 操作系统文件管理

任务描述

新建、重命名、复制、移动、删除文件及文件夹，了解驱动器及编号，了解文件和文件夹的概念、命名规则和作用。

任务实施

一、文件和文件夹

文件可以是一个应用程序，也可以是一段文字，文件类型用不同的图标表示，图标样式根据文件类型的不同而不同。

文件通常存放在文件夹里面，为了方便管理，可以根据需要创建不同的文件夹，以将文件分门别类地放在文件夹内。文件夹中不但可以有文件，还可以有许多子文件夹，子文件夹中再包含文件。

文件和文件夹的命名规范如下：

（1）文件和文件夹的名称不能超过255个字符（1个汉字相当于2个字符）。

（2）文件和文件夹的名称中不能包括“/\ : * ? “ <> |”等字符。

（3）文件和文件夹的名称不区分大小写。

（4）文件通常采用“主文件名.扩展名”的格式命名，扩展名通常用于表示文件的类型。文件夹通常没有扩展名。

（5）搜索时可以使用通配符“*”和“?”。

（6）同一个文件夹中，文件与文件、文件夹与文件夹以及文件与文件夹间均不能同名。所谓的同名是指主文件名与扩展名都完全相同。

二、新建文件和文件夹

可以在桌面或窗口中根据用户的需要创建新的文件或文件夹。在D盘根目录创建一个名为“资料”的文件夹，并在文件夹中创建一个名为“第一资料”的文本文档，操作步骤如下：

（1）在桌面双击“此电脑”图标，打开“此电脑”窗口，再双击“新加卷(D:)”，进入D盘根目录。

（2）在空白处单击鼠标右键，弹出快捷菜单，选择“新建”→“文件夹”菜单命令。

（3）窗口中出现一个形如 新建文件夹 的图标，在其名称框中输入名称“资料”，按【Enter】键后新建文件夹成功。

（4）双击“资料”文件夹，进入到新的文件夹中，选择“文件”→“新建” →“文本文档”菜单命令。

（5）修改“新建文本文档.txt”的名称为“第一资料.txt”，在空白处单击鼠标，操作结果如图

1-2-10所示。

图1-2-7 操作结果图

三、重命名文件和文件夹

重命名文件或文件夹前应先选定文件或文件夹。选定文件或文件夹后，重命名有以下方法。

（1）按【F2】键，在文件或文件夹图标下面输入新名称。

（2）单击鼠标右键，在快捷菜单中选择“重命名”菜单命令，在文件名处输入新名称。

四、复制文件和文件夹

文件或文件夹复制是指为文件或文件夹在指定位置创建一个备份，而原位置仍然保留被复制的内容。复制D盘“资料”文件夹中“第一资料.txt”文件到桌面的操作步骤如下：

（1）打开D盘“资料”文件夹，选中“第一资料.txt”文件。

（2）单击鼠标右键，在弹出的快捷菜单中选择“复制”菜单命令。

（3）进入桌面，在桌面的空白区域单击鼠标右键，在弹出的快捷菜单中选择“粘贴”菜单命令，文件复制成功。

复制文件夹时，会连同文件夹中的所有内容一同复制。实际上，复制操作就是把文件送入剪贴板，粘贴操作就是从剪贴板中取出内容。

五、移动文件和文件夹

移动文件或文件夹的操作步骤与复制类似，只是把选择“复制”命令更改为选择“剪切”命令。把D盘“资料”文件夹中“第一资料.txt”文件移动到E盘的操作步骤如下：

(1)在桌面双击“此电脑”图标,打开D盘“资料”文件夹。

(2)选中“第一资料.txt”文件,选择“编辑”→“剪切”菜单命令。

(3)打开E盘,选择“编辑”→“粘贴”菜单命令,文件移动成功。

六、删除文件和文件夹

当不再需要某个文件或文件夹时,可以将其删除。删除D盘“资料”文件夹中“第一资料.txt”文件,其操作步骤如下:

(1)打开D盘“资料”文件夹,选中“第一资料.txt”文件。

(2)选择“文件”→“删除”菜单命令,或按【Delete】键,或在快捷菜单中选择“删除”菜单命令,系统弹出是否“删除文件”对话框。

(3)单击 是(Y) 按钮,删除文件,被删除的文件被送入到回收站中。

为了避免误删除给用户造成损失,系统提供了回收站。回收站实际上是硬盘上的一个文件夹,用于临时保存被用户删除的文件或文件夹。

七、从回收站中恢复被删除的文件或文件夹

其操作步骤如下:

(1)双击桌面“回收站”图标,打开“回收站”窗口。

(2)选中要恢复的文件“第一资料.txt”。

(3)右击“第一资料.txt”图标,选择“还原”,被删除的文件将恢复到原位置。

任务四 更改系统设置

任务描述

在Windows 10系统中管理用户,查看系统属性,添加和删除应用程序。

任务实施

一、查看系统属性

很多用户即使长时间使用计算机,也不清楚系统的配置情况,查看系统属性的操作步骤如下:

(1)打开控制面板,双击“系统”按钮,打开“系统”窗口,如图1-2-8所示。

(2)单击“计算机名和工作组设置”右边的“更改设置”命令,打开“系统属性”对话框,如图1-2-9所示。

(3)单击“计算机名”选项卡,可以修改计算机的名称和网络配置信息。

(4)单击“硬件”选项卡,可以查看计算机的硬件配置信息。

(5)单击“高级”选项卡,可以设置计算机与性能有关的参数。

(6)单击“系统保护”选项卡,可以选择是否启用系统还原。

(7)单击“远程”,可以设置是否使用远程协助和远程桌面。

图1-2-8 “系统”窗口

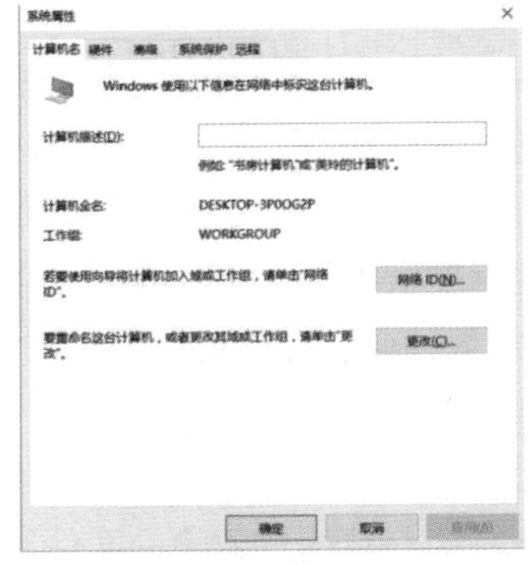

图1-2-9 “系统属性”窗口

二、卸载或更改程序

在Windows 10系统中安装应用程序时,通过提供的安装文件可以直接完成。如果不再使用某应用程序,需要从系统中清除时,仅仅删除文件夹中的文件,并没有彻底删除此应用程序,应当使用相应的卸载程序。如卸载系统中安装的“腾讯QQ”软件,其操作步骤如下:

(1)打开“控制面板”,单击“程序”图标,单击“程序和功能”下的“卸载程序”,进入“卸载或更改程序”界面。

(2)拖动列表框中的滚动条,单击“腾讯QQ”项目,如图1-2-10所示。

(3)单击鼠标右键,在快捷菜单中选择“卸载”命令,再根据向导的提示,就可以彻底卸载该软件。

图1-2-10 卸载程序

项目小结

本项目通过对Windows 10操作系统的介绍，让学生能够正确识别Windows桌面的组成元素，了解桌面图标的作用，会正确使用和配置任务栏，了解并能够使用菜单、窗口和对话框，能够管理文件和文件夹。学生通过Windows系统设置的学习，可以让电脑变得更加美观和符合自己的习惯。

学以致用

（1）打开“此电脑”，练习选择单个图标、同时选择多个相邻的图标、同时选择多个不连续的图标和选择窗口中所有图标，以及按照不同的显示方式查看图标。

（2）在D盘新建一个文件夹，命名为“数据”，然后将该文件夹复制到C盘中，然后将D盘的“数据”文件夹删除到回收站中，将C盘的“数据”文件夹彻底删除。

模块二

网络应用

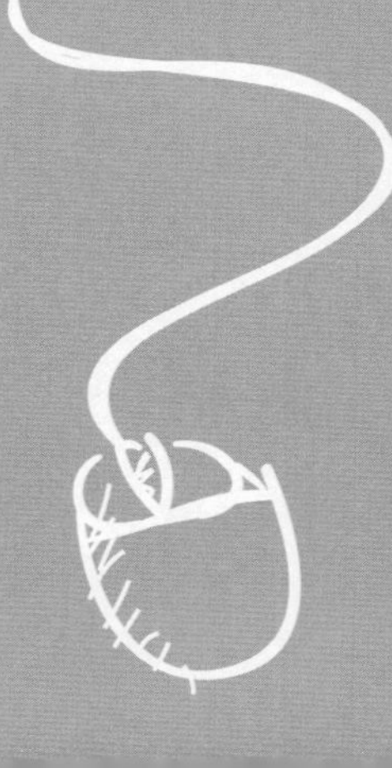

网络技术将分散的资源进行有机整合和全面共享，资源涵盖计算机、存储、数据库、网络、传感器等，可以构建内部网络、局域网络等。网络技术可以用多种软件实现，如印象笔记、One-Note实现网络应用，百度地图、滴滴出行实现物联网技术，百度网盘、创意云盘实现云存储。本模块以QQ、微信、车来了、有道云笔记、Cisco Packet Tracer6.2为例。

本模块通过对计算机网络的概念、发展史、应用、分类、构成及工作原理的剖析，使学生掌握网络应用知识，提高综合运用网络数字资源和工具辅助学习的能力，激发学生爱国自豪感和民族自信心，鼓励学生学好计算机网络技术，不断进行技术创新，为我国计算机网络技术发展做出新的贡献。通过解析如何获取网络资源、运用QQ与电子邮箱等网络工具进行网络交流，使学生学会运用云笔记等进行终端资料上传、下载、信息同步、资料分享，运用微信支付等进行网络支付。通过使用车来了等App让学生体验物联网的运用，教会学生合理合法使用网络，以及保护隐私安全等知识，让学生区分网络中的开放资源、免费资源、收费资源，树立知识产权保护意识，增强守法意识，让学生明白进入网络空间要严格遵守国家法律，做一个文明守法的网民。通过详析简单小型局域网的组建，通过选购、安装网卡，制作双绞线，配置网络协议，配置路由器，测试网络连通性等，增强学生的网络动手能力，将规则意识植入学生的脑海。通过分析无线局域网的搭建，通过安装无线网卡、配置无线路由器、配置无线终端设备等，结合案例分析无线网络的安全威胁因素，增强学生无线网络安全防范意识，切实保证个人、企业、国家网络信息安全。

本模块通过网络的基础知识、网络应用及小型局域网的组建，引导学生了解网络技术的发展，综合掌握在生产、生活和学习情境中网络的应用技巧。

项目一　神秘的计算机网络

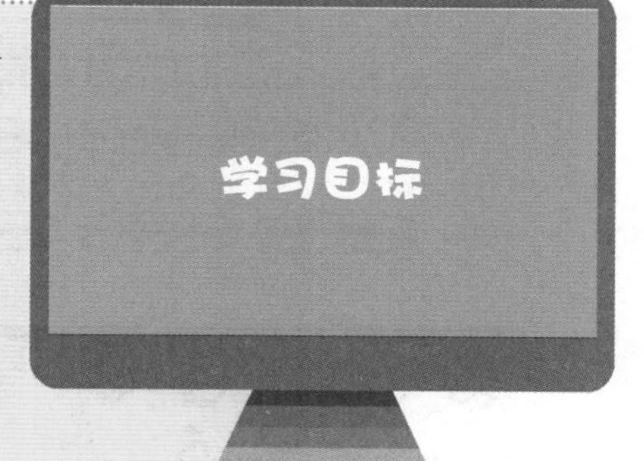

(1)知道计算机网络的概念、发展、应用领域、分类、构成。
(2)知道TCP/IP协议、网关及工作原理。
(3)知道TCP/IP协议的概念。
(4)知道常见的网络设备,能进行计算机网络的分类。
(5)具有一定的计算机网络意识。

项目介绍

本学期阿信开始学习计算机网络,虽然以前经常听人说起过计算机网络,但阿信对计算机网络还是不太了解。阿信的哥哥问他几个关于计算机网络的问题,阿信一个都没答出来,这让阿信感到不开心,他下定决心要把关于计算机网络的基础知识搞清楚。那么什么是计算机网络?它是怎么发展起来的?它有哪些用途?它是怎么工作的呢?带着这些问题我们和阿信一起来认识一下这个神秘的计算机网络吧!

项目任务

任务一　认识计算机网络

任务描述

阿信决定先来认识计算机网络的概念,再简单了解一下计算机网络的发展以及计算机网络的应用领域。下面我们就跟着阿信一起来学习一下吧!

任务实施

一、计算机网络

计算机网络，是指将地理位置不同的具有独立功能的多台计算机及其外部设备，通过通信线路连接起来，在网络操作系统、网络管理软件及网络通信协议的管理和协调下，实现资源共享和信息传递的计算机系统。如图2-1-1所示。

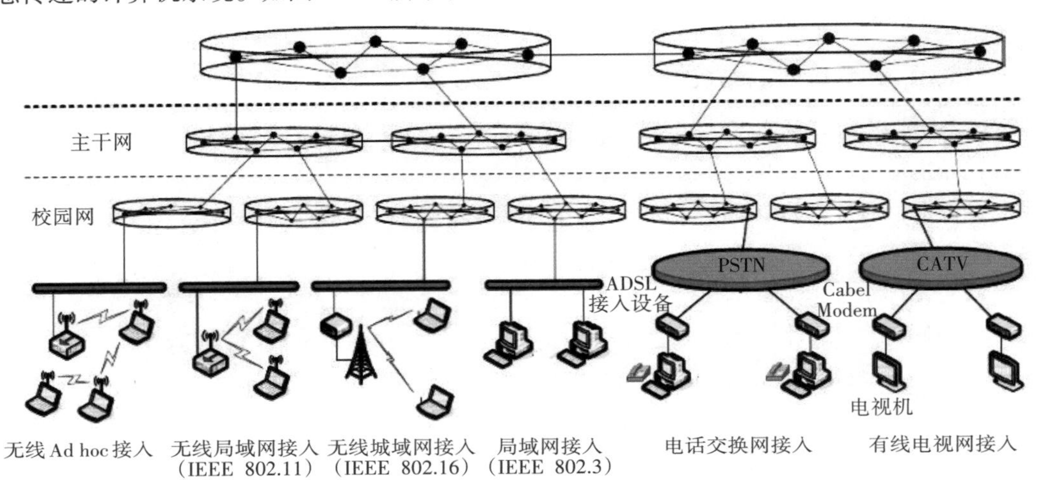

图2-1-1 计算机网络

二、计算机网络的发展

计算机网络的发展，其大致经历了诞生阶段、形成阶段、互联互通阶段、高速网络技术阶段。

三、计算机网络的应用

随着信息技术和计算机技术的高速发展，计算机网络的应用也越来越广泛，当今世界上最大的计算机网络Internet已经深入到社会的方方面面。它主要用于企事业单位、个人信息服务、娱乐、商业、教育、医疗等领域，提供电子邮件、WWW、文件传输、远程登录、新闻组、信息查询、电子商务、物联网、办公自动化、游戏等服务。

任务二　认识计算机网络的分类

任务描述

阿信对计算机网络的概念、发展和应用领域有了一些认识，但对计算机网络的类型还不太清楚，下面我们和阿信一起来学习一下计算机网络的分类吧！

任务实施

计算机网络的分类方式有很多，可以按地理范围、拓扑结构、工作模式、传输介质、通信方式、网络性质等来分类。

一、按地理范围分类

按网络覆盖的地理范围，计算机网络分为局域网、城域网和广域网三类。

二、按拓扑结构分类

拓扑结构就是把计算机网络中的计算机、网络连接设备等看作一个节点，把连接介质看作一根连线,抽象出的计算机网络的连接形式。

局域网的拓扑结构主要有星型、总线型、环型、树型等。

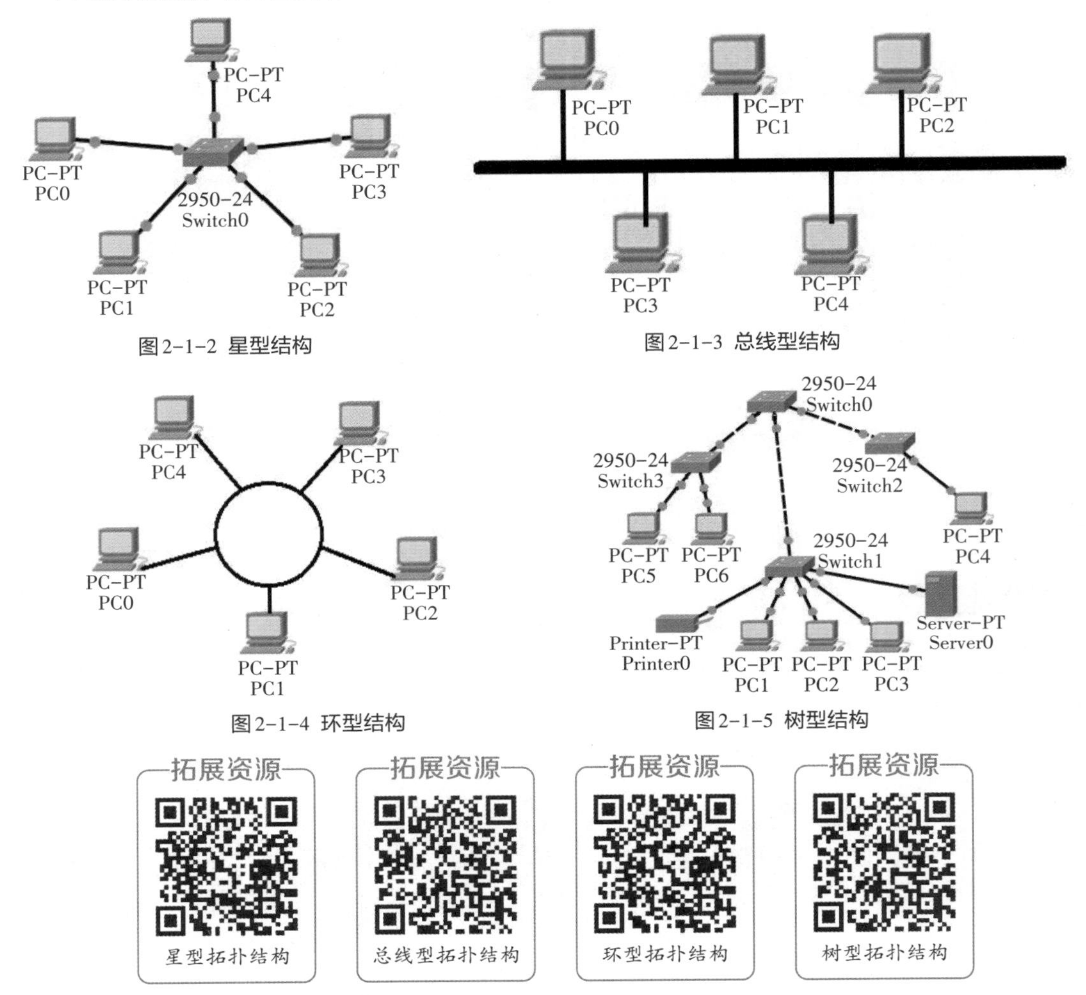

图2-1-2 星型结构

图2-1-3 总线型结构

图2-1-4 环型结构

图2-1-5 树型结构

一般来说,拓扑结构会影响传输介质的选择和控制方法的确定,因而会影响网上结点的运行速度和网络软件、硬件接口的复杂程度。网络的拓扑结构和介质访问控制方法是影响网络性能的最重要因素,因此应根据实际情况选择最合适的拓扑结构,选用相应的网络适配器和传输介质,确保组建的网络具有较高的性能。

三、按网络服务方式分类

计算机网络按网络服务方式分为客户机/服务器网络(Client/Server,C/S)和对等网(Peer to Peer)。

计算机网络还可按传输介质分为同轴电缆网、双绞线网、光纤网、无线网。按通信方式分为点对点传输网络、广播式传输网络。按网络性质分为专用网和公共网。

任务三　认识计算机网络的构成

任务描述

前面阿信虽然学习了一些计算机网络的理论知识，但对计算机网络的构成还是一头雾水，下面我们就和阿信一起来学习计算机网络的软硬件构成吧！

任务实施

计算机网络由网络硬件和网络软件两部分构成。

一、网络硬件构成

网络硬件是组成计算机网络系统的物质基础，不同的计算机网络系统的网络硬件差别很大，但基本的网络硬件可分为六大类：服务器、工作站、网卡、传输介质、传输与交换设备、通信控制设备和网络互联设备。

拓展资源

服务器

1. 服务器

服务器是具有较强的计算功能和丰富的信息资源，向网络客户提供服务，并负责对网络资源进行管理的高档计算机。如图2-1-6所示。

2. 工作站

除服务器外，网络上的其他计算机主要是通过执行应用程序来完成工作任务的，我们把这种计算机称为网络工作站或网络客户机。它是网络数据主要的发生场所和使用场所，用户主要是通过工作站利用网络资源完成自己作业的。如图2-1-7所示。

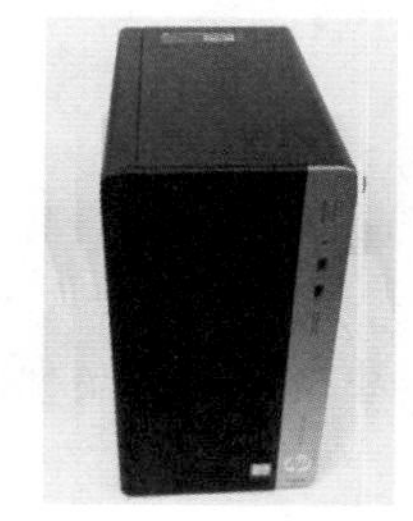

图2-1-6 服务器

图2-1-7 工作站

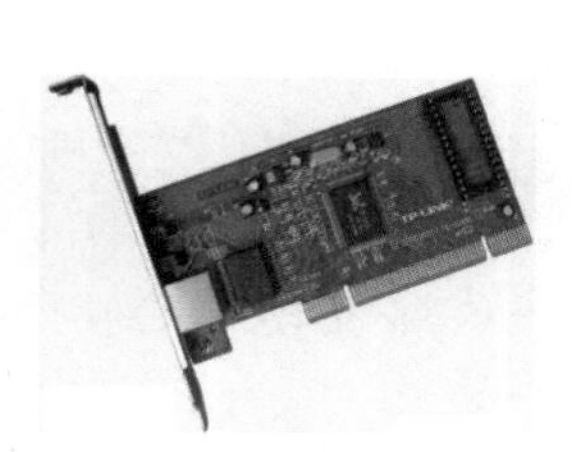

图2-1-8 PCI-E插口有线网卡

图2-1-9 免驱动USB

图2-1-10 无线网卡

3. 网卡

网卡又称为通信适配器或网络适配器或网络接口卡NIC(Network Interface Card)，是局域网中连接计算机和传输介质的接口，如图2-1-8、图2-1-9、图2-1-10所示。网卡的主要功能是对数据进行收发以及介质连接与控制。

4. 传输介质

传输介质将各独立的计算机系统连接在一起，并为它们提供数据通道。常用的传输介质分为有线传输介质和无线传输介质两大类。

（1）有线传输介质是指在两个通信设备之间实现的物理连接部分，它能将信号从一方传输到另一方，有线传输介质主要有双绞线、同轴电缆和光纤。如图 2-1-11、图 2-1-12、图 2-1-13 所示。

图2-1-11 双绞线

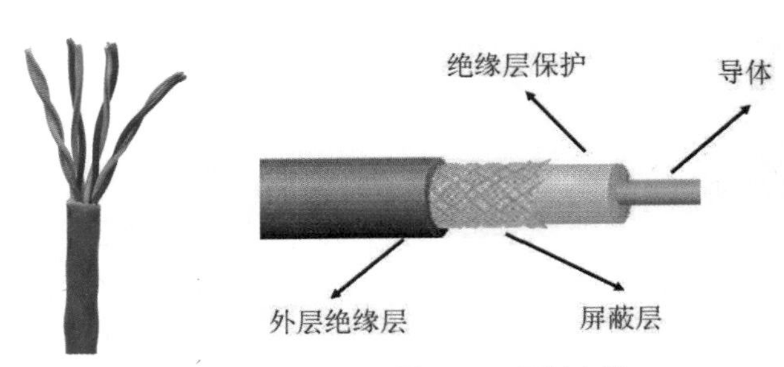

图2-1-12 同轴电缆

图2-1-13 光纤

（2）无线传输介质是指存在于我们周围的自由空间的无线电磁波，它通过在自由空间的传播来实现多种无线通信。在自由空间传输的电磁波根据频谱可将其分为无线电波、微波、红外线等。如图 2-1-14、图 2-1-15、图 2-1-16 所示。

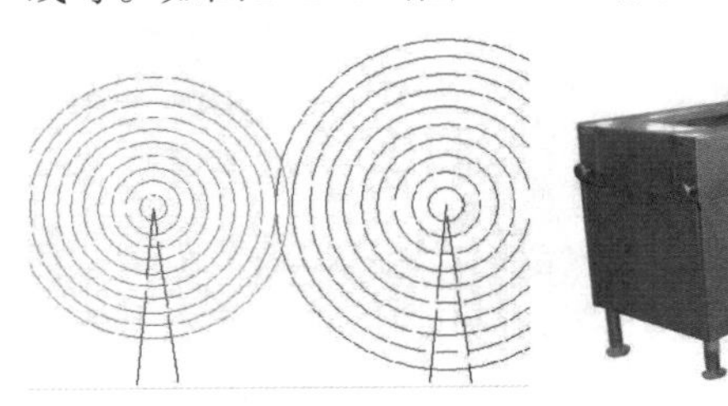

图2-1-14 无线电波

图2-1-15 微波发射器

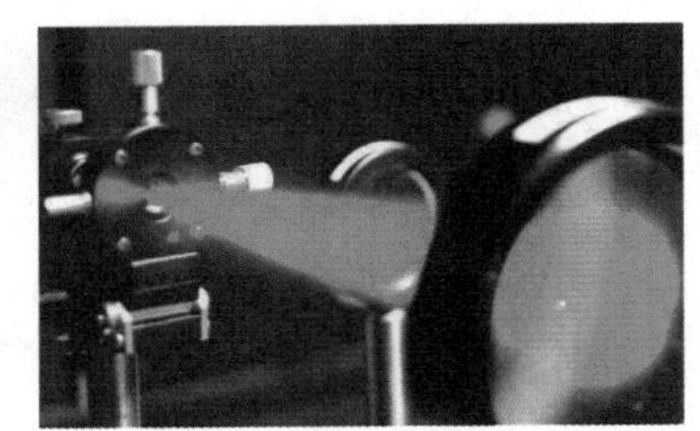

图2-1-16 红外线

5. 常用网络设备

常用网络设备有中继器、集线器（HUB）、网桥、交换机（Switch）、路由器（Router）、调制解调器（Modem）等。

（1）中继器：局域网中最简单的设备，它接收并识别网络信号，放大后产生再生信号并发送到网络的其他分支上。

（2）集线器：简称HUB，是有多个端口的中继器。如图 2-1-17 所示。

（3）网桥：也叫桥接器，是连接两个局域网的一种存储/转发设备，它能将一个大的LAN分割为多个网段，或将两个以上的LAN互联为一个逻辑LAN，使LAN上的所有用户都可访问服务器。网桥的典型应用是将局域网分段成子网，从而降低数据传输的瓶颈，这样的网桥叫“本地”桥。用于广域网上的网桥叫作“远地”桥。两种类型的桥执行同样的功能，只是所用的网络接口不同。

生活中的交换机就是网桥。扩展局域网最常见的方法是使用网桥。最简单的网桥有两个端口，复杂些的网桥可以有更多的端口。网桥的每个端口与一个网段相连。

（4）交换机（Switch）：交换机是一种基于MAC地址（媒体访问控制地址、局域网地址）识别，能完成封装转发数据包功能的网络设备。交换机可以"学习"MAC地址，并把其存放在内部地址表中，通过在数据帧的始发者和目标接收者之间建立临时的交换路径，使数据帧直接由源地址到达目的地址。如图2-1-18所示。

（5）路由器（Router，又称路径器）：是一种计算机网络设备，它能将数据打包通过一个个网络传送至目的地（选择数据的传输路径），这个过程称为路由。路由器就是连接两个或多个网络的硬件设备，在网络间起网关的作用。路由器是连接因特网中各局域网、广域网的设备，它会根据信道的情况自动选择和设定路由，以最佳路径，按前后顺序发送信号。如图2-1-19所示。

（6）调制解调器（Modem）：俗称电脑猫，是调制器和解调器的合称。它是拨号上网的必备设备。它把计算机的数字信号翻译成可沿普通电话线传送的模拟信号，而这些模拟信号又可被线路另一端的另一个调制解调器接收，并译成计算机可懂的语言。

图2-1-17　集线器

图2-1-18　交换机

图2-1-19　路由器

二、网络软件构成

计算机网络软件是一种为多计算机系统环境设计的，用于对系统整体资源进行管理和控制，为系统中不同的计算机之间提供通信服务，实现网络功能所不可缺少的软环境。它主要由网络操作系统、网络协议、网络工具等组成。

1. 网络操作系统

用于实现不同主机之间的用户通信，全网硬件和软件资源的共享，并向用户提供统一的、方便的网络接口，便于用户使用网络。目前常见的网络操作系统有：Windows、NetWare和UNIX。

2. 网络协议

为计算机网络中的设备进行数据交换而建立的规则、标准或约定的集合。常见的网络通信协议有TCP/IP、SPX/IPX、NetBEUI等。

3. 网络工具

网络工具是用来扩充操作系统功能的软件，如浏览器、断点下载工具、即时信息工具等。

任务四　认识计算机网络工作原理

任务描述

阿信对计算机网络有了初步了解，随着学习的深入，他对计算机网络的工作过程产生了浓厚的兴趣，这几天，他一直对计算机网络的工作原理特别好奇，下面我们就和阿信一起来探索计算机网络的工作原理吧！

任务实施

一、TCP/IP协议

网络中的计算机之间相互传输数据时，数据在传输过程中极易传错、丢失，为避免这一情况，则需要一种专门的计算机语言（即网络协议）以保证数据能够安全可靠地到达指定的目的地。这种语言分为两部分，即TCP（Transmission Control Protocol）传输控制协议和IP（Internet Protocol）网间协议，通常将他们放在一起，用TCP/IP表示。

TCP/IP协议所采用的通信方式是分组交换方式。就是数据在传输时分成若干段，每个数据段称为一个数据包，TCP/IP协议的基本传输单位是数据包。IP协议负责数据的传输，而TCP协议负责数据的可靠传输。

二、网关

网关（Gateway）使得各种不同类型的网可以使用TCP/IP语言同Internet打交道。网关将计算机网的本地语言（协议）转化成TCP/IP语言，或者将TCP/IP语言转化成计算机网的本地语言。采用网关技术可以实现采用不同协议的计算机网络之间的联结和共享。

三、工作原理

当一个Internet用户给其他机器发送一个文本时，TCP将该文本分解成若干个小数据包，再加上一些特定的信息（可以类比为运输货物的装箱单），以便接收方的机器可以判断传输是正确无误的，由IP在数据包上标上有关地址信息。连续不断的TCP/IP数据包可以经由不同的路由到达同一个地点。路由器位于网络的交叉点上，它决定数据包的最佳传输途径，以便有效分散Internet的各种业务量载荷，避免系统某一部分过于繁忙而发生“堵塞”。当TCP/IP数据包到达目的地后，计算机将去掉TCP的地址标志，利用TCP的“装箱单”检查数据在传输过程中是否有损失，在此基础上将各数据包重新组合成原文本文件。如果接收方发现有损坏的数据包，则要求发送端重新发送被损坏的数据包。

对于用户来说，Internet就像是一个巨大的无缝隙的全球网，对请求可以立即做出响应，这是由计算机、网关、路由器以及协议来共同保证的。

项目小结

本项目介绍了计算机网络的概念、发展史、应用、分类、构成及工作原理，学生通过本项目的学习，能够理解计算机网络的概念，了解其发展史、应用领域及工作原理，理解TCP/IP协议的含义，知道计算机网络的分类和基本构成。

学以致用

(1)什么是计算机网络？

(2)请列举出自己在生活和学习中接触到的计算机网络。

(3)按拓扑结构分类，计算机网络分为哪些类型？

(4)计算机网络由哪些构成？

(5)计算机网络应用在哪些方面？

项目二 多彩的计算机网络

(1)知道浏览器、搜索引擎等概念。
(2)知道获取网络资源的方法。
(3)知道QQ、微信、电子邮件等网络工具。
(4)知道物联网的概念及应用。
(5)能合法使用网络资源。
(6)能利用QQ、微信、电子邮件进行网络交流。
(7)能有效保护自己和及他人信息隐私。
(8)能应用简单的物联网。
(9)有独立解决问题和网络安全的意识。

项目介绍

阿信对计算机网络基础知识有了一定的了解,但他对计算机网络的应用也只是停留在理论的层面上,计算机网络在日常生活、学习、工作中究竟有什么用呢? 带着这个疑问,让我们和阿信一起来了解一下吧!

项目任务

任务一 搜索网络资源

任务描述

最近,阿信班上准备举办一场中秋节晚会,班主任老师让他负责收集20条中秋节祝福语、10张中秋节图片,阿信自己也想表演一首"难忘今宵"歌曲伴奏,为取得好的表演效果,他还需要"难忘今宵”歌曲原唱的视频，以便向其学习。他想从网络中获取他想要的文字、图片、音乐伴奏和视频，而网络上的信息浩如烟海，网络资源不计其数，如何才能从浩瀚的网络中获取他需要的这些资源呢？为方便下次搜索，阿信想将360浏览器的主页锁定为360导航。下面我们就来和阿信一起来学习吧！

任务实施

一、搜索网络资源

1. 双击打开IE浏览器

网页浏览器（web browser），常被简称为浏览器，是一种用于检索并展示万维网信息资源的应用程序。

主流网页浏览器有IE浏览器、360安全浏览器、极速浏览器等，如图2-2-1、图2-2-2、图2-2-3所示。虽然浏览器种类繁多，但使用方法类似，我们只要掌握其中一种，就可触类旁通。我们以360安全浏览器为例来说明浏览器的下载、安装和打开方法。

图2-2-1　IE浏览器

图2-2-2　360安全浏览器

图2-2-3　极速浏览器

2. 打开百度搜索引擎

搜索引擎是指根据一定的策略，运用特定的计算机程序从互联网上采集信息，在对信息进行组织和处理后，为用户提供检索服务，将检索的相关信息展示给用户的系统。搜索引擎是工作于互联网上的一门检索技术，它旨在提高人们获取搜集信息的速度，为人们提供更好的网络使用环境。从功能和原理上分类，搜索引擎大致被分为全文搜索引擎、元搜索引擎、垂直搜索引擎和目录搜索引擎四大类。

（1）百度搜索引擎如图2-2-4所示。

（2）Google搜索引擎如图2-2-5所示。

图2-2-4　百度搜索引擎

图2-2-5　Google搜索引擎

3. 输入关键词检索

(1)检索文字。在百度中输入“中秋祝福语”进行检索,如图2-2-6所示,然后单击相应的内容进行浏览并复制粘贴下来。

(2)检索图片。单击图片,并在百度中输入“中秋节”进行检索,如图2-2-7所示。

图2-2-6 搜索“中秋祝福语”

图2-2-7 搜索“中秋节”图片

(3)检索音频文件。选择“音乐”选项,并在百度文本框中输入“难忘今宵伴奏”,如图2-2-8所示。

(4)检索视频。选择“视频”选项,并在百度文本框中输入“难忘今宵”,如图2-2-9所示。

图2-2-8 搜索“难忘今宵”伴奏音乐

图2-2-9 搜索“难忘今宵”视频

二、设置主页

为使浏览器方便快捷的搜索网络资源,常常需要设置主页。为方便搜索,可以利用网址导航作为主页,常用的网址导航有360导航、hao123导航、265导航等。360导航如图2-2-10所示。

(1)在右上角的菜单中单击【工具】—【Internet选项】,打开Internet属性窗口。如图2-2-11所示。

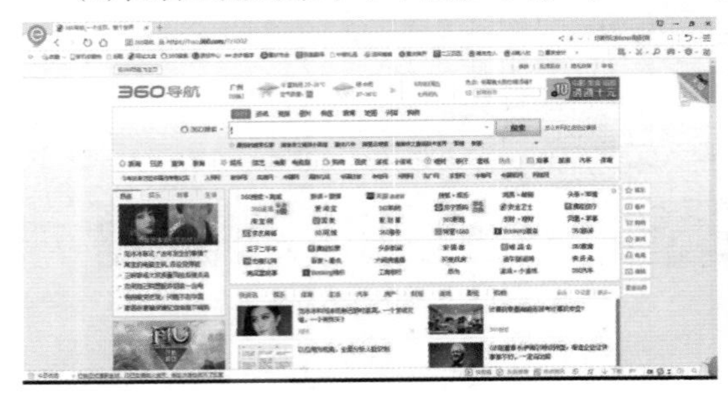

图2-2-10 360导航网页

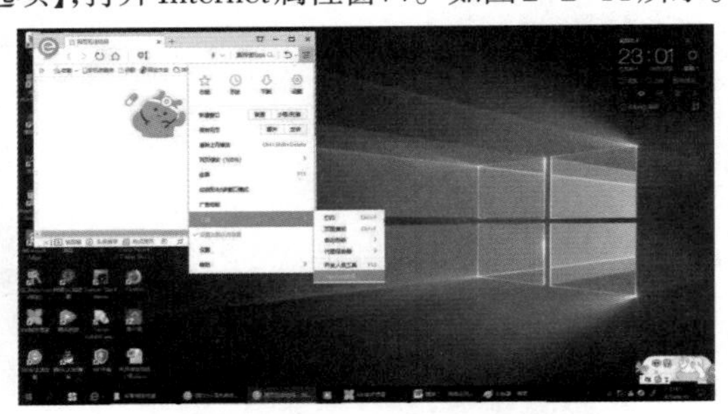

图2-2-11 打开Internet属性窗口命令

（2）在Internet属性窗口的常规选项卡中的主页文本框中输入360导航的网址，如图2-2-12。

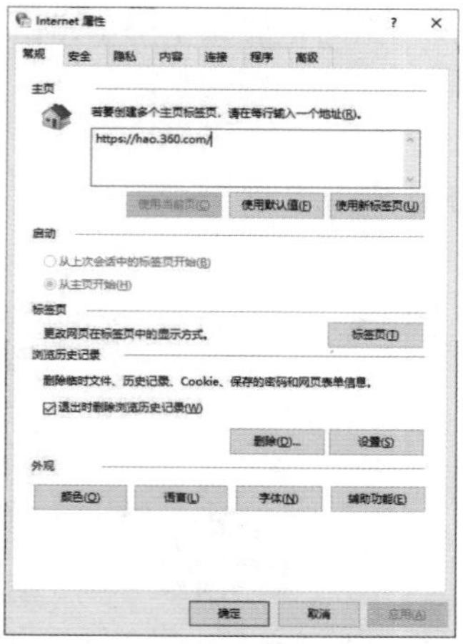

图2-2-12　输入主页网址

（3）单击【应用】—【确定】。

任务二　下载网络资源

任务描述

阿信从网络中检索到了中秋节活动所需要的网络资源，他想将把这些网络资源从网上下载到自己的电脑中，以便随时使用。如何下载这些网络资源呢？让我们跟随阿信一起来学习一下吧！下载资源前，先注册。按规定交纳相应的费用，成为VIP。

任务实施

一、下载文字

（1）选中要下载的中秋节祝福语，如图2-2-13所示。

图2-2-13　选中文字

(2)单击右键,在弹出的快捷菜单中单击【复制】命令。

(3)打开文本文档,单击右键,在弹出的快捷菜单中单击【粘贴】,再点击【保存】。

二、下载图片

(1)选中要下载的中秋节图片,单击右键,在弹出的快捷菜单中单击【图片另存为】,如图2-2-14所示。

(2)选择图片保存的位置,单击【保存】,如图2-2-15所示。

图2-2-14 "图片另存为"命令

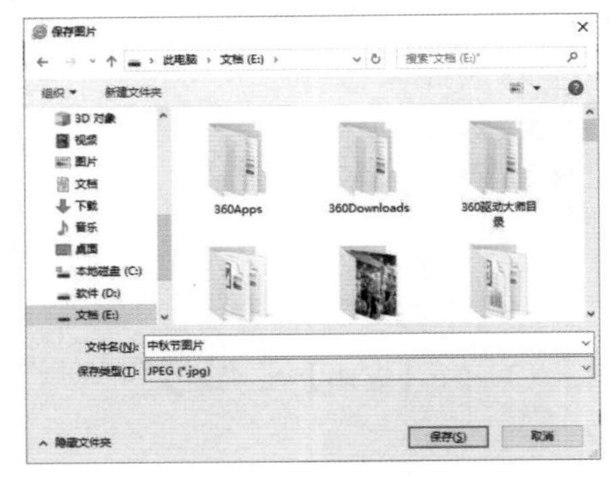

图2-2-15 保存图片

三、下载音乐

(1)单击"难忘今宵"伴奏曲右边的下载工具按钮,如图2-2-16所示。

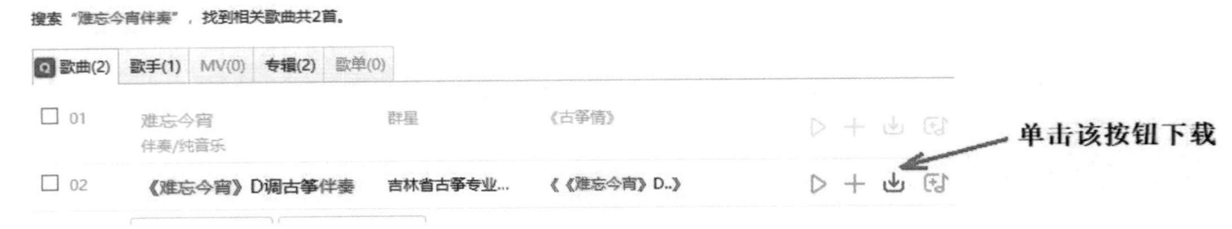

图2-2-16 音乐下载工具

(2)选择下载音乐保存的位置,单击【立即下载】按钮,即可开始下载,如图2-2-17所示。

图2-2-17 下载音乐

四、下载视频

（1）在要下载的“难忘今宵”视频上，单击【右键】，在弹出的快捷菜单中选择【将视频另存为】命令。如图2-2-18所示。

（2）选择视频保存的位置，单击【保存】。如图2-2-19所示。

有的视频打开，单击右键后没有出现“视频另存为”快捷菜单，但视频下面有“下载”地址，可以直接点它下载。如图2-2-20所示。

图2-2-18 “将视频另存为”命令

图2-2-19 保存视频

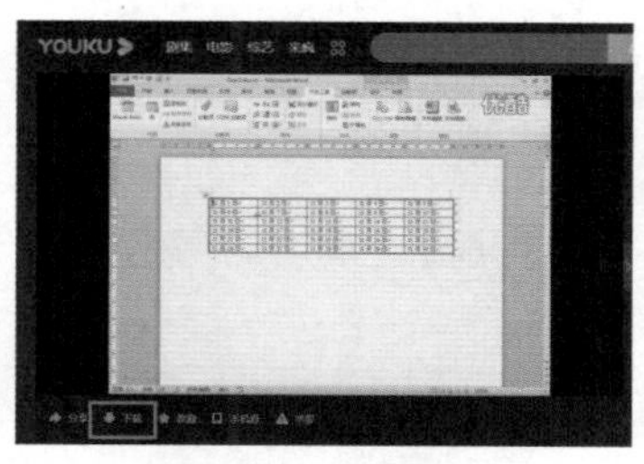

图2-2-20 下载视频

有的视频打开，单击右键后没有出现“视频另存为”快捷菜单，而且视频下面也没有“下载”地址，此时可采用以下方法下载：

第一步，播放要下载的视频，使其播放地址出现在地址栏中。如图2-2-21所示。

第二步，把播放地址复制到地址框中，单击【开始GO】。如图2-2-22所示。

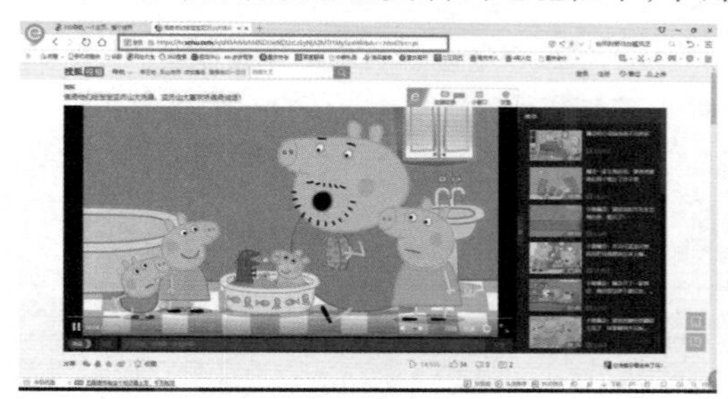

图2-2-21 视频地址

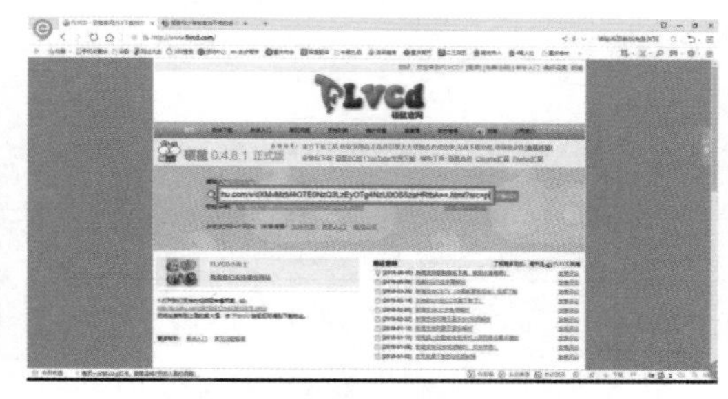

图2-2-22 复制视频播放地址

第三步，以“硕鼠”为例，单击用【××下载该视频】，如图2-2-23所示。

第四步，单击【××专用链下载】（已安装××下载器）或【获取临时下载器】（未安装××下载器），如图2-2-24所示。

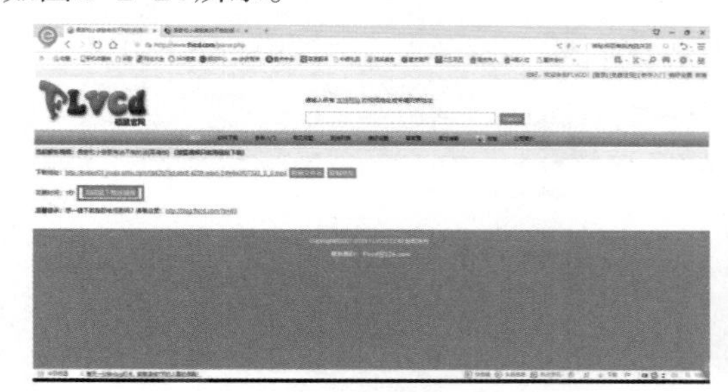

图2-2-23 “××下载该视频”命令

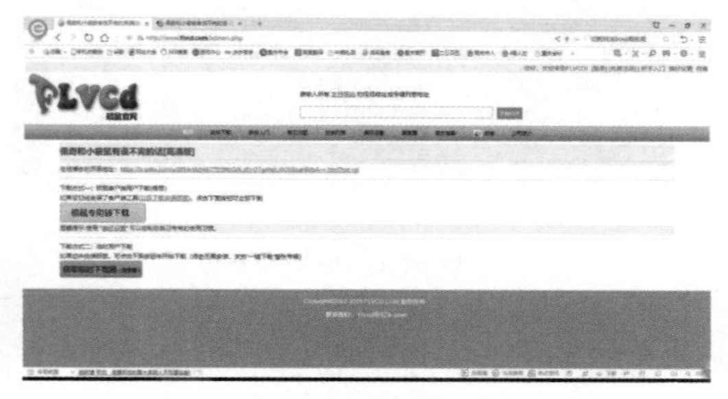

图2-2-24 “××专用链下载”命令

任务三　学会网络沟通

任务描述

阿信离开爸爸、妈妈来到新的学校学习，平时联系他们基本都是靠打电话，但有时候在上课没有接到电话，或他打电话回家时爸爸、妈妈在忙事情没有及时接到电话，感觉很不方便。现在阿信知道可以利用网络来和他们进行高效、快捷的沟通了，那么网络中可利用哪些工具来进行沟通呢？下面我们和阿信一起来学习一下网络沟通吧！

任务实施

目前，最常用的网络沟通工具有QQ、TIM、微信及电子邮箱等。使用前，按规定流程安装正版软件。

一、QQ

1. 下载安装QQ

（1）从网上搜索QQ，单击【立即下载】按钮，如图2-2-25所示。

（2）单击“浏览”按钮，选择下载目的位置后，单击【下载】，如图2-2-26所示。

图2-2-25 “立即下载”按钮

图2-2-26 “下载”按钮

（3）在E盘中双击QQ安装程序“QQ9.1.6.25786.exe”，单击【立即安装】按钮开始安装，如图2-2-27所示。

（4）等待安装完成后，单击【完成安装】，如图2-2-28所示。

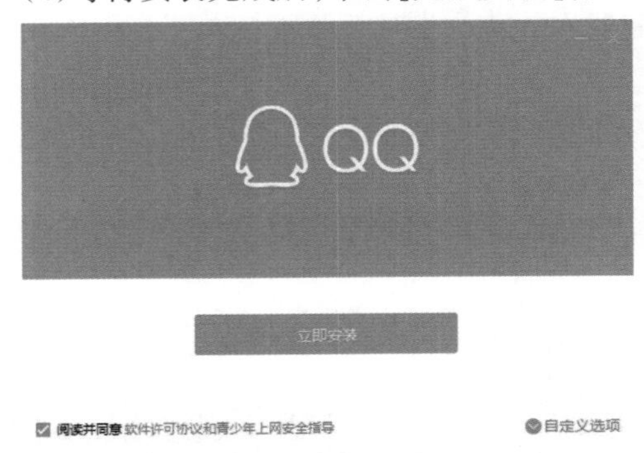

图2-2-27 “立即安装”按钮

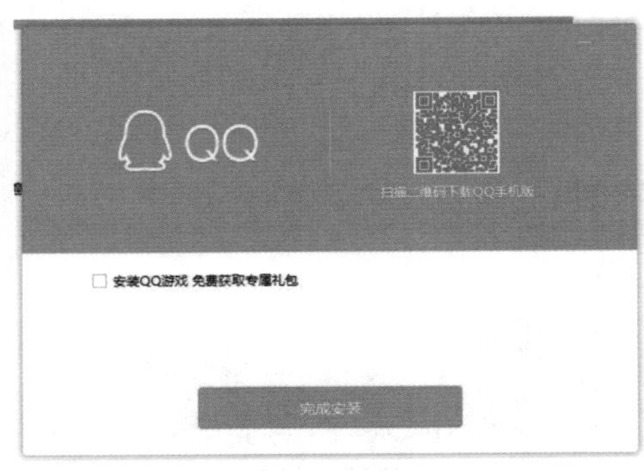

图2-2-28 “完成安装”按钮

2. 使用QQ

(1)双击QQ桌面图标,启动QQ,输入账号①和密码,单击【登录】,如图2-2-29所示。如果没有申请过QQ账号,则先完成注册后才能登录。密码由"字母+数字"组成,安全性更高。

(2)登录后进入QQ聊天窗口,如图2-2-30所示。

单击【加好友】,在找人的搜索框中分别输入爸爸、妈妈或朋友的QQ号,单击【查找】—【加好友】即可添加他们为自己的好友,如图2-2-31所示。添加了好友之后就可以聊天、发文件、发图片了,如图2-2-32所示。

图2-2-29 输入账号和密码

图2-2-30 QQ聊天窗口

图2-2-31 输入QQ号码

图2-2-32 聊天窗口

二、微信

微信,支持发送语音短信、视频、图片和文字,可以群聊,仅耗少量流量,适合大部分智能手机,阿信的爸爸、妈妈有时候也使用微信,为了将微信上的图片同步到电脑上来保存,阿信想在电脑上也安装微信。

(1)下载、安装微信。下载、安装微信的方式与QQ类似,请同学们自行完成。

(2)登录微信。双击桌面上的微信图标,用手机扫描二维码,再在手机上确认登录,如图2-2-33所示。

①"账号"一词为正确的用词,而电脑系统和相关软件使用的是不规范的"帐号"一词。由于技术原因,图片中的字词无法逐一修改,特此说明,全书同。

(3)单击【发起群聊】,勾选要添加的联系人,将其添加到微信聊天窗口,如图2-2-34所示。

图2-2-33 微信窗口

图2-2-34 添加联系人

(4)双击联系人Agni的图标,打开与Agni微信聊天的窗口,如图2-2-35所示。即可与Agni进行微信聊天等操作了。

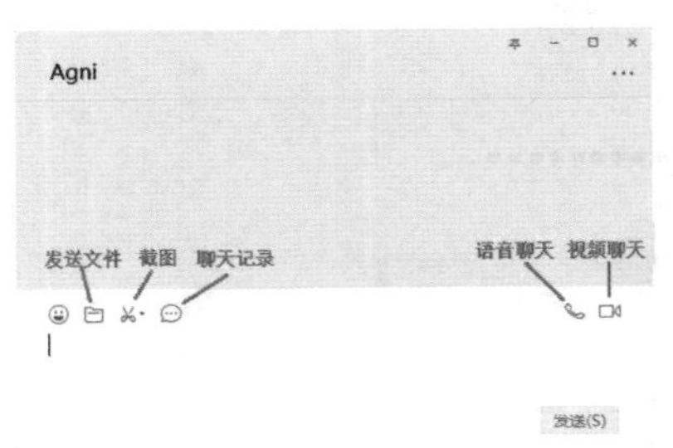

图2-2-35 微信聊天窗口

三、电子邮箱

电子邮箱具有单独的网络域名,其电子邮局地址在@后标注,电子邮箱一般格式为:用户名@域名。

个人用户常见的、使用人数较多的电子邮箱有163邮箱、新浪邮箱、tom邮箱、搜狐邮箱等。

(1)双击360安全浏览器,输入网易网页的网址,打开网易网页,单击【邮箱图标】—【免费邮箱】,打开163邮箱,如图2-2-36所示。

图2-2-36 免费邮箱命令

（2）输入邮箱账号和密码登录。如果没有账号和密码则需要先注册再登录，如图2-2-37所示。登录后如图2-2-38所示。

图2-2-37　登录邮箱

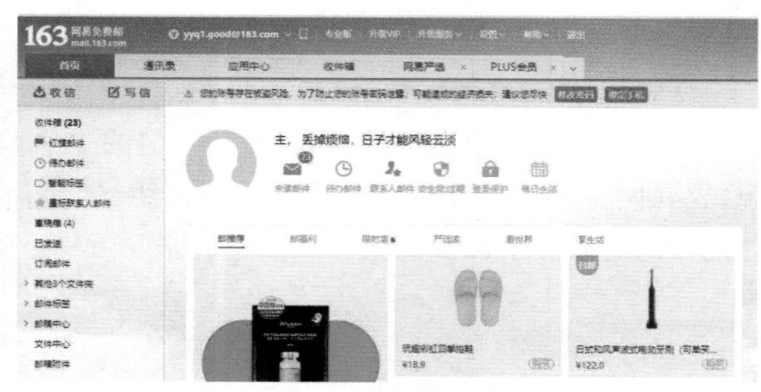

图2-2-38　邮箱窗口

（3）单击【写信】打开邮件窗口，输入收件人邮箱地址、主题（不是必须），添加附件及输入信件内容后，单击【发送】按钮则开始发送邮件，如图2-2-39、图2-2-40所示。

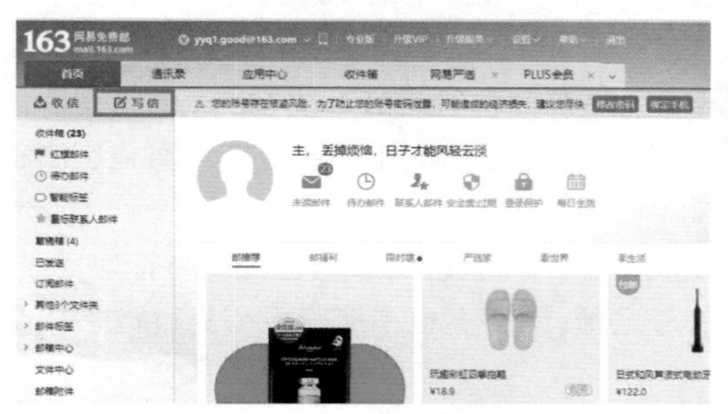

图2-2-39　“写信”按钮

图2-2-40　输入收件人邮箱地址等内容

（4）单击“收信”打开收信窗口，可以查看、编辑、删除已收到的电子邮件。如图2-2-41所示。

图2-2-41　收信窗口

任务四　合法合理使用网络

任务描述

网络资源非常丰富,极大地方便了阿信的生活,阿信经常在网上搜索、浏览、下载一些网络资源,也在网上建了一些QQ群、微信群等群组,他想知道怎样才能合法合理的使用网络,保护自己和他人的隐私。下面我们就和阿信一起来学习一下吧!

任务实施

一、合法使用网络,争做文明公民

网络的普及给我们的生活、工作带来了极大的便利,但是由此滋生的不法行为也破坏了网络的和谐秩序。一些网民法律意识淡薄,认为在网络上发表不当言论不会被发现,存在侥幸心理。一些网民将生活、工作中产生的负面情绪发泄到网络上。部分群管理者职责缺失,造成淫秽色情、暴力恐怖、谣言诈骗、传销赌博等信息通过群传播扩散,一些不法分子还通过群组实施违法犯罪活动,破坏社会和谐稳定。

《互联网群组信息服务管理规定》中规定互联网群组建立者、管理者应当履行群组管理责任,即"谁建群谁负责""谁管理谁负责"。互联网不是法外之地,网络上也不能肆意妄为,依法、文明使用网络,才是每个公民应该做的事。

二、合理使用网络

网上既有各种各样的学习资料、教学视频,也有各种有益于生活的知识、经验,作为新时代的我们要合理利用网络资源,懂得利用网络来学习、生活,好好提高自己。

网络上既有安全的网站,也有不安全、不健康的网站。不健康的网站往往会传播一些对我们身心不利的信息,同时还会携带各种各样的病毒。所以,上网的时候一定要绿色上网,抵制不安全、不健康的信息。

我们青少年都喜欢玩游戏,但很多网络游戏不仅要花大量的时间,甚至还要投入大量的金钱,所以我们要合理规划游戏时间,不要沉迷于游戏。

网络也是一个很好的聊天平台,要正确利用它,摆正网上聊天的心态,不要随便相信陌生人,不要轻信网恋,防止网络诈骗。

三、安全上网,保护隐私

网络时代要如何做到安全上网,保护自己和他人的隐私呢?

(1)我们要养成良好的上网习惯,不要到一些陌生的网站或一些小网站、小论坛注册账号。不要在一些未知的网站上透露你及他人的信息,如姓名、住址、电话及QQ号等,如果非要注册填写的话，我们只在注册表格中在带有“*”处输入必填信息即可，如图2-2-42所示。

图2-2-42　注册界面

图2-2-43　打开Internet属性窗口命令

（2）给自己的电脑上装上杀毒软件和安全卫士，如360杀毒软件、360安全卫士等。保护自己的电脑防止黑客侵入，但要经常给自己的杀毒软件升级，时刻保持自己的病毒库和杀毒引擎是最新的。

我们要及时给自己的电脑打上漏洞补丁，尤其是高危漏洞一定要补上，这样可以有效保护我们上网的安全和防止我们的隐私泄露。

（3）根据我们自己的系统将内置的防火墙启用及将浏览器的安全设置到中高或高。浏览器安全设置到中高的方法如下：

①双击“360安全浏览器”图标，打开网页后，单击右上角的【打开菜单】—【工具】—【Internet选项】，如图2-2-43所示。

②在“Internet属性”窗口中单击【安全】—【自定义级别】，如图2-2-44所示。

③将IE的安全设置为“中高”，点击【确定】按钮，如图2-2-45所示。

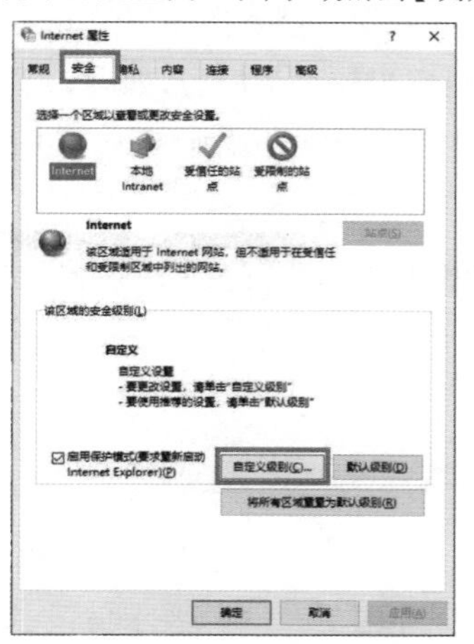

图2-2-44　自定义级别

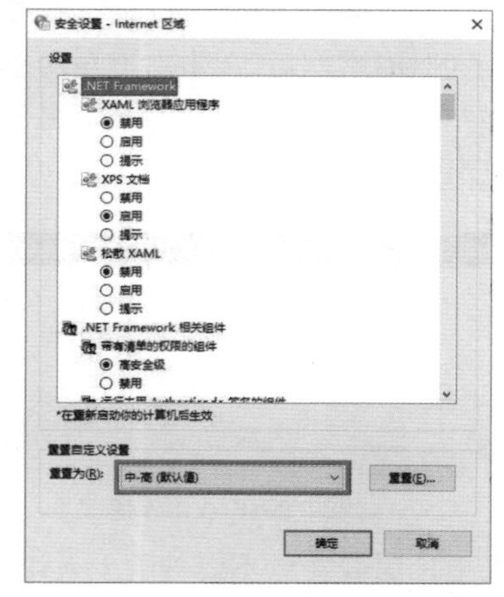

图2-2-45　IE的安全设置为“中高”

（4）现在很多隐私泄露都和Cooking有关，一些网站的小广告上都是我们以前搜索过的内容，这都让人感觉不安全，因此我们要经常清除电脑上的Cooking和历史记录。方法如下：

①在“Internet属性”窗口中单击【常规】选项卡，将“退出时删除浏览历史记录”前面的复选框勾起来，如图2-2-46所示。

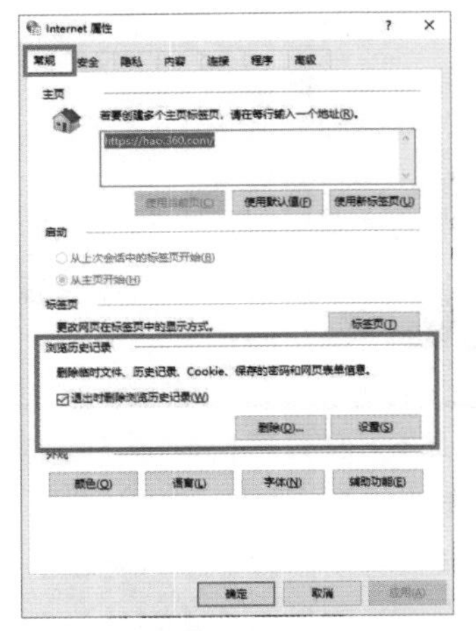

图2-2-46 勾选“退出时删除浏览历史”记录

图2-2-47 删除浏览历史记录

②单击【删除】按钮，打开“删除浏览历史记录”对话框，将相应项目的复选框勾起来，如图2-2-47所示。

③退回“Internet属性”窗口，单击【应用】—【确定】按钮。

(5)在网上注册，如注册微博、QQ、邮箱等，我们的密码强度一定要高，要中英文数字结合，大小写结合，强度密码应该是14位以上的，如果你密码太简单，就很容易让黑客及不法分子轻易获取你的大量隐私信息，从而造成你的信息在网上泄露。

(6)如果你在网上创建了私人的博客或在QQ空间有较隐私的照片、信息之类，不要对所有网上的人开放，以免造成你的隐私信息泄露，造成不必要的麻烦。设置访问权限方法如下：

①进入自己的QQ空间后，单击右上角的小齿轮，再单击【权限设置】，如图2-2-48所示。

②在“QQ好友访”前的复选框中打钩，并指定部分QQ好友可访问。这样可以有效防止空间照片乱传，信息泄露，如图2-2-49所示。

图2-2-48 权限设置

图2-2-49 设置部分好友访问

(7)我们在上网时要注意不要被陌生人诈骗，如交易信息、好工作、要求借钱、资金被冻结、法院传票等消息，我们收到后一定要进行仔细辨别。

(8)我们重要的网上操作，建议在家里或公司固定自用的电脑上操作，不建议在公用或公共场合的电脑上使用。

(9)如果网站是安全正规的网站,则在浏览器地址栏左边有绿色的“证”字,说明该网站是认证过的,是安全的。

(10)我们不要贪小便宜,上一些未经认可的无线路由,因为这很可能是个钓鱼的服务端,等你连上后,将你电脑上的一些个人信息盗走。

任务五 应用物联网

任务描述

阿信本周末准备回家,他在学校门口的公交车站等车,阿信的腿都站酸了,还是没有看到公交车的影子,他开始焦急起来。这时小张同学不慌不忙地走过来,只等了一小会儿公交车就来了。阿信觉得很奇怪,就问小张同学是怎么把时间算得这么准。小张同学告诉阿信,他下载了一个“车来了”的手机App,打开手机就知道公交车的实时位置。下面我们就和阿信一起来学习一下物联网这个简单应用吧!

任务实施

一、在手机上安装“车来了”App

(1)在手机桌面,点击【App Store】,出现搜索界面,如图2-2-50所示。

(2)在搜索框中输入“车来了”,点击【搜索】,如图2-2-51所示。

(3)点击【获取】,开始安装“车来了”App,安装完成后如图2-2-52所示。

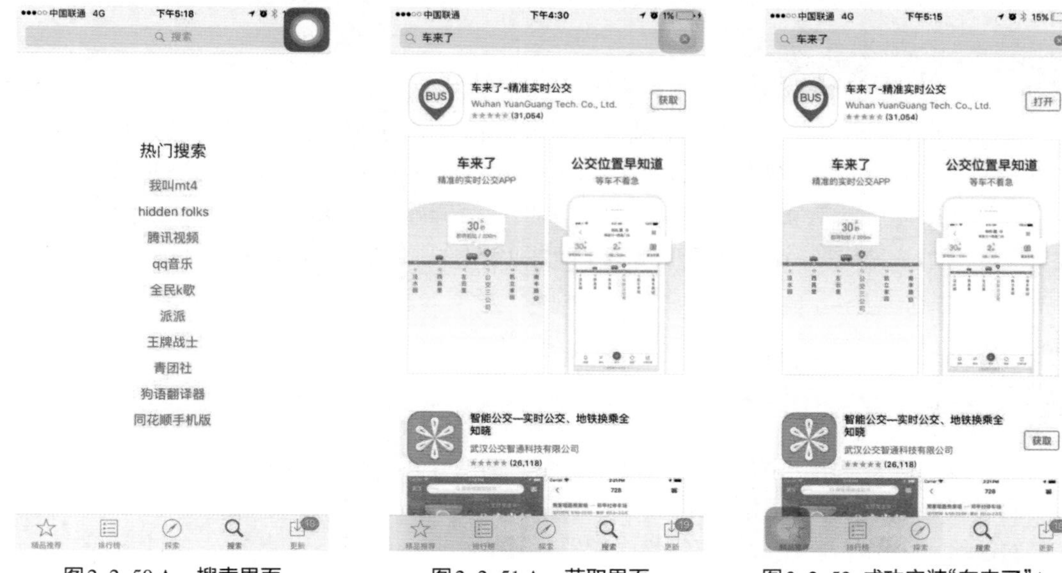

图2-2-50 App搜索界面　图2-2-51 App获取界面　图2-2-52 成功安装“车来了”App

二、应用“车来了”App

（1）点击【打开】或在桌面上点击“车来了”App，进入“车来了”应用程序，如图2-2-53所示。

（2）输入公交车的编号，如“576”，点击车站“人民桥”将其设置为当前车站，可查看公交车的实时位置、距当前车站的距离以及到达当前车站的时间，如图2-2-54所示。

（3）点击【更多车辆】可以查看到将通过当前车站的其他车辆。如图2-2-55所示。

（4）单击第一辆公交车的编号，查看第一辆公交车的实时位置。

图2-2-53 打开“车来了”应用程序

图2-2-54 输入公交车编号

图2-2-55 查看更多将通过当前车站的公交车

项目小结

本项目主要学习了搜索和下载文字、图片、视频等网络资源，运用QQ、微信、电子邮箱等网络工具进行网络交流，合法合理使用网络，保护隐私安全。通过本项目的学习，学生能学会从浩瀚的网络中获取所需要的网络资源，学会运用网络工具进行生活、学习，学会在使用网络的过程中有效地保护自己及他人的信息隐私，会运用物联网。

学以致用

（1）下载一篇关于国庆节的文章、一张国庆主题的图片和一段相关视频。

（2）下载360安全浏览器并安装。

（3）注册一个网易邮箱，并用邮箱给同学发一封邮件。

（4）在生活中，请列举出三种物联网的应用。

项目三 实用的小型局域网

(1)知道选购网卡时要考虑的因素。
(2)知道安装网卡的方法。
(3)知道制作交叉线、直通线的方法。
(4)知道IP地址、子网掩码及网关的含义。
(5)知道TCP/IP协议的作用。
(6)能选购网卡和制作双绞线。
(7)能配置计算机的IP地址、子网掩码、网关、路由器。
(8)具有与他人合作解决问题的意识和能力。

项目介绍

由于公司管理的需要,阿信的哥哥负责组建一个新部门,刚刚组建的新部门办公室中,没有任何网络设施设备,部门员工之间的计算机数据共享也只能用U盘进行,员工的U盘可能感染了病毒,在用U盘共享数据时不仅不方便而且不安全,为避免这一问题,阿信的哥哥想到了正在学习网络的阿信,想让他为新部门搭建一个小型局域网,以便实现文件资料的内部共享。

项目任务

任务一 选购、安装网卡

任务描述

阿信哥哥的新部门中有3名员工,各员工的计算机已经安装了Windows操作系统,每台计算机都可以单机工作,并且各台计算机之间无主次之分,适合组建小型对等网。阿信分析之后,决定先选购网卡，并安装网卡和驱动。

任务实施

一、选购网卡

选购网卡时应考虑网络类型、传输速率、总线类型、网卡支持的电缆接口、质量等因素。

阿信考虑到本次局域网采用星形结构，网线采用RJ-45双绞线，并考虑稳定性及速率，选择PCI接口的10/100/1000M自适应内置网，考虑到品牌的质量较好，故阿信通过实地分析比较之后选择TP-Link的PCI接口、带RJ-45接口的千兆网卡。

二、安装网卡

(1)关闭电源，打开机箱盖子，找到PCI插槽，用螺丝刀拧下机箱后面对应的挡板。

(2)将网卡的“金手指”对准PCI插槽，沿垂直方向将网卡插入插槽。

(3)用螺钉将网卡固定在机箱上。盖好机箱盖子，打开电源。

三、安装网卡驱动

(1)桌面右击【此电脑】—【属性】命令，打开“系统”对话框，如图2-3-1所示。

(2)单击【设备管理器】，打开设备管理器窗口，如图2-3-2所示。

查看网卡前面有没有黄色问号，如果有，需要安装，如果没有，就表示已经安装了网卡驱动，如果需要重新安装就可进行更新安装。

图2-3-1 系统对话框

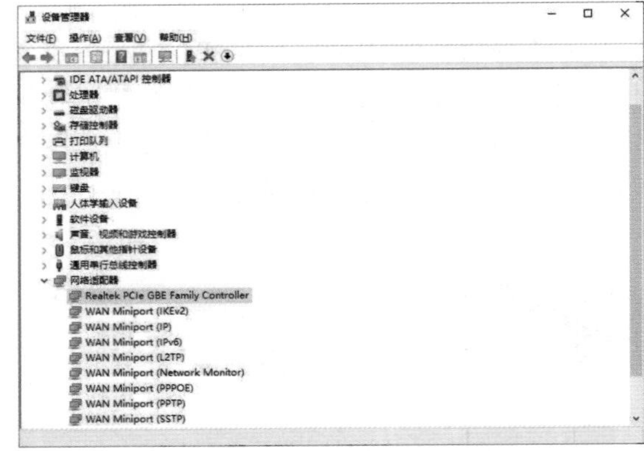

图2-3-2 设备管理器窗口

(3)单击【网络适配器】，找到对应的网卡并右击，如图2-3-3所示。

(4)单击【浏览我的计算机以查找驱动程序软件】—【让我从计算机上的可用驱动程序列表中选取】，如图2-3-4所示。

(5)在列表中选择对应的网卡，单击【下一步】，如图2-3-5所示。

(6)网卡驱动程序更新完成如图2-3-6所示。

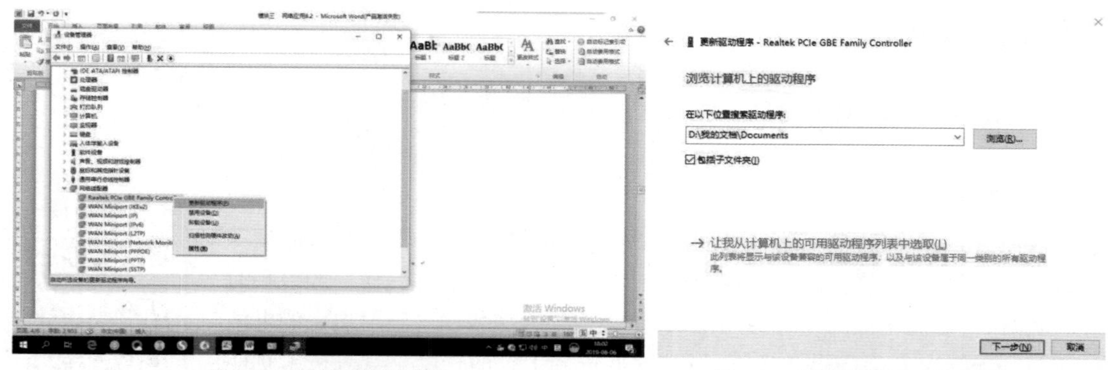

图2-3-3　选择网络适配器　　图2-3-4　浏览计算机上的驱动程序

图2-3-5　选择列表中的驱动程序　　图2-3-6　更新网卡驱动程序

任务二　制作双绞线

任务描述

每台计算机已经安装了网卡和驱动，现在需要用连接介质将计算机进行连接。考虑到部门内部办公室相隔比较近，阿信准备用一台交换机作为中心节点，采用双绞线连接组成一个星形拓扑结构的对等网。为降低成本，阿信决定自己动手制作双绞线，下面我们就跟阿信一起来制作如图2-3-7所示的双绞线吧！

图2-3-7　双绞线

任务实施

一、认识双绞线、水晶头

1. 双绞线

拓展资源

屏蔽双绞线

双绞线(Twisted Pair,简称TP)是一种综合布线工程中最常用的传输介质,是由两根具有绝缘保护层的铜导线按照一定的规格互相缠绕(一般以顺时针缠绕)在一起而制成的一种通用配线,每一根导线在传输中辐射出来的电波会被另一根线上发出的电波抵消,有效降低信号干扰的程度。具有抗干扰能力强、传输距离较远、布线容易、价格低廉等优点,在信息通信网络和现代弱电系统中得到了广泛的应用。

根据有无屏蔽层,双绞线分为屏蔽双绞线(Shielded Twisted Pair,STP)与非屏蔽双绞线(Unshielded Twisted Pair,UTP)。

双绞线一般用于星型网络的布线,每条双绞线通过两端安装的RJ-45连接器(俗称水晶头)将各种网络设备连接起来。

拓展资源

水晶头

2. 水晶头

双绞线必须通过RJ-45连接头连接后才能与网卡、交换机等设备连接。

水晶头前端有8个凹槽,简称8P;槽内嵌有8个金属片,简称8C。如图2-3-8所示。其序号如下:水晶头弹片朝下,金属片朝上,从左向右依次编号为1~8。如图2-3-9所示。

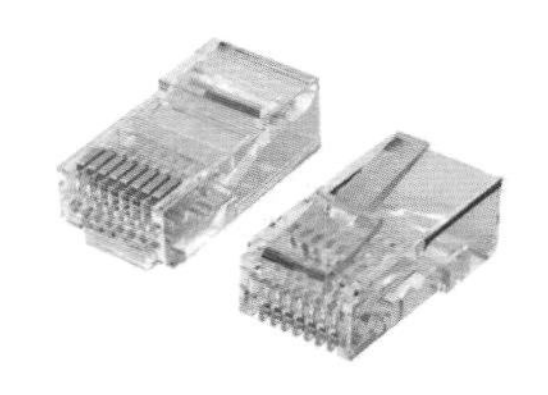

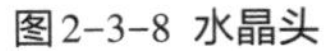

图2-3-8 水晶头

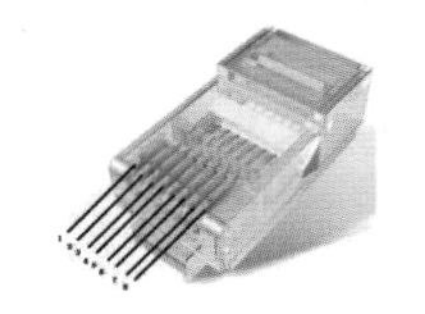

图2-3-9 水晶头金属片编号

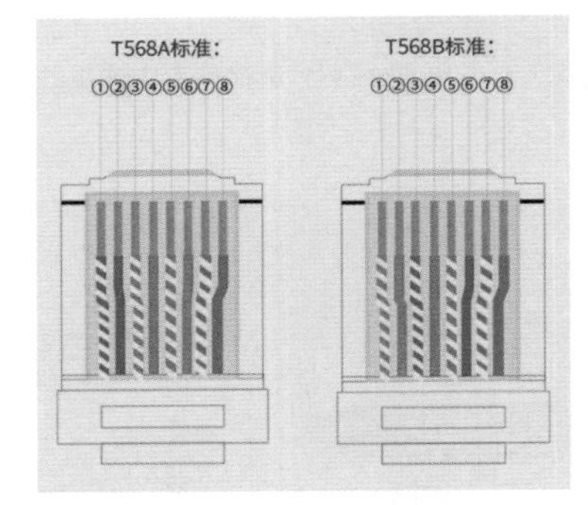

图2-3-10 接头做法标准

RJ-45网络接头做法一般有T568A和T568B两种标准做法,如图2-3-10所示。按同一标准即直通线,不同标准即交叉线。具体接法如下。

T568A线序:

1	2	3	4	5	6	7	8
白绿	绿	白橙	蓝	白蓝	橙	白棕	棕

T568B线序：

1	2	3	4	5	6	7	8
白橙	橙	白绿	蓝	白蓝	绿	白棕	棕

同种类型设备之间使用交叉线连接，不同类型设备之间使用直通线连接。

二、制作双绞线

（1）使用网线钳剥除一段（2 cm左右）双绞线外包皮，如图2-3-11所示。将双绞线反向解开。

（2）一般我们使用T568B标准的直连接法。按照白橙、橙、白绿、蓝、白蓝、绿、白棕、棕的颜色一字排列，用拇指和食指将线压平，如图2-3-12所示。用网线钳将线的顶端剪齐，并保证护套皮外的线长1.4 cm左右，如图2-3-13所示。

图2-3-11　网线钳剥线图

图2-3-12　T568B标准排线图

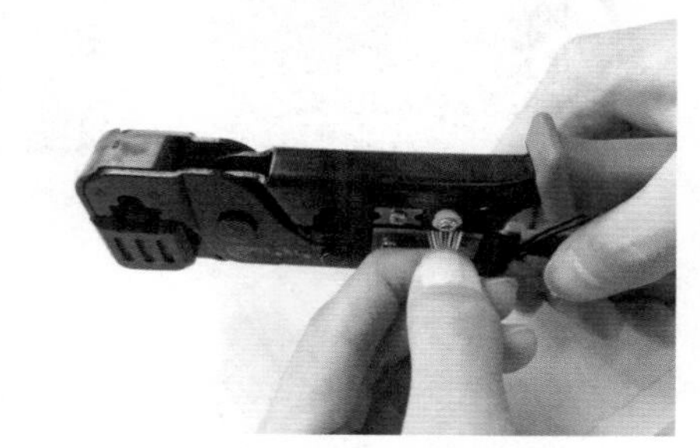

图2-3-13　网线钳剪线

（3）一只手捏住水晶头，并将水晶头弹片朝下，金属片朝自己，另一只手将整理好线序的双绞线平行地插入水晶头内的线槽，并用力将8根导线插入水晶头线槽的顶端，护套外皮也要插入至水晶头长度的三分之一处，如图2-3-14所示。

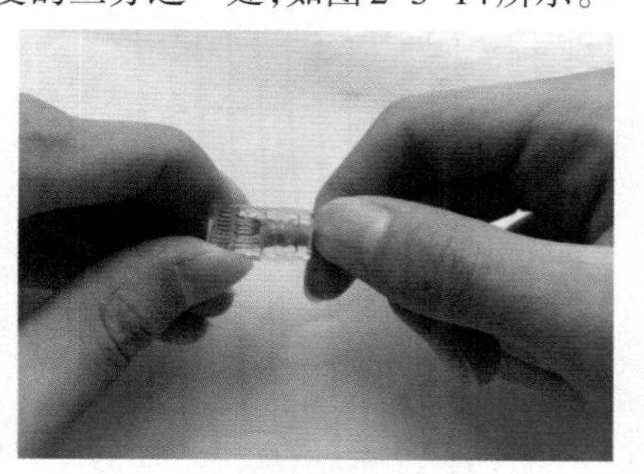

图2-3-14　网线插入水晶头

图2-3-15　网线钳压线

（4）将插头插入网线钳的压线插槽中，用力压下网线钳的手柄，压紧水晶头，同时护套皮也压卡在水晶头内。压线时，听到“咔”的一声，则压线完成，如图2-3-15所示。

（5）按相同的线序和方法制作另一端。

（6）将网线的两端分别接入测线仪的主机和子机中的RJ-45接口，打开测线仪开关，观察主机和子机的测试指示灯，如果按照同样顺序亮灯（主机的指示灯从1到8逐个顺序闪亮，而子机的指示灯也应该从1到8逐个顺序闪亮），表明成功，否则就得重做。如图2-3-16、图2-3-17所示。

一般我们使用T568B标准的直连接法。但特殊情况，如双机直接互联和网络转接时需要用交叉连接法：一端按T568B顺序，即按上面的顺序，另一端按T568A顺序。具体排线方法为：先按“橙绿蓝棕，白在前”顺序理好，先4—6交叉，再1—3、2—6交叉，交叉结果为“绿白、绿、橙白、蓝、蓝白、橙、棕白、棕”。如图2-3-18所示。

测试交叉线时，主测试仪的指示灯也应该从1到8逐个顺序闪亮，而子测试仪的指示灯应该是按着3，6，1，4，5，2，7，8的顺序逐个闪亮。如果是这样，说明交叉线连通性没问题，否则就得重做。

图2-3-16 测线仪

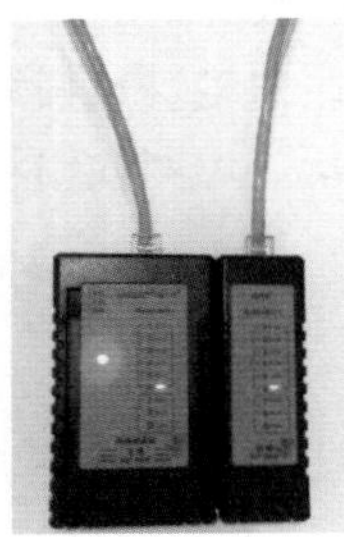

图2-3-17 测线仪测线

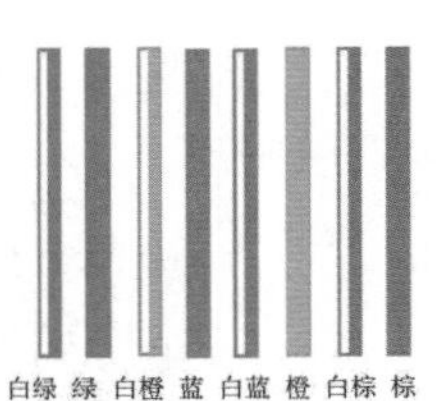

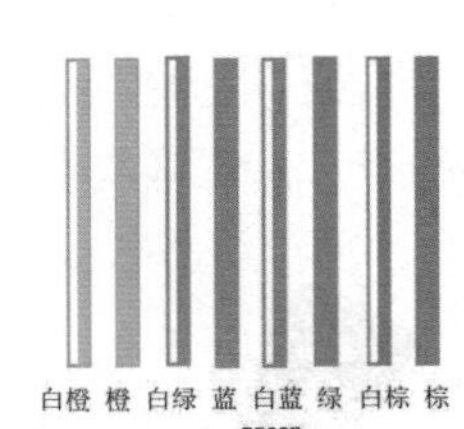

图2-3-18 交叉线的接法

任务三 组建对等网

任务描述

本任务所有的操作均在思科模拟器中操作。现每台计算机已经安装了网卡和驱动，考虑到部门内部办公室相隔比较近，阿信准备用一台交换机作为中心节点，采用双绞线连接组成一个星形拓扑结构的对等网。

任务实施

一、选用交换机并确定交换机的位置

1. 选用交换机

因部门正在快速发展中，将来可能会达到20人左右，故考虑以后人员增加的因素，准备接入的公司内网最高传输速度只有百兆，因此选择24口的思科Cisco WS-C2960-24TT-L 24口百兆智能网管VLAN交换机一台。

2. 确定交换机的位置

部长办公室位于本部门比较中心的位置，为便于布线和管理，同时减少信号衰减，阿信将路由器和交换机摆在部长办公室。

二、双绞线布线

在小型局域网中通常采用双绞线布线，因屏蔽双绞线价格比无屏蔽双绞线贵，安装也比较困难，加之小型局域网结构简单、设备少，因此阿信决定选用无屏蔽超5类双绞线进行布线。

三、连接计算机网卡和交换机

用做好的3根直通双绞线分别插入PC1、PC2、PC3的网卡端口（RJ-45端口）FastEthernet 0，直通双绞线的另一端分别插入交换机的FastEthernet 0/1、FastEthernet 0/2、FastEthernet 0/3端口。见表2-3-1。

表2-3-1 电脑编号及网卡、交换机端口号

电脑编号	网卡端口	交换机端口
PC1	FastEthernet 0	FastEthernet 0/1
PC2	FastEthernet 0	FastEthernet 0/2
PC3	FastEthernet 0	FastEthernet 0/3

连接完成之后如图2-3-19所示。

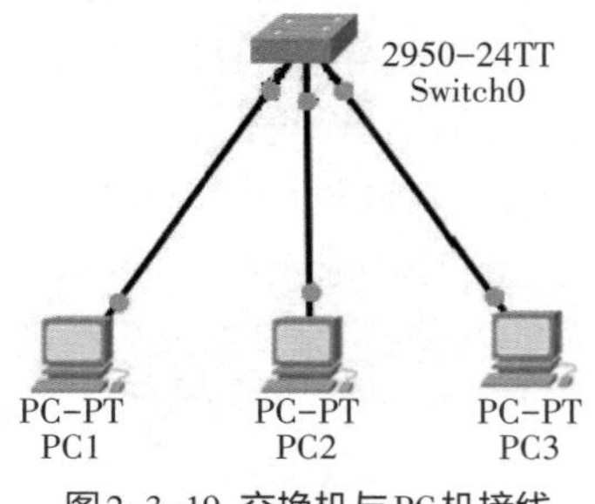

图2-3-19 交换机与PC机接线

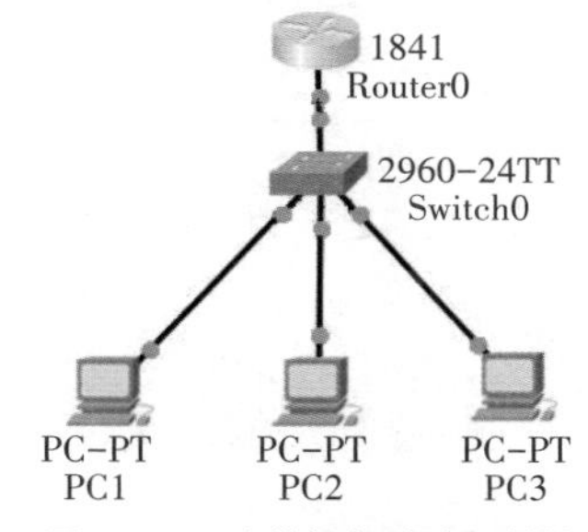

图2-3-20 交换机与路由器接线

四、连接交换机和路由器

将交换机的FastEthernet 0/4端口连接现有路由器的FastEthernet 0/0端口。连接后如图2-3-20所示。

任务四 配置网络协议

任务描述

前面已经安装了网卡，知道了网卡上有一个唯一编号（MAC地址），但MAC地址用起来非常不方便，所以需为网卡指定IP地址和子网掩码等，让它们来标记网络中不同的计算机。下面我们就和阿信一起来配置一下吧！

任务实施

一、认识IP地址、子网掩码及网关

拓展资源

IP地址

1. IP地址

IP地址分为五类，A类保留给政府机构，B类分配给中等规模的公司，C类分配给任何需要的人，D类用于组播，E类用于实验。A类地址的第一位总是0，B类地址的前两位总是10，C类地址的前三位总是110。

2. 子网掩码

子网掩码只有一个作用，就是将某个IP地址划分成网络地址和主机地址两部分。

3. 网关

网关实质上是一个网络通向其他网络的IP地址。例如有网络A和网络B，网络A的IP地址范围为“192.168.1.1~192.168.1.254”，子网掩码为255.255.255.0；网络B的IP地址范围为“192.168.2.1~192.168.2.254”，子网掩码为255.255.255.0。在没有路由器的情况下，两个网络之间是不能进行TCP/IP通信的，即使是两个网络连接在同一台交换机（或集线器）上，TCP/IP协议也会根据子网掩码（255.255.255.0）判定两个网络中的主机处在不同的网络里。而要实现这两个网络之间的通信，则必须通过网关。如果网络A中的主机发现数据包的目的主机不在本地网络中，就把数据包转发给它自己的网关，再由网关转发给网络B的网关，网络B的网关再转发给网络B的某个主机。即网络A向网络B转发数据包的过程。

二、配置各计算机的名称、地址、子网掩码及网关

计算机的名称、地址、子网掩码及网关见表2-3-2。

表2-3-2 计算机的名称、地址、子网掩码及网关

计算机	IP地址	子网掩码	网关
PC1	192.168.2.2	255.255.255.0	192.168.2.1
PC2	192.168.2.3	255.255.255.0	192.168.2.1
PC3	192.168.2.4	255.255.255.0	192.168.2.1

（1）双击打开PC1，切换到【Desktop】选项卡，单击【IP配置】选项，如图2-3-21所示。

（2）输入PC1的IP地址、子网掩码、网关地址，如图2-3-22所示。设置好之后，直接关闭窗口。

（3）用同样的方法设置好PC2、PC3的IP地址、子网掩码及网关地址。

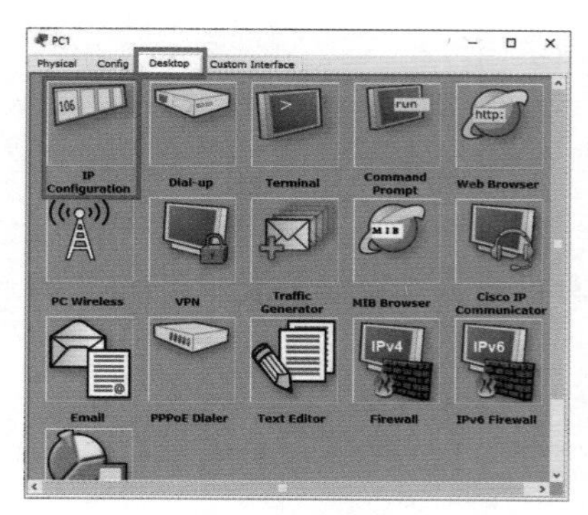

图2-3-21 配置IP

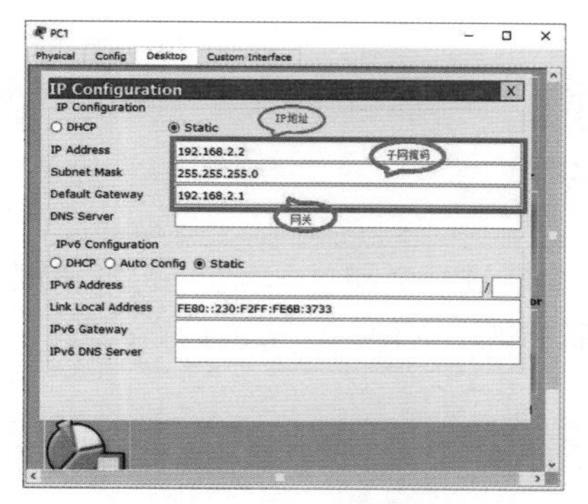

图2-3-22 输入IP地址、子网掩码及网关地址

任务五 配置路由器

任务描述

未经设置的路由器是不能使局域网中的计算机自动连接到Internet上的，只有在路由器上做好必要的配置，连接到局域网上的计算机与路由器位于同一个网段内，路由器才能侦测到局域网中各计算机的请求，从而自动连接到Internet。下面我们就和阿信一起来进行配置吧！

任务实施

（1）双击路由器，切换到【CLI】命令行选项卡，在命令行下，输入“N”回车后进入路由器配置。

（2）在用户模式下输入“en”回车后进入特权模式。

（3）在特权模式下输入“Configuge Terminal”回车后进入全局配置模式。

（4）在全局模式下输入“int fa0/0”回车后进入路由器的0/0端口，输入“no shut”回车后启动0/0物理端口，输入“ip address 192.168.2.1 255.255.255.0”，给0/0端口设置一个IP地址，设置好之后回车。如图2-3-23所示。

（5）关闭配置窗口，回到模拟器主面板中，可以看到PC与路由器连线之间的灯已经变成了绿色的，说明已经连通。如图2-3-24所示。

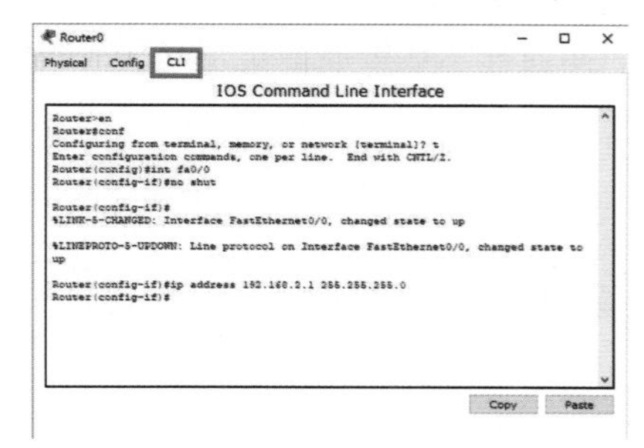

图2-3-23 配置路由器

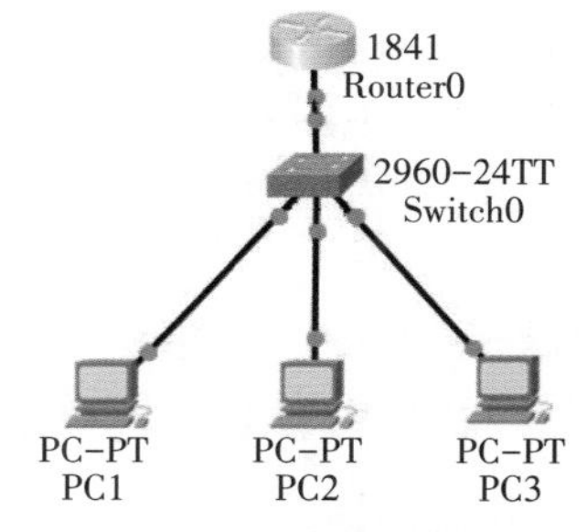

图2-3-24 路由器连通图

任务六　测试连通性

任务描述

对路由器进行必要的配置之后，局域网中的计算机是否能相互通信，还需要进行连通性测试，下面我们就和阿信一起来进行测试吧！

任务实施

利用ping命令可以检查网络是否连通，可以很好地帮助我们分析和判定网络故障。

应用格式：ping+IP地址。该命令还可以加许多参数使用，具体是键入ping按回车即可看到详细说明。

一、测试PC1与PC2、PC3机的连通性

（1）双击【PC1】—【Desktop】—【Command Prompt】，如图2-3-25所示，打开命令提示符窗口。

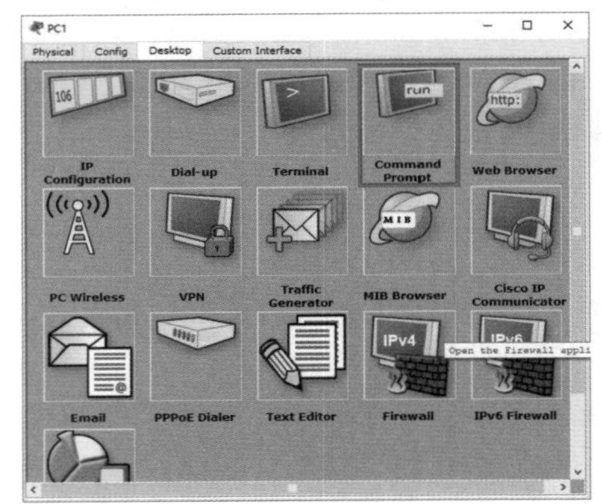

图2-3-25　打开命令提示符窗口命令

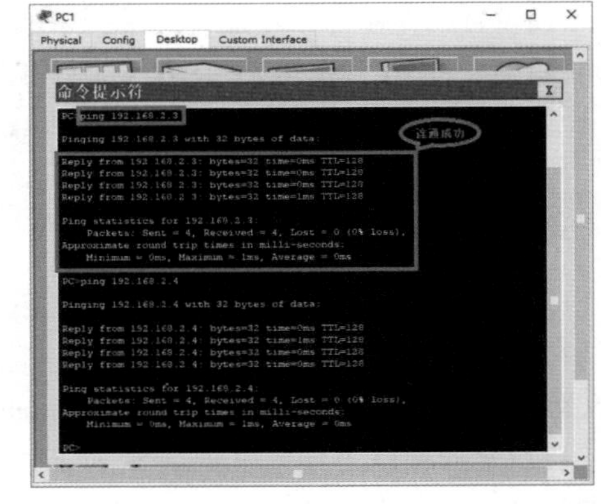

图2-3-26　输入ping命令测试PC1与PC2、PC3机的连通性

（2）在命令提示符窗口下，分别输入PC2、PC3的IP地址进行连通性测试。

输入“ping 192.168.2.3”命令测试PC1与PC2机的连通性，从返回值可见PC1与PC2机连通成功。如图2-3-26所示。

输入“ping 192.168.2.4”命令测试PC1与PC3机的连通性。从返回值可见PC1与PC3机连通成功。如图2-3-26所示。

二、测试PC2与PC1、PC3机的连通性

用同样的方法可以测试到PC2机与PC1、PC3机是可以通信的，如图2-3-27所示。

三、测试PC3与PC1、PC2机的连通性

用同样的方法可以测试到PC3与PC1、PC2机是可以通信的，如图2-3-28所示。

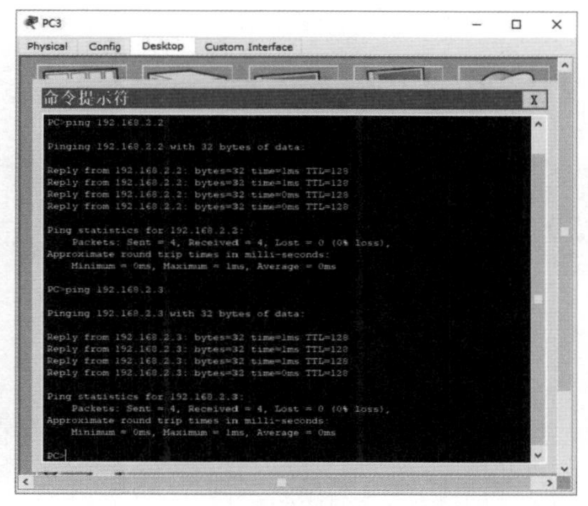

图2-3-27　输入ping命令测试PC2与PC1、PC3机的连通性　图2-3-28　输入ping命令测试PC3与PC1、PC2机的连通性

项目小结

本项目主要学习了小型局域网的组建过程，通过学习学生能学会选购、安装网卡，会制作双绞线，会选用交换机，会进行双绞线布线，会组建小型对等局域网，会配置计算机的IP地址、子网掩码及网关，会配置路由器，会运用ping命令测试网络的连通性。

学以致用

请组建如图2-3-29所示局域网，并测试其连通性。计算机的名称、地址、子网掩码及网关见表2-3-3。

表2-3-3　计算机名称等相关信息

计算机	IP地址	子网掩码	网关
PC1	192.168.2.2	255.255.255.0	192.168.2.1
PC2	192.168.2.3	255.255.255.0	192.168.2.1
PC3	192.168.2.4	255.255.255.0	192.168.2.1

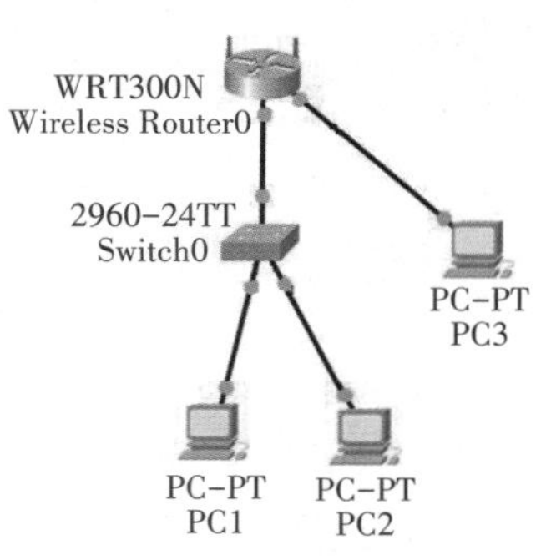

图2-3-29　小型局域网拓扑图

项目四　实用的无线局域网

(1)知道无线网卡的安装方法。
(2)知道无线路由器的配置方法。
(3)知道无线终端设备的配置方法。
(4)能配置无线路由器的局域网IP地址和子网掩码。
(5)能设置无线网络的名称、密码。
(6)能配置无线终端设备,使其接入无线局域网中。

项目介绍

阿信的哥哥提出,部门中还有一些台式电脑、笔记本电脑和手机等设备需要随时接入已有的局域网中,并且要求不打破现有局域网的连接。为了实现这一目的,阿信考虑将原来的路由器换成无线路由器,从而组建无线局域网。下面我们就和阿信一起来做一做吧!

项目任务

任务一　安装无线网卡

任务描述

因有的台式计算机、笔记本电脑没有无线网卡,因此需要先安装无线网卡。

任务实施

一、安装台式机无线网卡

（1）单击指示灯，关闭台式机电源，如图2-4-1所示。

（2）安装无线网卡，如图2-4-2、图2-4-3所示。

（3）单击指示灯，开启台式机电源，如图2-4-4所示。

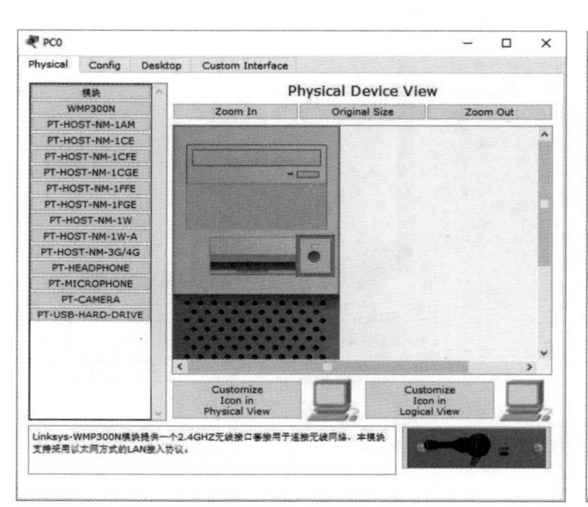

图2-4-1　关闭台式机电源

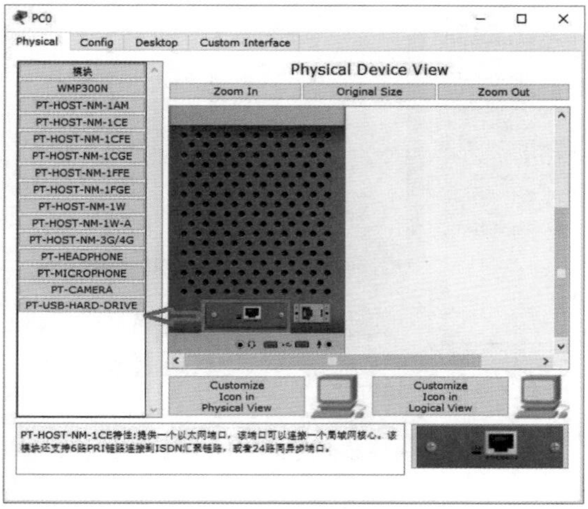

图2-4-2　去除台式机有线网卡

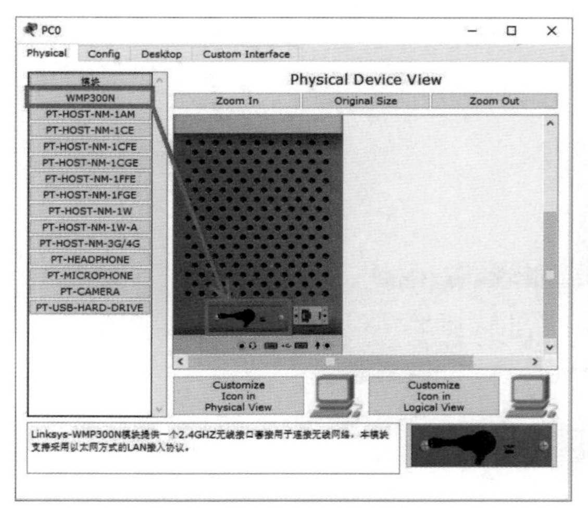

图2-4-3　安装台式机无线网卡

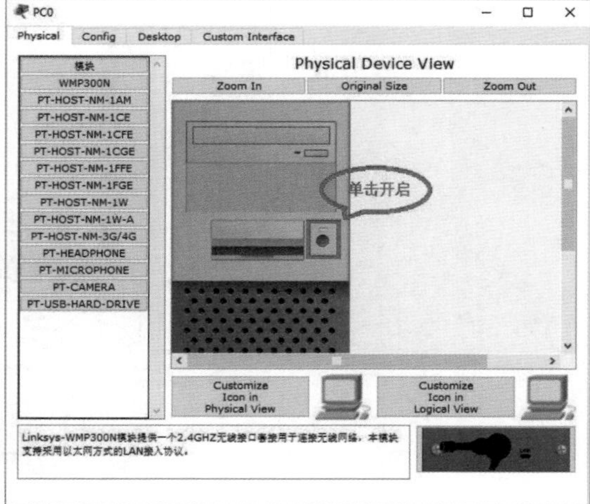

图2-4-4　打开台式机电源

二、安装笔记本网卡

(1)单击指示灯,关闭笔记本电脑电源,如图2-4-5所示。

(2)安装笔记本电脑无线网卡(如果笔记本电脑自带网卡可省去该步骤),如图2-4-6所示。

(3)单击指示灯,开启笔记本电脑电源,如图2-4-7所示。

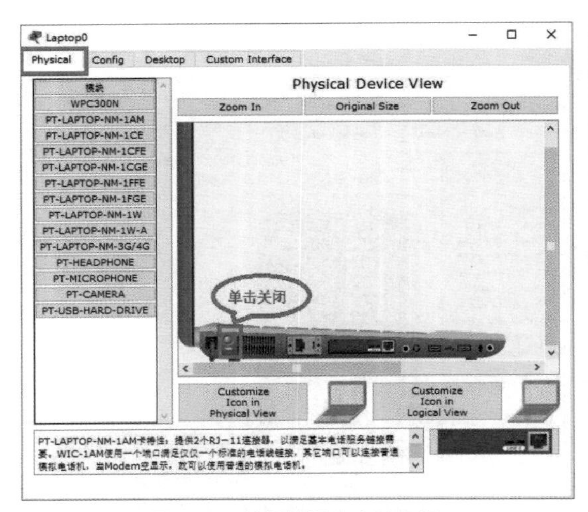

图2-4-5 关闭笔记本电脑电源

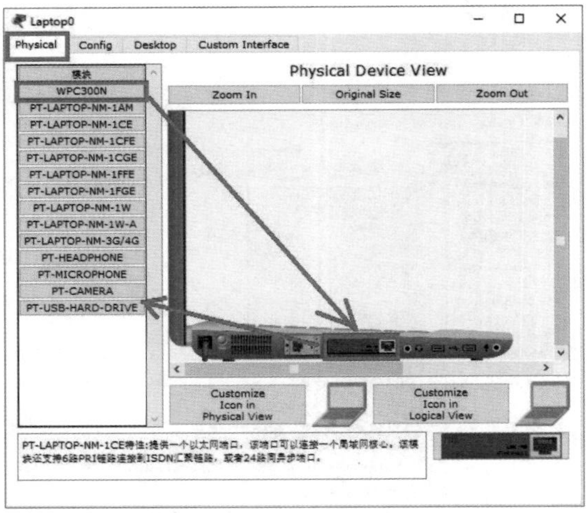

图2-4-6 安装笔记本电脑无线网卡

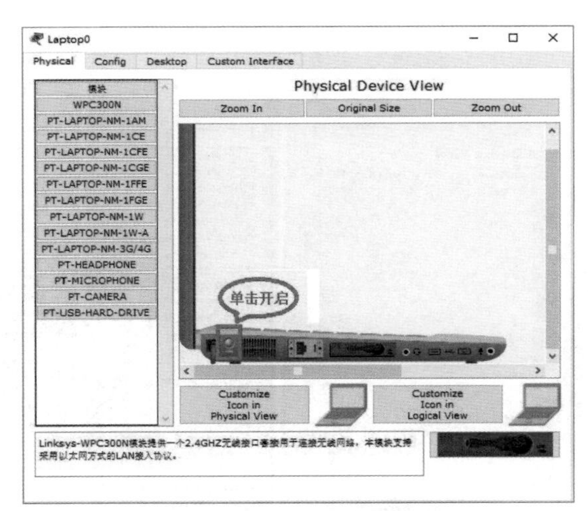

图2-4-7 打开笔记本电脑电源

任务二 配置无线路由器

任务描述

因为更换成了无线路由器,无线路由器与交换机和PC3已经实现了物理连接,需要进行无线接入的台式机和笔记本电脑也已安装了无线网卡,但网络仍未接通,因此我们需要对无线路由器进行配置。下面我们就和阿信一起来配置吧!

任务实施

一、配置局域网

无线路由器设置局域网IP地址为:192.168.2.1,设置子网掩码为:255.255.255.0。

双击【Wireless Router】—单击【Config】—单击【局域网】,打开局域网设置对话框,输入无线路由器的IP地址为:192.168.2.1,子网掩码为:255.255.255.0,如图2-4-8所示。

二、配置无线网

双击【Wireless Router】—单击【Config】—单击【无线】,打开无线网设置对话框,输入无线网络的名称为"bg",输入无线网络密码为"12345678",如图2-4-9所示。

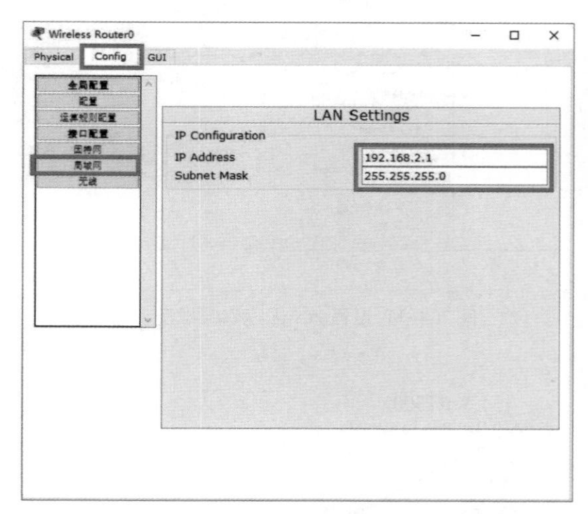

图2-4-8 设置局域网IP地址和子网掩码

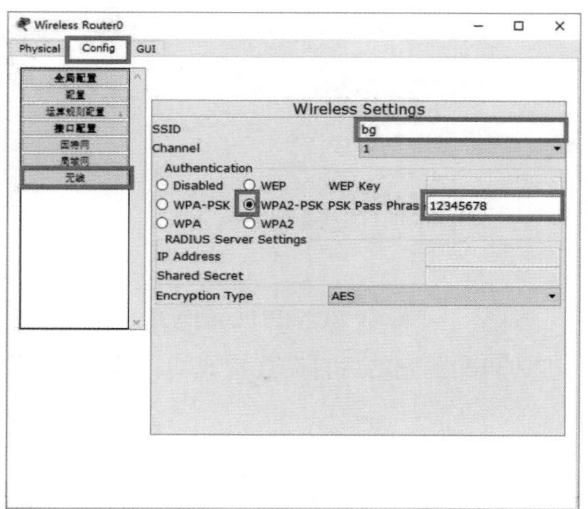

图2-4-9 设置无线网络名称和密码

任务三　配置无线终端设备

任务描述

虽然配置了路由器，但网络还是未能接通，因此我们需要对无线终端设备进行配置。下面我们就和阿信一起来配置一下吧！

任务实施

一、配置台式机

（1）双击【PC0】—【Config】—【全局配置】进入全局配置窗口，将网关设为自动获取，如图2-4-10所示。

（2）在“Config”选项卡下，单击【Wireless0】，打开无线网络名称及密码设置窗口，输入无线网名称“bg”，无线网密码“12345678”，如图2-4-11所示。

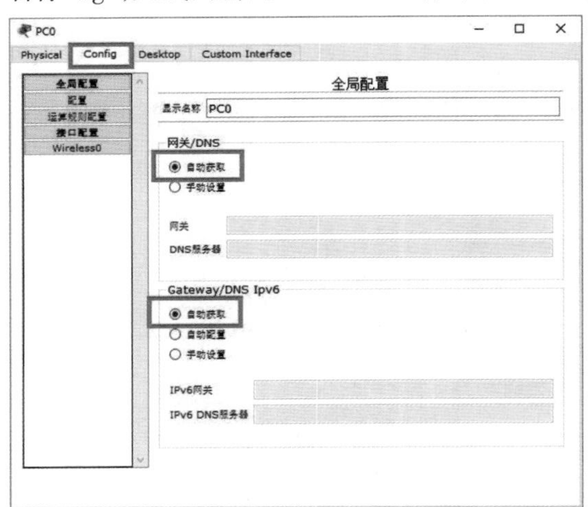

图2-4-10　设置PC0的网关

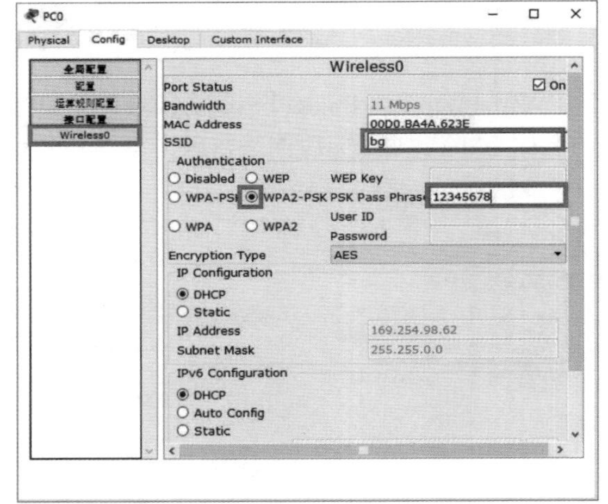

图2-4-11　设置PC0无线网名称及密码

（3）配置完之后自动连接成功，如图2-4-12所示。

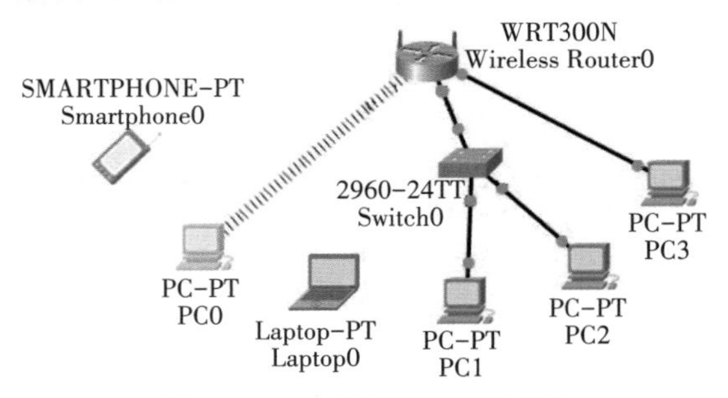

图2-4-12　PC0无线网络连接成功

二、配置笔记本电脑

（1）双击【Laptop0】—【Config】—【全局配置】，将网关设为自动获取，如图2-4-13所示。

（2）单击【Config】—【Wireless0】，将无线网名称设为“bg”，无线网密码设为“12345678”，如图2-4-14所示。

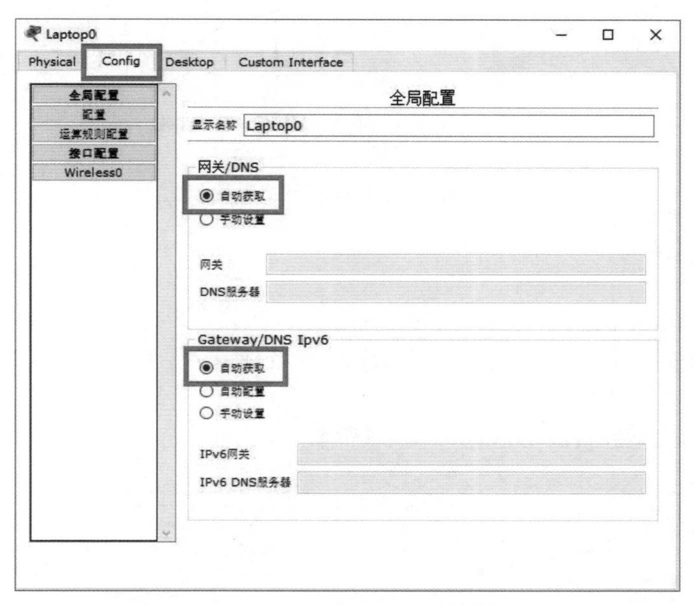

图2-4-13　设置Laptop0的网关

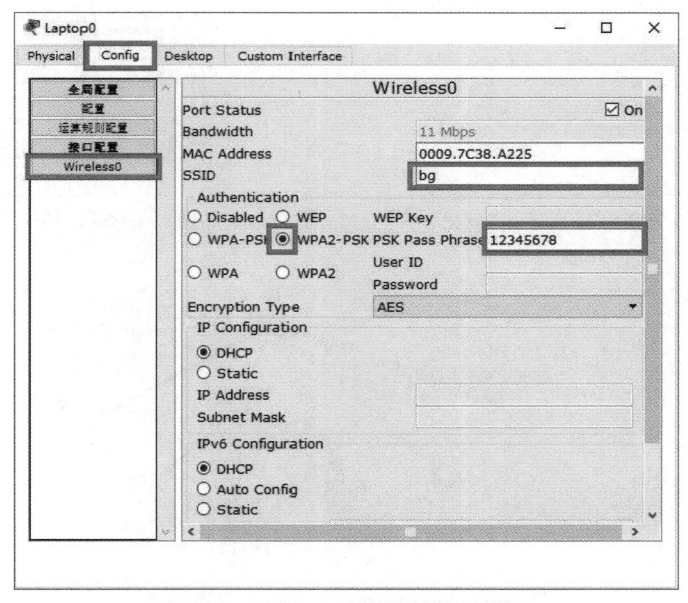

图2-4-14　设置Laptop0无线网名称及密码

(3)配置完成后自动连接成功,如图2-4-15所示。

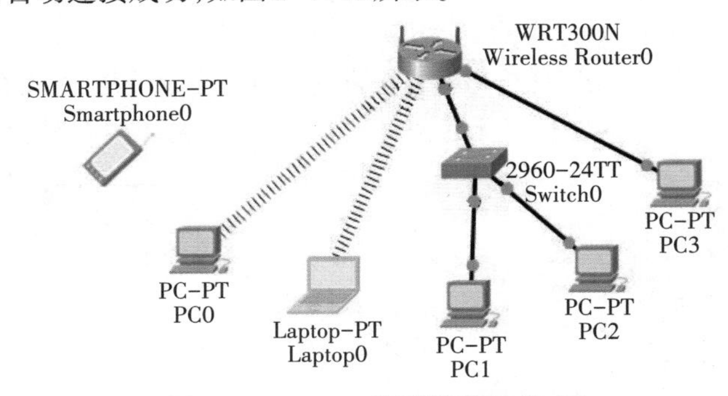

图2-4-15 Laptop0的无线网络连接成功

三、配置智能手机

(1)双击【Smartphone0】—【Config】—【全局配置】,将网关设为自动获取,如图2-4-16所示。

(2)单击【Config】—【Wireless0】,输入无线网络名称“bg”,无线网密码“12345678”,如图2-4-17所示。

(3)配置完之后自动连接成功,如图2-4-18所示。

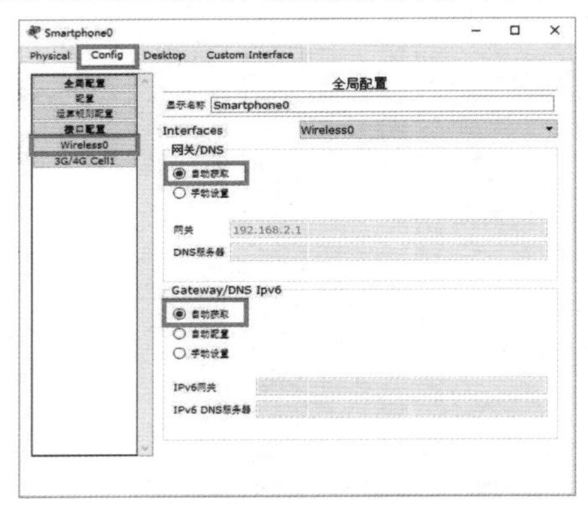

图2-4-16 设置Smartphone0的网关

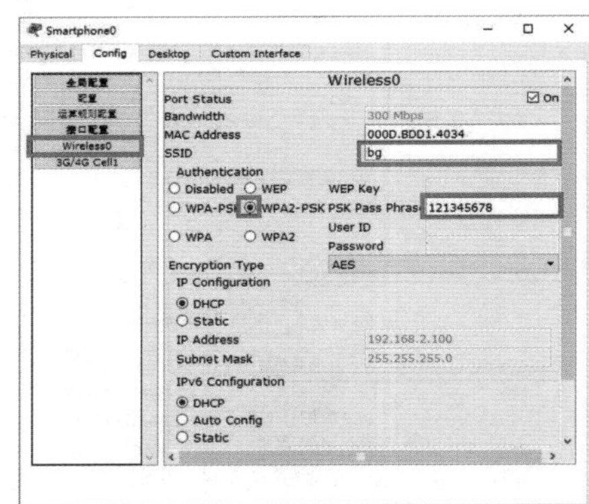

图2-4-17 设置Smartphone0的无线网络名称及密码

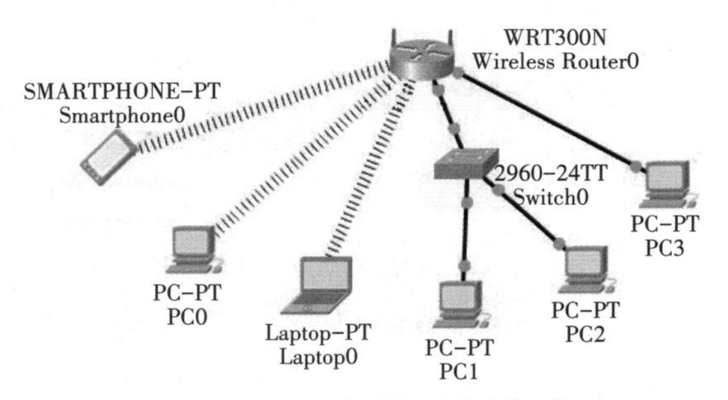

图2-4-18 Smartphone0的无线网络连接成功

项目小结

本项目主要学习了无线局域网的组建过程。通过学习,学生能学会安装无线网卡,会组建小型无线局域网,会简单配置无线路由器及无线终端设备并测试网络的连通性。

学以致用

请组建如图2-4-19所示无线局域网,并测试其连通性。无线终端设备的网关设为自动获取,无线网络名称设置为"xsb",密码设为"xsb123456",其他计算机的名称、地址、子网掩码及网关见表2-4-1。

表2-4-1 计算机名称等相关信息

计算机	IP地址	子网掩码	网关
PC1	192.168.2.2	255.255.255.0	192.168.2.1
PC2	192.168.2.3	255.255.255.0	192.168.2.1

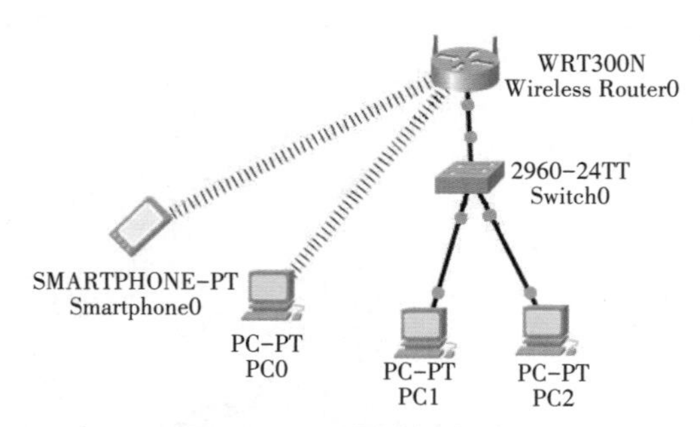

图2-4-19 无线局域网拓扑图

模块三

图文编辑

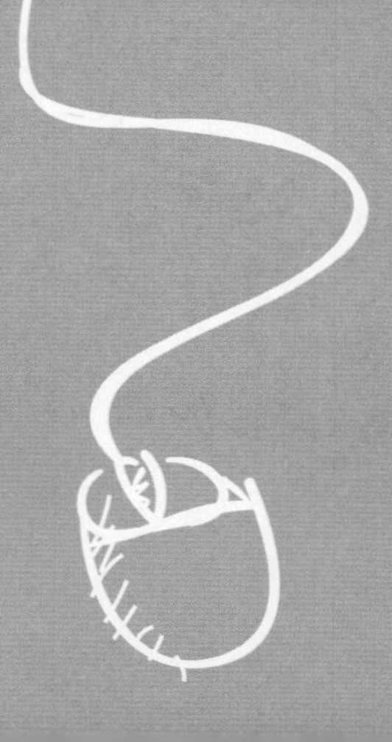

图文编辑是对图片、文字等内容进行搜集、筛选和规范整合，使用Photoshop、Office等图文编辑及办公软件进行编辑，编辑人员应思维清晰、沟通能力强，具有团队合作精神、踏实与务实作风，有较强的主动性和创造性，工作认真细致，具有良好的职业道德及文化修养。

本模块以Office2016中Word、Excel、PowerPoint、Publisher软件为例，让学生学习编辑文档、表格、演示文稿、排版；以Dream-weaver CC 2017为例学习个人空间网的建立，以亿图图示软件为例学习制作漂亮的服装设计图；学生通过学习掌握不同类型的图文编辑工具的操作方法，进行图文编排、版式设计和美化处理，能展示或打印编辑的图文。通过编辑美丽的校园宣传报，培养学生热爱母校、热爱祖国的情怀；通过编辑规范的计算机教材，使学生养成高标准严要求的习惯，对学习和事业具有强烈的责任心；通过编辑灵活的学生信息表，培养学生做事精益求精、不失毫厘的工匠精神；通过编辑动感的学校宣传稿，培养学生不要局限于条条框框，敢想敢干，善于创新的精神；通过编辑精美的个人相册集，使学生热爱生活，认真工作，养成良好的工作作风；通过编辑美妙的个人空间网，培养学生善于展现自己、勇于与外界交流的意识，把自己美好的东西与人分享，贡献社会；通过编辑漂亮的服装设计图，使学生勇于创新，欣赏美、创造美，具有打破传统的勇气，添加新时代爱国元素到作品中。

本模块引导学生加强信息意识，提高计算思维，充分利用数字化信息资源丰富和完善自我，在学习和工作中形成创新思维，在信息传播中，有主人翁的责任感，能把握信息的质量和道德价值。

项目一　美观的校园宣传报

(1)知道Word 2016软件的功能。
(2)知道Word 2016的窗口构成。
(3)能对文档页面进行格式设置。
(4)能对文档段落进行格式设置。
(5)能对文档字符进行格式设置。
(6)能对特殊文本进行设置。
(7)能提升对所在学校的认同感、归属感。

项目介绍

告别羞涩的初中时代,阿信同学踏入中职学校,新生开学典礼上,学校寄语新同学。阿信将新生寄语进行了编辑,张贴到宣传栏,以便同学们阅读。制作效果如图3-1-1所示。

莫辜负这大好春光

——寄语中职学生们

一些人提起中职生的时候，总是会联想到一些符号或标签，诸如“中考的失败者”“文化基础知识薄弱”等，他们用别样的眼光看待你们，认为只要你们在职业学校里不犯大的错误、不扰乱社会，职业学校就等于为社会做出了贡献。每逢听到这些说法，我都想大声疾呼：不是这样的！中职生是同高中生、大学生一样的，也是社会不可或缺的人才！

亲爱的中职同学，我想对你们说：

第一、莫辜负，天赐良机

我认为，你们进入中职学校，也得到了有利于你们全面发展的良机。中职生没有读三年的普通高中，但从另一方面来说，进入职业学校，你们可以潜心学习专业知识，掌握专业技能，发展个人爱好，为自己的一生打下良好的基础。你们在校期间的主要精力可以用来为自己将来的职业做准备，对于成长中的青少年来说，真可谓天赐良机！

中职生进入职业学校后，就开始接触到了专业(zhuānyè)、职业(zhíyè)、就业(jiùyè)、职场(zhíchǎng)等概念。有的同学在学校期间就开始了打工生涯，因此也较早接触到了社会。你们对生活的艰辛、社会的复杂、自立的重要性等有着更为深刻的体验和认识。

与本科生相比，中职生可以提前四到五年进入职场，而这四五年时间对于职场中的人来说是极其宝贵的。如果我们的学生敬业爱岗、努力工作，那么，熟悉职场规则，认同企业文化，独当一面地工作，在这四五年中都有可能得到解决。因此，当本科生步入职场时，中职生已经是一个熟门熟路、站稳脚跟、有点资力的员工了。

基于以上分析，我认为，你们完全有可能，也完全有条件走好自己的幸福人生路。

第二、莫自卑，勇于担当

我知道，即使你们同意我的“莫辜负，天赐良机”的观点，但只要一想到将来，仍然会产生自卑心理。这是因为，你们的文化基础知识与高中生相比的确存在着一定的差距。你们的初中同学有相当部分上了高中，他们之中将来也会有相当一部分会上大学。而上了大学就意味着前途光明。对此，我有不同的看法。

上了大学，就一定是前途光明吗?上了中职，就注定此生无望了吗?大量事实证明，不是这样的。

且不说比尔盖茨、乔布斯这些连大学都没读完的人照样可以成就一番事业，就一般情况而言，一个人或读大学，或读大专，或读中职，无非是获取一张进入社会的“通行证”。一旦进入了社会，这张通行证的作用也就所剩无几了。关键还要看每个人在不同的岗位上能否胜任工作，能否做出成绩。

攀登者

试想，当本科生就业的时候，你们已经有四五年的工作经验了。在构建学习型社会的今天，文化基础知识方面的不足就更不是问题了。当今社会，学习早已不再是阶段性的任务，而是一个人终生要做的事情。你们在实现了自立后，还有许多机会可以通过不同方式进修深造，以弥补自己知识的不足。

第三、莫急躁，脚踏实地

亲爱的同学们，我想告诉你们的是，无论你持有什么学历，如何走好踏入职场的第一步，都是至关重要的。即使是学历层次比你们高的大专、本科生，也是从最基层干起的。进入企业的第一步，相当于飞机的起飞阶段，走稳了，走好了，就可以顺利地进入轨道，继而会腾空高飞。

一个简单的道理是：一个连小事都做不好的人，老板肯定不会委以重任。★选拔新人选的标准，就是看一般职工在从事这些最简单劳动时的态度、效率、质量、人际关系、责任心以及对企业的忠诚度。所以，在进入企业后，无论做什么工作，都要脚踏实地，都要尽力把最小的、最简单的、最枯燥的、最辛苦的、最脏的、最被人看不起的、待遇最低的工作干好、干出色。只有这样，一旦机会来临，你才能承担重任。

亲爱的同学们，我想请你们一定要记住：千里之行，始于足下。展示你们的才能、才干，绝不是从重要岗位开始的。事实上，从你们顶岗实习的那一天就开始了，从你们参加企业面试的那一瞬间就开始了，从你做最简单工作的那一刻就开始了。

最后我想说，当前，国家高度重视职业教育，大力发展中职教育已写进国家的发展纲要。可以说，职业教育的春天已经来临。在和煦春光沐浴下的职教同仁和广大的中职学生，我们应该振奋精神，有所作为，才不辜负这{大好春光}！

图3-1-1 校园宣传报

任务一　设置页面格式

任务描述

启动Word 2016软件，观察Word 2016主界面的构成，并打开“页面设置”对话框。

任务实施

一、启动Word 2016

（1）在Windows 10系统环境中，单击【开始】—【所有程序】—【Microsoft Office】—【Microsoft Word 2016】，等待Word 2016启动完毕。

（2）完成Word 2016文档的新建。

二、观察Word 2016主界面

（1）Word 2016软件主界面从上至下通常由标题栏、快速访问工具栏、功能区、标尺按钮、编辑区、滚动条、状态栏、显示视图按钮、缩放按钮组成。

（2）Word 2016主界面如图3-1-2所示。

（3）将新生寄语文字复制到主界面中。

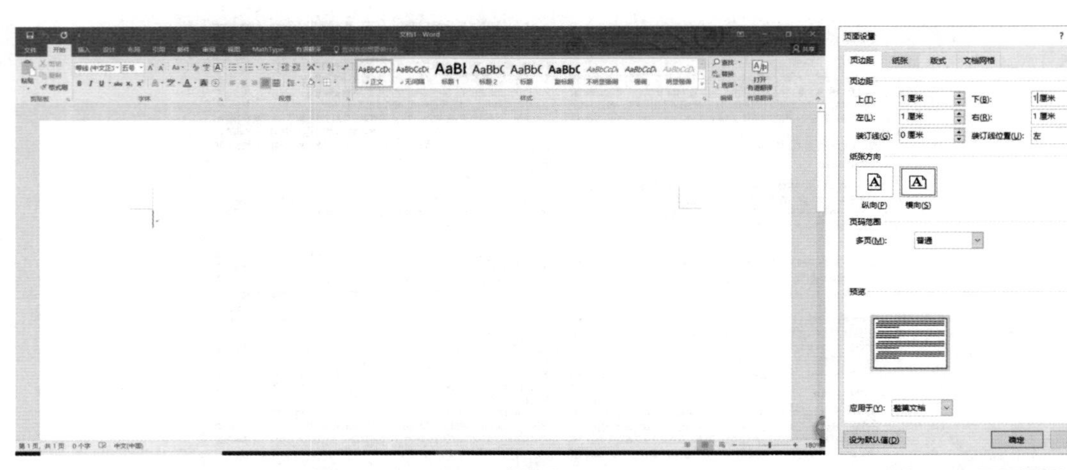

图3-1-2　Word 2016主界面　　　图3-1-3　页面设置

三、页面设置

（1）单击【布局】，打开【页面设置】对话框。

（2）在对话框中设置页边距和纸张方向。纸张大小：A4，横向；页边距：上下左右为1 cm，分为两栏；全文：宋体、五号、单倍行距。如图3-1-3所示。

任务二　设置文档字符、段落格式

任务描述

对文档进行字符格式设置，包括文字字体、字形、字号、颜色、文字间距、文字效果等操作，使文档更显美观。对文档进行段落格式设置，包括对齐方式、段落间距、行距、段落缩进、特殊格式等，设置后的文档更直观、规范。

任务实施

对文档字符进行格式设置，通常在【字体】组快捷面板或【字体】对话框中进行操作。对文档段落进行格式设置，主要是在【段落】组快捷面板或【段落】对话框中设置，两种操作方法都应掌握。

一、设置文本格式

（1）选中文档的标题行“莫辜负这大好春光”。

（2）右击选中【字体】菜单，在【字体】对话框中设置：黑体、小三号、加粗、红色波浪下划线。如图3-1-4所示。右击选中【段落】菜单，在【段落】对话框中设置：居中对齐。

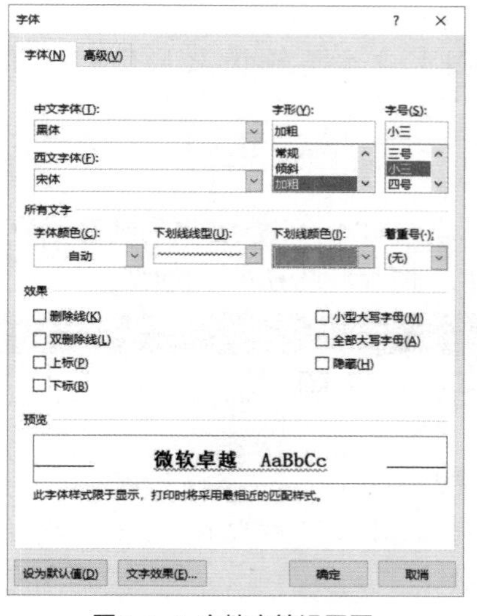

图3-1-4 文档字符设置图

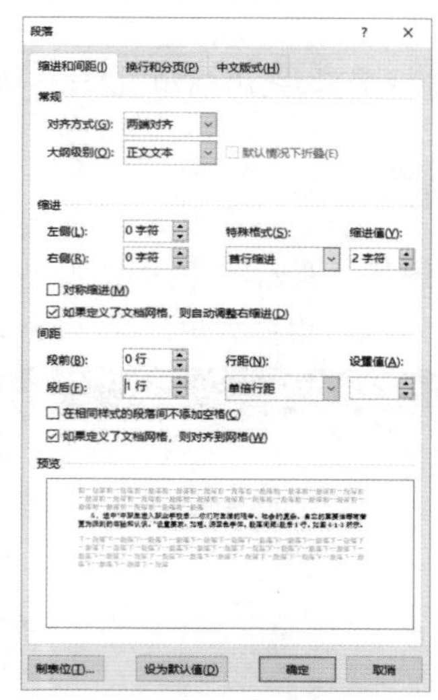

图3-1-5 段落设置

(3)选中"中职生是同高中生、大学生一样的,也是社会不可或缺的人才!",同理设置,要求为:红色双横线边框线,黑体、六号、加粗。

(4)选中"第一,莫辜负,天赐良机"和"第二…、第三…"。设置要求:黑体、六号、加粗。段前、段后:0.5行。

(5)选中"中职生进入职业学校后……你们对生活的艰辛、社会的复杂、自立的重要性等有着更为深刻的体验和认识。"设置要求:加粗、深蓝色字体。段落间距:段后1行。如图3-1-5所示。

(6)选中"专业、职业、就业、职场",单击【拼音指南】工具,打开对话框,设置:仿宋、8号,偏移量为2磅。如图3-1-6所示。

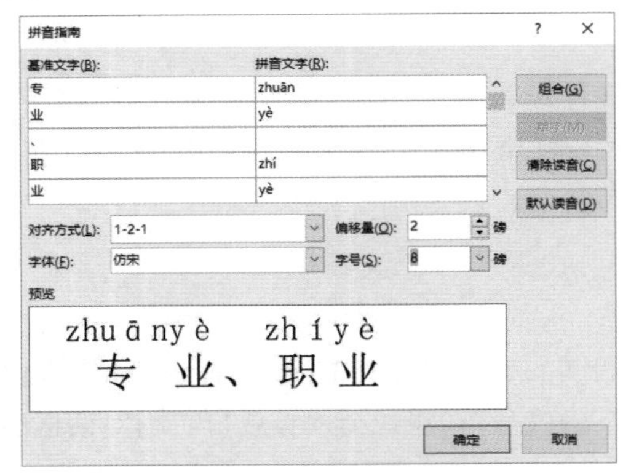

图3-1-6 拼音指南

任务三 编辑图片、文本框、形状、图形

任务描述

对文档进行编辑,突出标题,合理排版,使用图片、文本框、形状、图形及首字下沉等要素。

任务实施

(1)插入图片。双击图片,如图3-1-7所示。设置图片:高度、宽度的绝对值为3厘米。图片边框线:粗细为1磅,虚线为短横线,颜色为深蓝色。图片环绕方式:四周型。

图3-1-7 图片工具

(2)插入文本框,内容为:攀登者。双击文本框,如图3-1-8所示。设置要求:黑体、六号、红色、无边框。

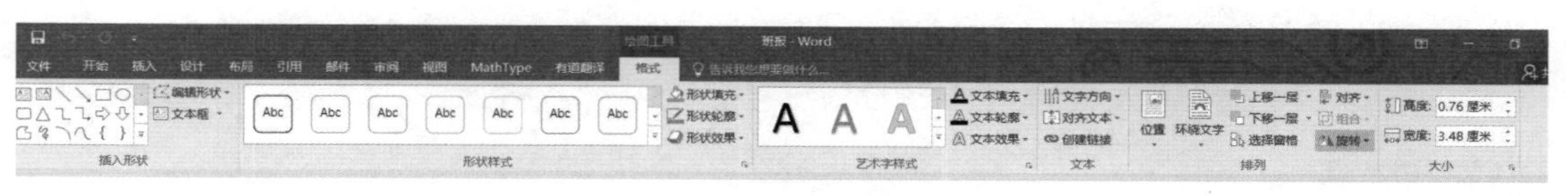

图3-1-8　绘图工具

（3）选中“选拔新人选的标准，就是看一般职工在从事这些最简单劳动时的态度、效率、质量、人际关系、责任心以及对企业的忠诚度。”设置要求：加粗、深蓝色、下划线。选择【插入】—【形状】—【星与旗帜】—【五角星】形状，如图3-1-9所示。在句首，插入★。图形颜色设置为红色、无线条。

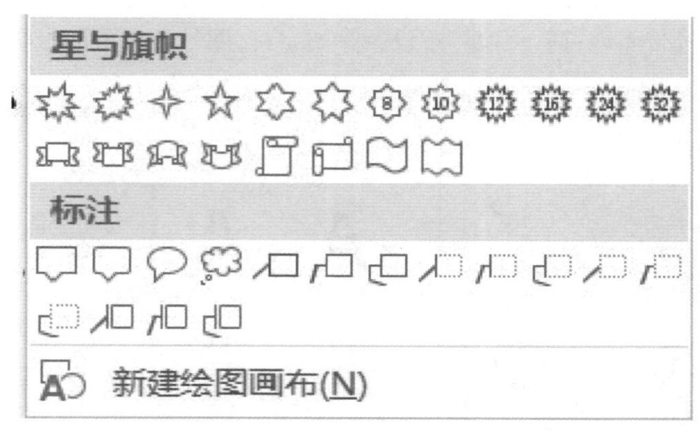

图3-1-9　形状工具

（4）选择【插入】—【SmartArt】—【交替六边形】图形，如图3-1-10所示。设置要求：填入相应内容，脚踏实地、最小的、简单的、枯燥的、辛苦的、最脏的、待遇低的、工作干好、工作干得出色，如图3-1-11所示。环绕方式为：四周型。

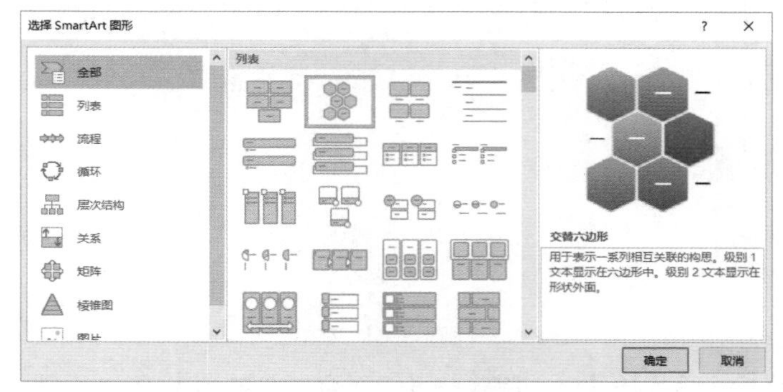

图3-1-10　SmartArt工具

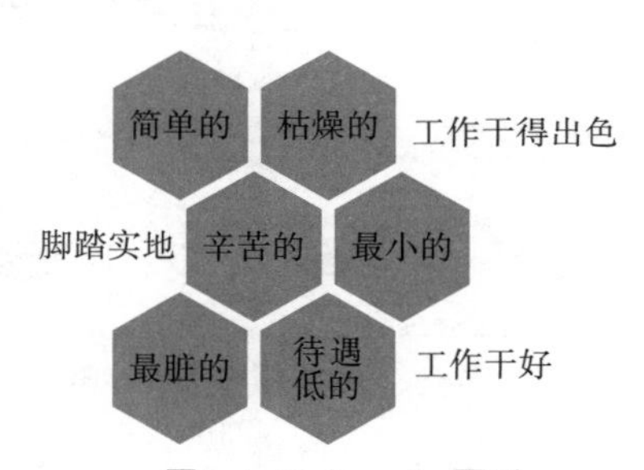

图3-1-11　SmartArt图形

任务四　编辑带圈字符、文本效果、中文版式

任务描述

对文档进行特殊效果设置，带圈字符、文本效果、中文版式、首字下沉，美化文本。

任务实施

（1）选中“千里之行，始于足下”。设置要求：黑体、加粗、黄色底纹、红色字。选中“足”字，选择【开始】—【字体】—【带圈字符】，将“足”字设为带圈字符，圈号为三角形。如图3-1-12所示。

（2）选中“振奋精神，有所作为”。选择【开始】—【字体】—【文本效果和版式】，设置要求：填充—橙色，着色2，轮廓—着色2。如图3-1-13所示。

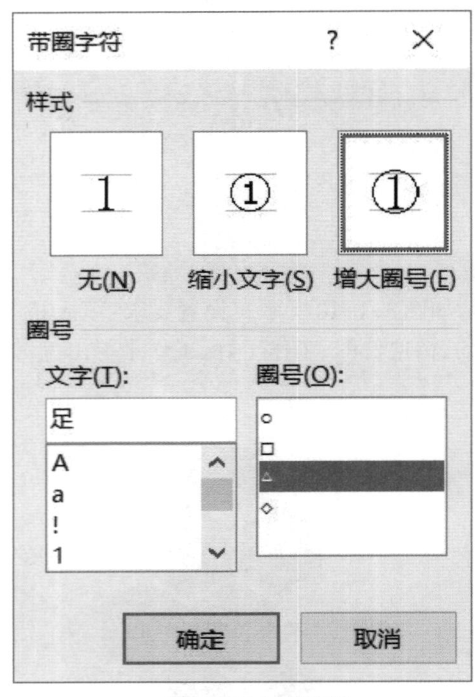

图3-1-12 带圈字符

图3-1-13 文本效果

（3）选中“大好春光”。选择【开始】—【段落】—【中文版式】—【双行合一】，如图3-1-14所示。设置要求：双行合一。带括号，括号样式为{}。如图3-1-15所示。

（4）对这段文字“我知道，即便你们同意我的‘莫辜负，天赐良机’的观点……而上了大学就意味着前途光明。对此，我有不同的看法。”的第一个字“我”设为首字下沉。选择【插入】—【首字下沉】—【首字下沉选项】。下沉行数为2行，隶书。距正文：0.5厘米。如图3-1-16所示。

图3-1-14　中文版式

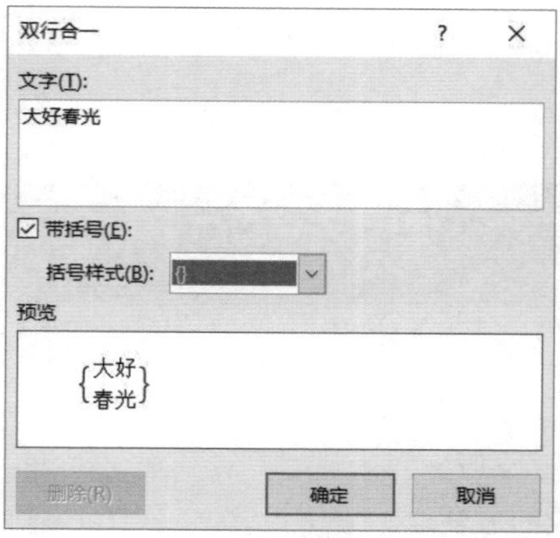

图3-1-15　双行合一

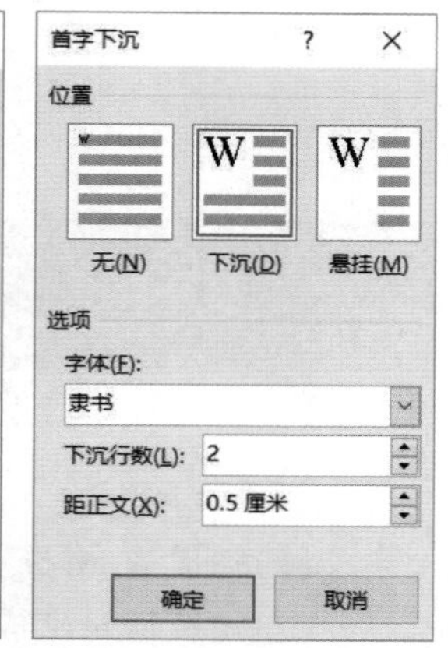

图3-1-16　首字下沉

项目小结

通过编辑新生寄语，强化Word的页面、字符、段落的设置，学会特殊文本的编辑，掌握文档的基本编辑方法，提高学生对职业学校的认识，理解知识与技能的重要性，锻炼学生在专业、就业、职业认识过程中发现问题、解决问题的能力。

学以致用

（1）根据素材的编辑要求，编辑“新生寄语”。
（2）根据素材中样稿的编辑要求，编辑“智能手机的独白”。

项目二 规范的计算机教材

(1)知道Word排版技巧。
(2)知道目录生成的方法。
(3)能对文档进行页面布局。
(4)能对各级标题进行设置。
(5)能对页眉、页脚进行设置。
(6)能生成目录,制作封面。
(7)强化信息处理能力。

项目介绍

阿信为了提高文档的编辑能力,于是他帮助老师编辑教材来锻炼自己,效果如图3-2-1所示。

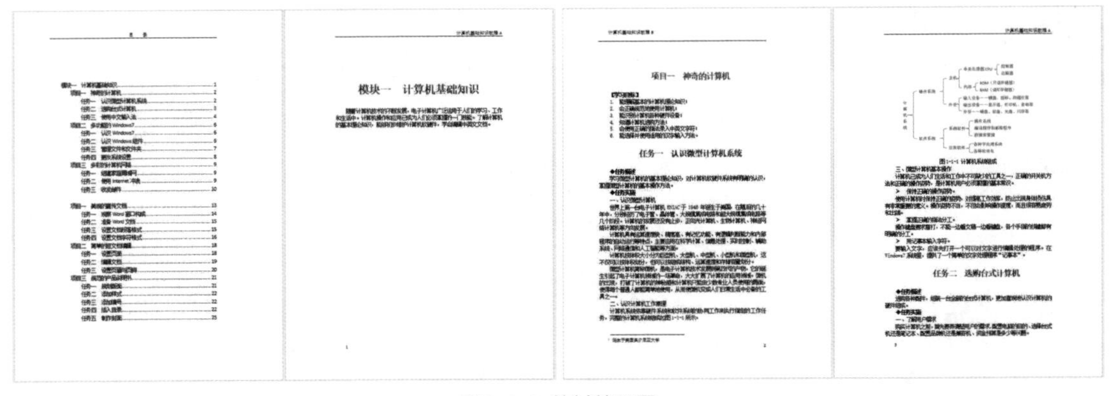

图3-2-1 教材效果图

任务一　规划版面

任务描述

编辑文档，规划版面，包括纸张大小、页边距、装订线、纸张方向、版式、文档网络等。通过例子掌握版面的规划。

任务实施

一、页面设置

打开“教材”Word文档。单击【布局】—【页面设置】。设置纸张大小为“16开(18.4厘米×26厘米)”;页边距设置为上3.7厘米、下3.5厘米，左、右均为2.5厘米，装订线为左边1厘米处，纸张方向为“纵向”;在页眉和页脚的奇偶页不同处打钩;选定网格中【指定行和字符网格】项，字符数为每行35，行数为每页35，如图3-2-2所示。

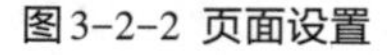
图3-2-2　页面设置

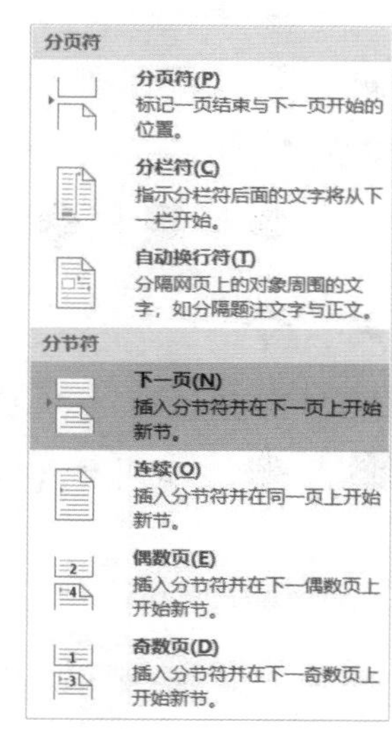

图3-2-3　分节符

二、插入分节符

鼠标定位在“项目一神奇的计算机”文字之前，选择【布局】—【分隔符】—【分节符】—【下一页】。将模块页和项目页分开。如图3-2-3所示。

任务二　编辑脚注、项目符号、编号、水印

任务描述

对编辑文档进行细化，插入脚注、项目符号、编号、水印，突出重点内容，美化版面。

任务实施

一、插入脚注

选中段落“世界上第一台电子计算机ENIAC”中的文字“ENIAC”，选择【引用】—【插入脚注】，在页末处，输入内容为：ENIAC是第一台计算机。

二、设置项目符号

选中段落“三、微型计算机基本操作……3.保持正确的操作姿势……4.掌握正确的指法分工……5.用记事本输入字符。”中的数字“3、4、5”，选择【开始】—【项目符号】—【项目符号库】，将数字3、4、5，分别修改为➢。如图3-2-4所示。

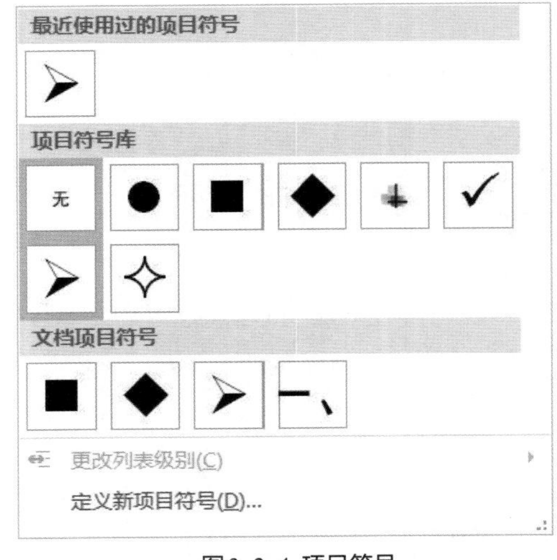

图3-2-4 项目符号

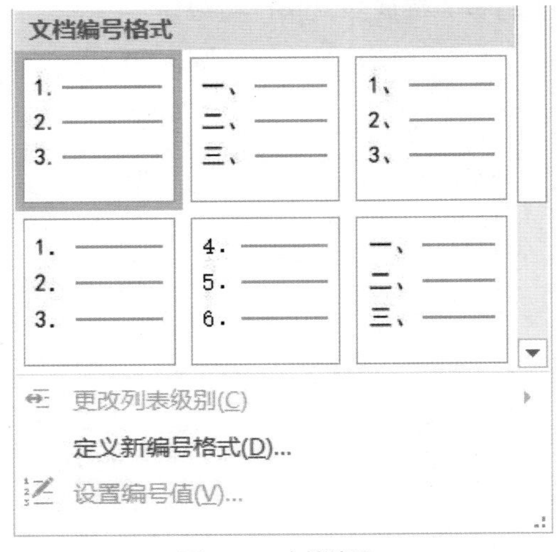

图3-2-5 文档编号

三、设置编号

选中段落“项目二多功能的Windows 7的拓展内容”文字，将“常见的Windows XP、Windows 7系统主要用于个人电脑”“Windows Server 2003、Windows Server 2008主要用于搭建各类服务器”两句话，单独设置为一个自然段，并设置编号为“1.2.”。如图3-2-5所示。

四、设置水印

选择【设计】—【水印】—【自定义水印】，设置要求：水印文字为教材样稿，字体为楷体，字号为36，颜色为红色，版式为斜式。如图3-2-6所示。

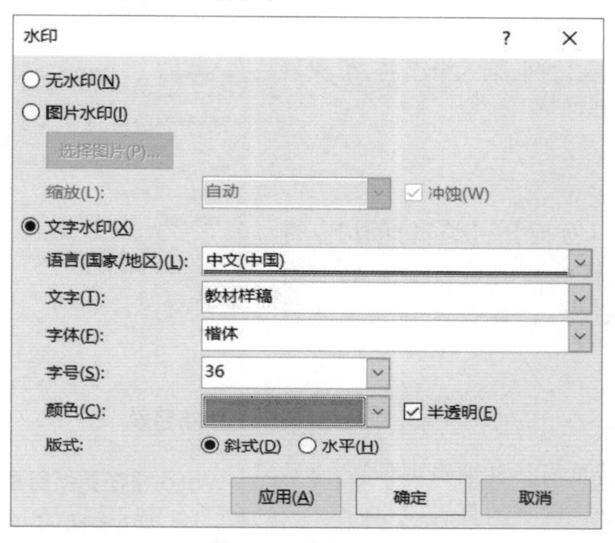

图3-2-6 水印

任务三　编辑页眉、页码、目录

任务描述

设置文档的页眉、页脚，生成模块、项目、任务三级目录。

任务实施

一、设置标题

选中标题“模块四”，选择【开始】—【标题1】；选中标题“项目”，选择【标题2】；选中标题“任务”，选择【标题3】。所有标题：居中对齐。如图3-2-7所示。

图3-2-7 快速访问工具栏

二、生成目录

(1)将光标移动到第一页首行,选择【引用】—【目录】—【自定义目录】,生成目录。如图3-2-8所示。

(2)在目录和正文之间,插入分节符,形成目录页。

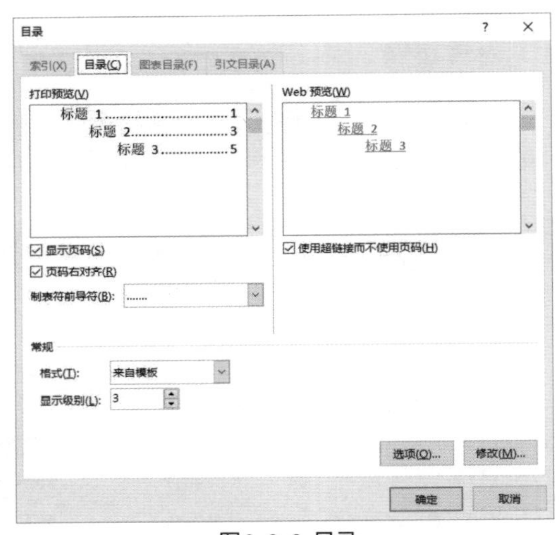

图3-2-8 目录

三、插入页眉

选择【插入】—【页眉】—【编辑页眉】。奇数页的页眉为:计算机基础知识教程A,右对齐。偶数页的页眉为:计算机基础知识教程B,左对齐。

四、插入页脚

选择【插入】—【页眉】—【编辑页脚】。奇数页的页码:右对齐。偶数页的页码:左对齐。"模块一"设置为第1页。

五、编辑目录

(1)目录页不设置页眉和页码。

(2)右击"目录",选择【更新域】—【只更新页码】。如图3-2-9所示。

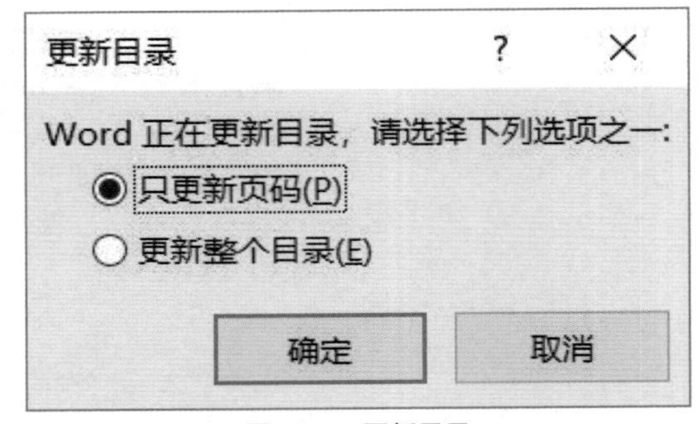

图3-2-9 更新目录

任务四　设计封面

任务描述

一本完整的教材需要一张封面,利用艺术字、图片、文本框设计漂亮的封面。

任务实施

一、添加封面页

光标定位在目录页首行前,插入分节符,添加一页为封面页。

二、输入封面内容

选择【插入】—【艺术字】，输入教材名称：计算机基础知识教程。设置要求：艺术字，其他自定义，如图3-2-10所示。输入内容：主审、主编、参编、出版社，字体字号：自定义。

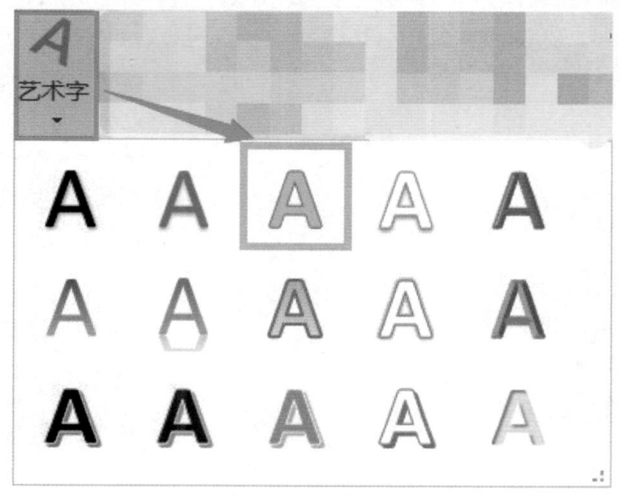

图3-2-10　艺术字工具

三、添加封面图片

利用Print Screen键，将桌面的图片进行截图，粘贴到封面，作为封面图片。

通过本项目的学习，学生能掌握Word中各级标题的设置，页眉、页脚、页码的编辑，目录的生成，封面的制作，掌握复杂文档的编辑技巧，能胜任信息处理的相关工作。

学以致用

（1）在空白文档中，输入“一、（一）、1.”三级标题，设置各级标题格式，完成目录生成；编辑页眉、页脚、页码；更新编辑域，观察目录的变化。

（2）根据教材的编辑要求，编辑教材的目录和封面。

项目三 灵活的学生信息表

（1）知道Word制作表格的方法。
（2）知道Excel制作表格的方法。
（3）能使用Word编辑表格。
（4）能使用Excel编辑表格。
（5）能合并Word和Excel制作的表格。
（6）促进信息的革新和具备创新能力。

项目介绍

新生报到，需要一份新生入学信息表，利用Word编辑空白主文档，利用Excel收集每个学生的基本信息，利用邮件合并，分别汇总展示每个学生的信息。效果如图3-3-1所示。就让阿信同学通过自己的学习，为老师排忧解难吧！

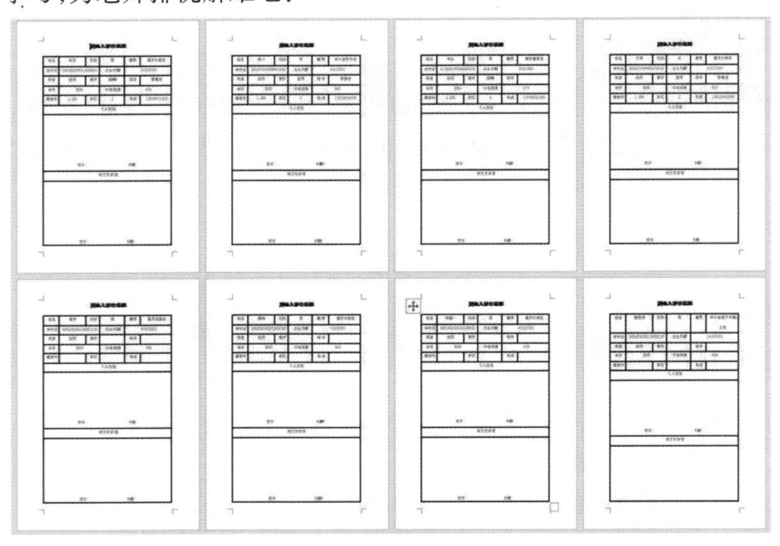

图3-3-1 学生信息表

任务一　制作Word表格

任务描述

在Word 2016中分别使用三种方法插入一个6列9行的表格。对表格的多种编辑操作，如定位单元格，输入文本，选定、插入、删除单元格、行、列，合并、拆分单元格，调整行高、列宽，设置边框、底纹、单元格对齐方式，计算等。

任务实施

一、生成表格

在Word中，插入表格，并输入内容。如图3-3-2所示。单击【插入】—【表格】按钮，在弹出的下拉列表中，按照下列三种操作之一插入表格。

方法1：在网格上滑动鼠标，单击鼠标时即可插入对应列数和行数的表格；

方法2：单击【插入表格】命令，在弹出的【插入表格】对话框中设置好列数和行数，单击【确定】即可；

方法3：单击【绘制表格】命令，鼠标光标变为铅笔状形状，绘制出表格。

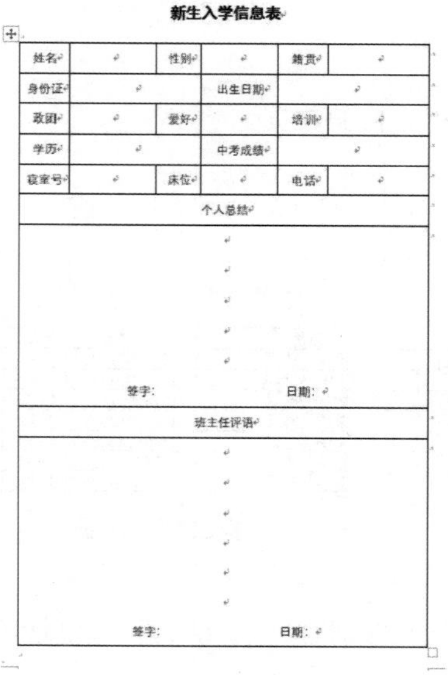

新生入学信息表

姓名		性别		籍贯	
身份证			出生日期		
政团		爱好		培训	
学历			中考成绩		
寝室号		床位		电话	
个人总结					
签字：　日期：					
班主任评语					
签字：　日期：					

图3-3-2　学生信息空表

二、美化表格

1.合并与拆分单元格

(1)选中要合并的多个单元格,单击【表格工具】—【布局】—【合并】—【合并单元格】按钮,可以将多个单元格合并为一个单元格。

(2)选中要拆分的单元格,单击【表格工具】—【布局】—【合并】—【拆分单元格】按钮,弹出【拆分单元格】对话框,设置拆分后的列数和行数,单击“确定”即可。

2.调整行高与列宽

选中需要调整的行或列,或者将插入点置于行、列中任意一个单元格,单击【表格工具】—【布局】—【单元格大小】—【高度】和【宽度】调整按钮,输入值,完成行高与列宽的精确调整。

3.设置边框、底纹及单元格对齐方式

对表格进行边框和底纹设置,可以使表格更加美观。

(1)选中整个表格,单击【表格工具】—【布局】—【表】—【属性】按钮,弹出【表格属性】。

(2)单击【表格工具】—【设计】—【边框】—【边框和底纹】按钮,弹出【边框和底纹】对话框,完成边框、底纹的设置。

(3)设置单元格对齐方式,可以调整单元格内的文本相对于单元格四周边框的位置关系。选中需要设置的单元格,单击【表格工具】—【布局】—【对齐方式】,单击相应的对齐方式按钮。

任务二　整理Excel表格信息

任务描述

引用Excel 2016中表格,使用表格的数据。

任务实施

(1)打开Excel表格,观察数据。如图3-3-3所示。

序号	姓名	身份证号码	性别	出生日期	籍贯	联系电话	寝室号	床位号	政团	爱好	参加过何种培训	学历	中考成绩
01	赵安	50010920001202832X	男	2000年12月2日	重庆北碚区	13618551423	2-204	2	团员	跳舞	普通话	初中	600.00
02	陈小	500237200008041595	男	2000年8月4日	四川省邻水县	13215854536	2-205	2	团员	篮球	普通话	初中	580.00
03	李会	511623199908090032	男	1999年8月9日	重庆潼南县	13745621456	2-206	3	团员	跳舞		初中	579.00
04	王琴	500221199804276123	女	1998年4月27日	重庆长寿区	13812342536	1-305	1	团员	篮球	普通话	初中	603.00
05	黄鑫	500243199911237468	男	1991年11月2日	重庆巫山县	13625143685	2-205	3	团员	篮球	普通话	初中	497.00
06	雷仁鹏	500243200051948689	男	2000年5月19日	重庆长寿区	13914257485	2-206	4	团员	跳舞		初中	566.00
07	聂灵娅	50024320011126353x	女	2001年11月26日	重庆北碚区	13796254136	1-305	2	团员	唱歌		初中	589.00

图3-3-3 学生信息源数据

(2)输入自己的信息内容。

信息内容包括姓名、身份证号、性别、出生日期、籍贯、电话等。(本书中的学生信息,均是虚拟的,如有雷同,纯属巧合。)

任务三　邮件合并

任务描述

根据新生入学信息表主文档和学生信息表，通过邮件合并，批量生成所有学生的新生信息表。

任务实施

（1）打开“新生入学信息表”，单击【邮件】—【开始邮件合并】—【邮件合并向导】。如图3-3-4所示。

（2）选择【文档类型】—【开始文档】，如图3-3-5所示。

（3）打开数据表格，选择收件人，如图3-3-6、图3-3-7、图3-3-8所示。

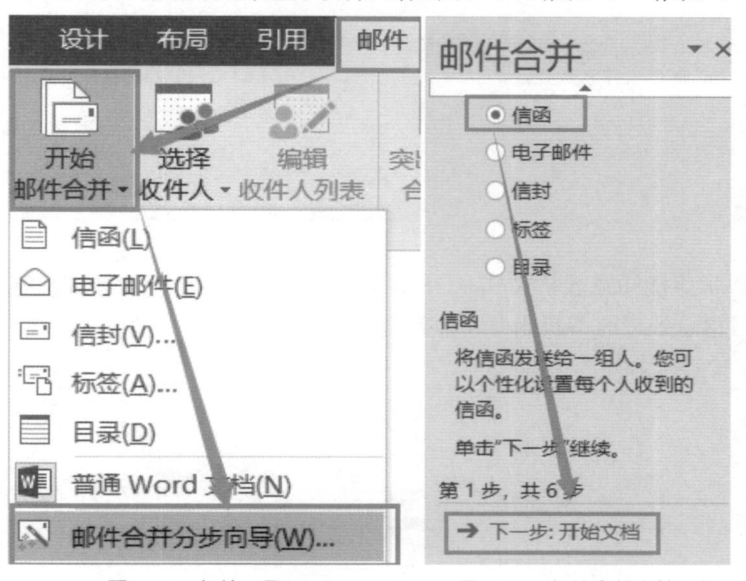

图3-3-4　邮件工具

图3-3-5　邮件合并之第1步

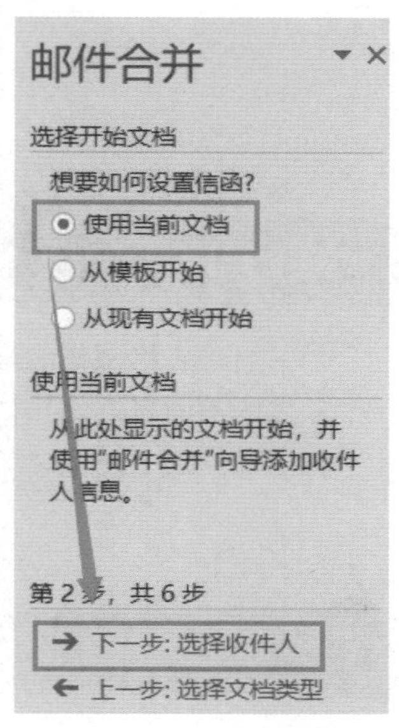

图3-3-6　邮件合并之第2步

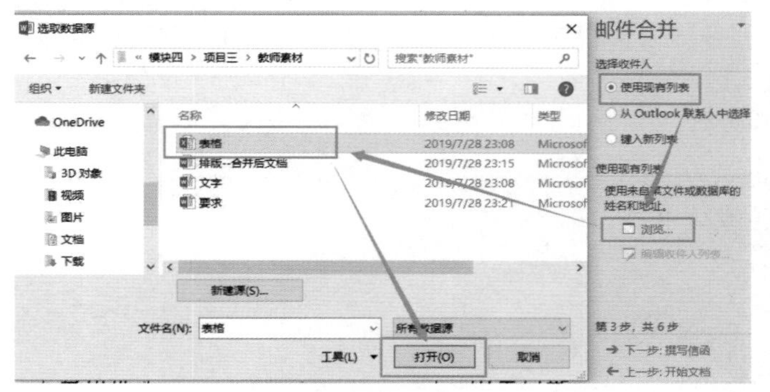

图3-3-7　邮件合并第3步

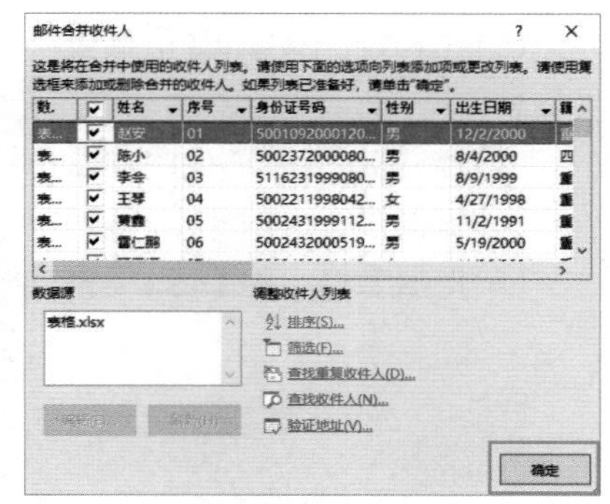

图3-3-8　选择源数据

(4)选中相应单元格位置，选择【其他项目】，在【域】中选择相应的内容，选择【插入】；对应单元格的内容全部插入后，选择【预览信函】。如图3-3-9所示。

(5)选择【编辑单个信函】，在合并记录中选择【全部】，如图3-3-10所示。即可完成邮件合并操作。

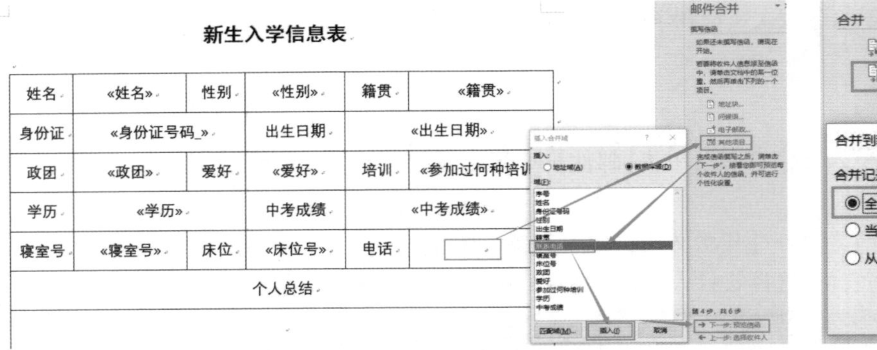

图3-3-9 邮件合并之第4步

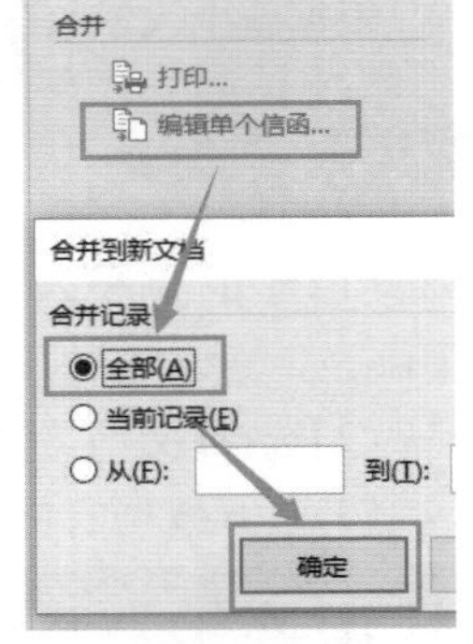

图3-3-10 邮件合并之第5步

项目小结

通过表格制作的学习，学生能知道表格在Word中的编辑方法，并能合并不同编辑软件的不同表格，提高了对信息处理的革新能力和创新能力。

学以致用

(1)在Word中，编辑“新生入学信息表”。

(2)在Excel中，编辑“信息表”，掌握各种类型的数据录入技巧。学生信息可以为本寝室的人员信息。

(3)合并Word和Excel编辑的两个表格。

(4)根据素材中的要求，编辑“请柬”。

(5)根据素材中的要求，编辑“学生成绩单”。

项目四　动感的学校宣传稿

(1)知道PowerPoint演示文稿的功能。
(2)知道编辑演示文稿的方法。
(3)能规划演示文稿的页面。
(4)能添加和编辑艺术字、图片、组织结构图、音视频等对象。
(5)能设置动画、切换、母版、放映方式、超级链接。
(6)提升数字化学习和创新能力。

项目介绍

阿信要做一份多媒体演示文稿,包括文本框、艺术字、图片、组织结构图、音视频等,并进行优化;完成了动画、切换、母版设置,添加了超级链接。演示文稿样例如图3-4-1所示。

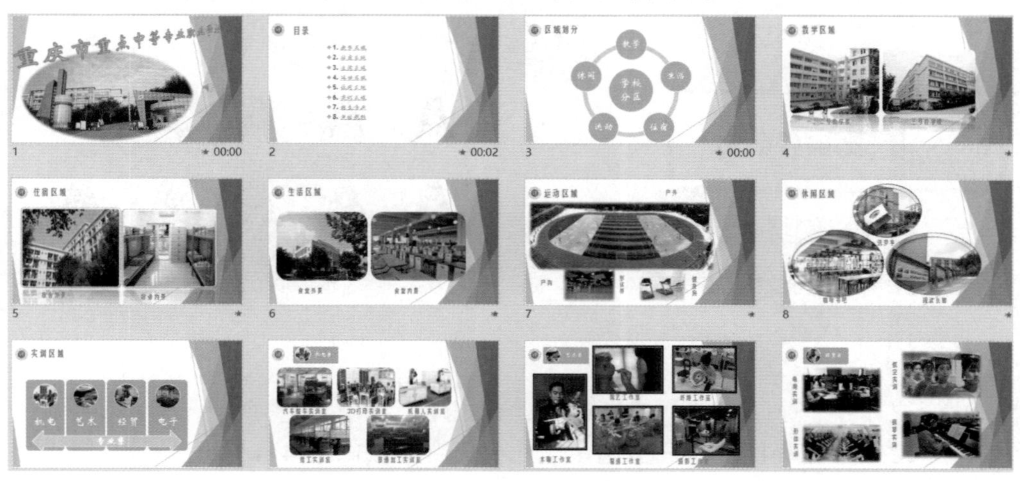

图3-4-1　演示文稿样例

任务一　规划演示文稿页面

任务描述

学习如何创建一个自己喜爱的新的演示文稿。

任务实施

一、新建空白演示文稿

（1）启动PowerPoint，自动生成一个空白演示文稿，并已打开演示文稿，选择【文件】—【新建】—【空白文稿】。

（2）选择【设计】—【幻灯片大小】—【宽屏（16:9）】。如图3-4-2所示。

（3）选择【设计】—【主题】，选中自己喜欢的主题背景。

（4）选择【插入】—【新建幻灯片】，增加幻灯片张数。

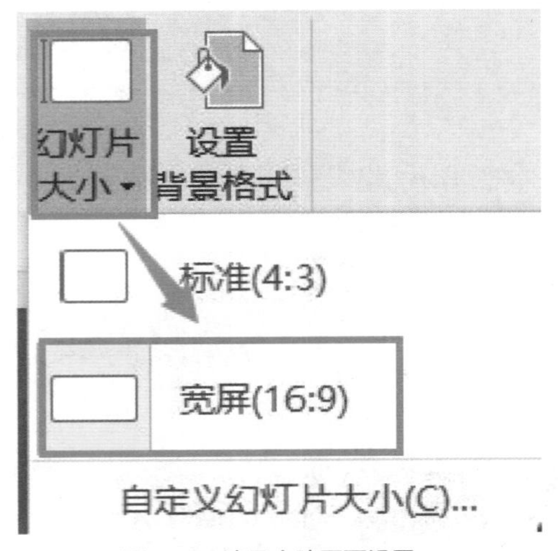

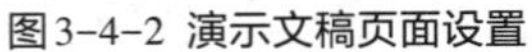
图3-4-2　演示文稿页面设置

图3-4-3　艺术字工具

二、添加封面标题

（1）插入艺术字。选择【插入】—【艺术字】，输入内容。如图3-4-3所示。

（2）插入图片。选择【插入】—【图片】，选中封面图片，如图3-4-4所示。双击“图片”，选择【图片工具】—【格式】—【柔化边缘椭圆】，如图3-4-5所示。

图3-4-4 图片工具

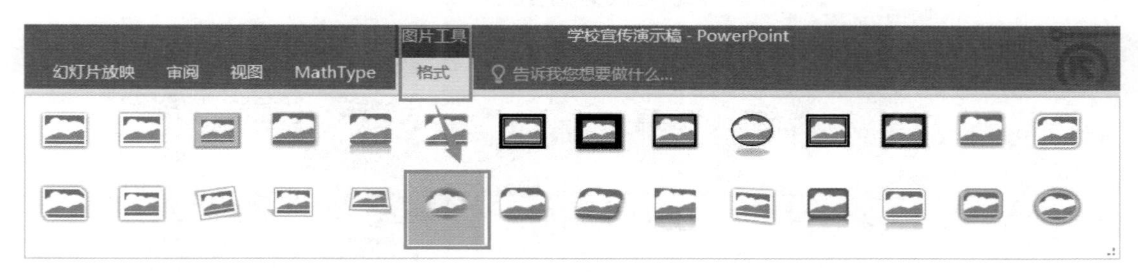

图3-4-5 图片样式

三、添加正文图文

(1)插入SmartArt图形。选择【插入】—【SmartArt图形】,输入相应内容。如图3-4-6所示。

(2)插入文本框。选择【插入】—【文本框】—【横排文本框】,输入内容。如图3-4-7所示。

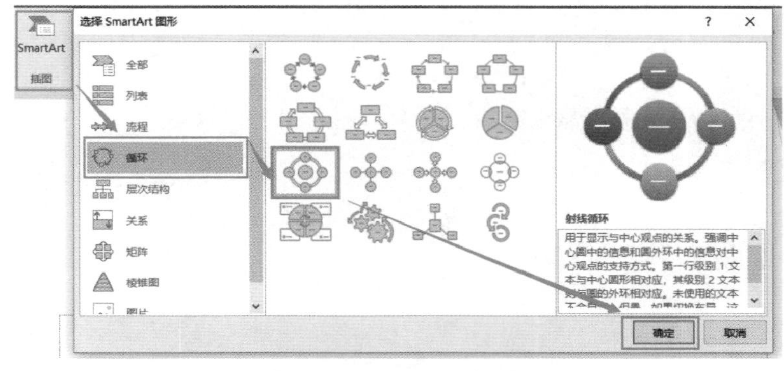

图3-4-6 SmartArt图形工具

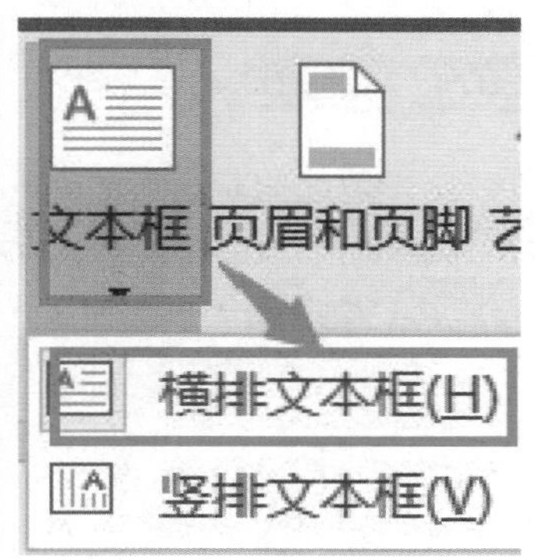

图3-4-7 文本框工具

(3)插入表格。选择【插入】—【表格】—【插入表格】,输入4列3行,如图3-4-8所示。

(4)插入图表。选择【插入】—【图表】,选中需要的图形。如图3-4-9所示。

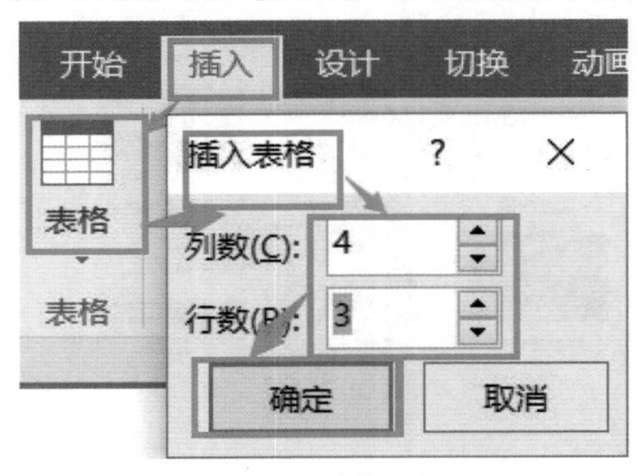

图3-4-8 表格工具

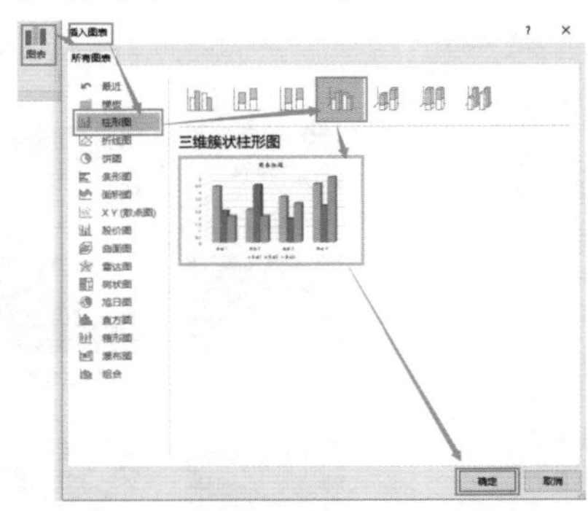

图3-4-9 图表工具

(5)插入形状。选择【插入】—【形状】,选中需要的形状。如图3-4-10所示。

(6)插入音频。选择【插入】—【音频】,如图3-4-11所示。

(7)插入视频。选择【插入】—【视频】,如图3-4-12所示。

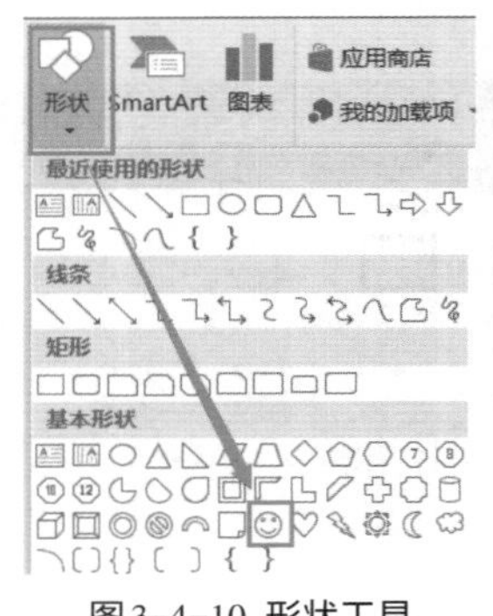

图3-4-10 形状工具

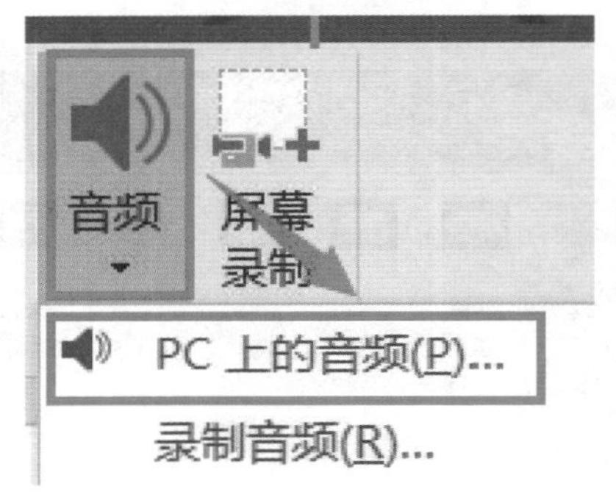

图3-4-11 音频工具

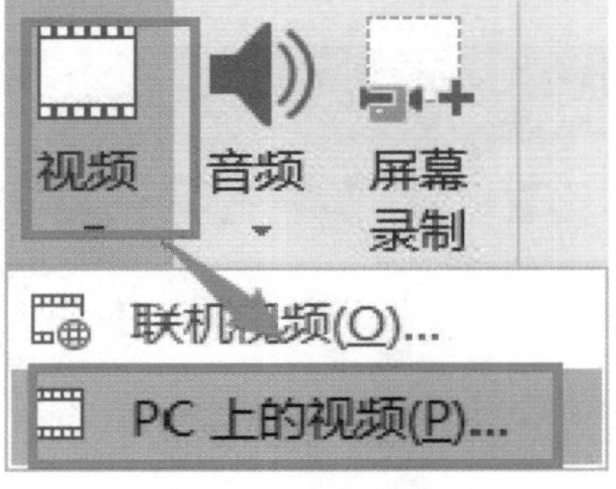

图3-4-12 视频工具

任务二 添加目录和超级链接

任务描述

学习如何对演示文稿进行目录设置,添加超级链接。

任务实施

一、添加目录页

(1)在封面与正文之间,插入新幻灯片。

(2)插入文本框,录入目录内容。

二、插入超级链接

（1）选中目录幻灯片中的文字“教学区域”，选择【插入】—【超级链接】，选中“本文档中的位置——第四张幻灯片（教学区域）”，单击【确定】。如图3-4-13所示。

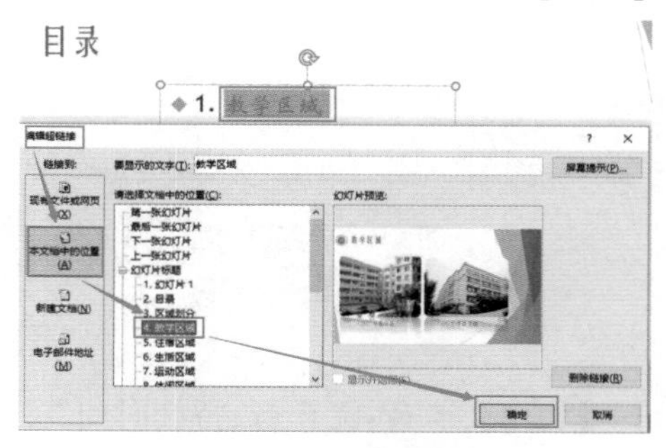

图3-4-13　目录超级链接

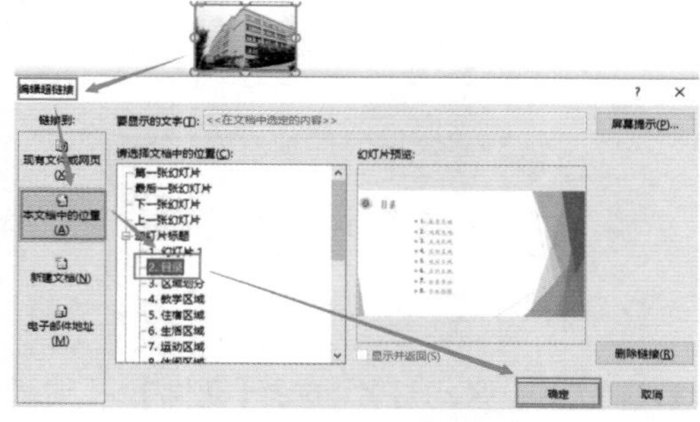

图3-4-14　正文超级链接

（2）选中第四张幻灯片（教学区域）中的“图片”，选择【插入】—【超级链接】，选中第二张幻灯片“目录”，单击【确定】。如图3-4-14所示。

（3）依次做好其他目录的超级链接。（注意：有去有回，形成循环。）

任务三　设置母版、动画和切换效果

任务描述

学习对演示文稿进行母版设置，添加幻灯片对象的动画，设置各幻灯片之间的切换效果。

任务实施

一、设置幻灯片对象的动画

（1）选中封面的图片，选择【动画】—【进入】—【劈裂】，效果选项：中央向左右展开，开始：上一动画之后，持续时间：0.50，延迟：0。如图3-4-15所示。

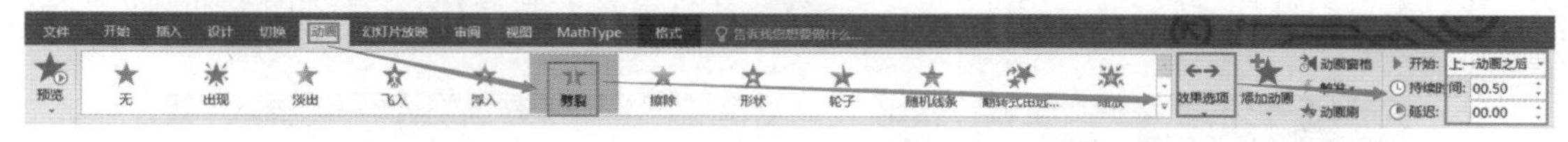

图3-4-15　进入动画

（2）选中第四张幻灯片（教学区域）中的图片，选择【动画】—【强调】—【变淡】。如图3-4-16所示。

（3）选中封底中的圆形，选择【动画】—【动作路径】—【弧形】，拖动鼠标，画出路径。如图3-4-17所示。

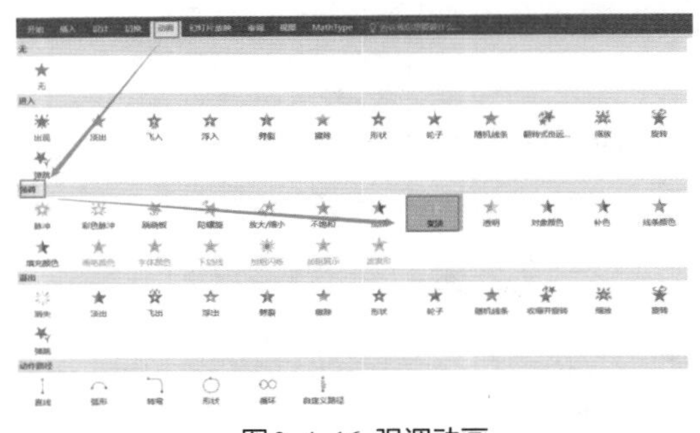

图3-4-16 强调动画

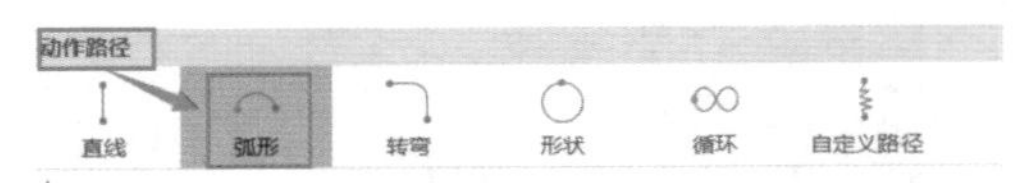

图3-4-17 路径动画

二、设置幻灯片的切换

(1)选中第一张幻灯片，选择【动画】—【细微型】—【切出】，声音：无声音，持续时间：0.10，选中“单击鼠标时”和设置自动换片时间为0。如图3-4-18所示。

图3-4-18 细微型切换

(2)选中第八张幻灯片，选择【动画】—【华丽型】—【风】，如图3-4-19所示。

图3-4-19 华丽型切换

三、制作幻灯片母版

(1)打开幻灯片母版。选择【视图】—【幻灯片母版】，如图3-4-20所示。

(2)编辑幻灯片母版，插入图片(或文字、版式等)，设置动画，返回普通视图。如图3-4-21所示。

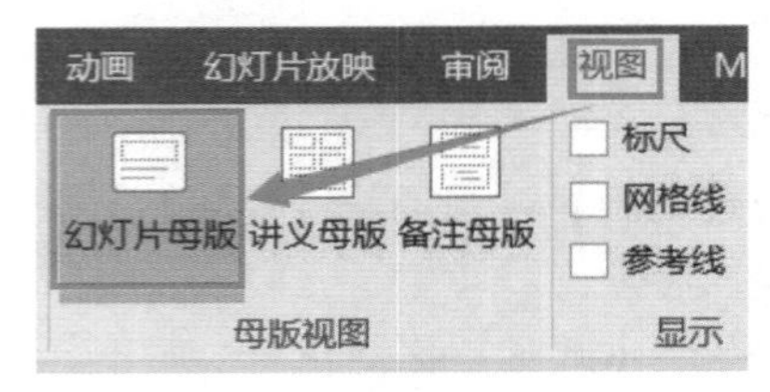

图3-4-20 幻灯片母版

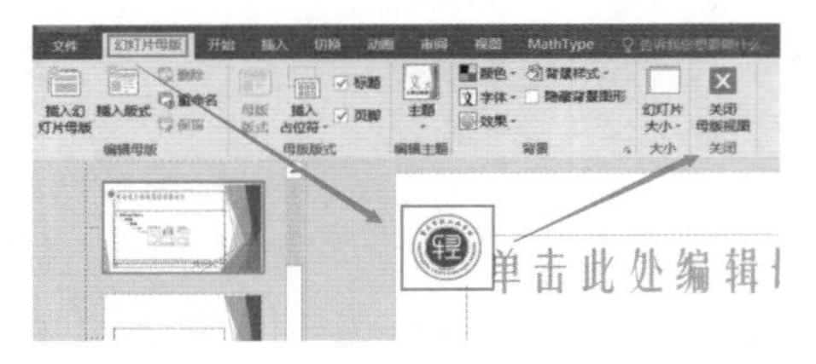

图3-4-21 幻灯片母版制作

项目小结

学生通过学习PowerPoint制作演示文稿,会添加和编辑艺术字、图片、组织结构图、音视频等对象,会设置动画、切换、母版、超级链接,从而提升了数字化学习和创新能力。

学以致用

(1)根据演示文稿编辑要求,完成一份演示文档。

(2)学生尝试借助于演示文稿进行讲解。

项目五 精美的个人相册集

(1)知道Publisher排版软件的功能。
(2)知道排版的技巧和方法。
(3)能使用模板和设置母版。
(4)能编辑文字和图片。
(5)能根据不同排版需求进行打印。
(6)提升版面设计和打印能力。

项目介绍

Office 2016中Publisher排版软件,能满足广告、小传单、新闻稿、相册、贺卡等排版需求。阿信编辑了一份“你和我”的相册。效果如图3-5-1所示。

图3-5-1 相册效果图

任务一　新建文件和模板使用

任务描述

学习相册的新建，使用已有模板和母版面，美化相册。

任务实施

一、新建相册

（1）选择【文件】—【新建】—【相册】，选中【创建】。如图3-5-2所示。

（2）选择【页面设计】—【配色方案】—【兰花】，如图3-5-3所示。

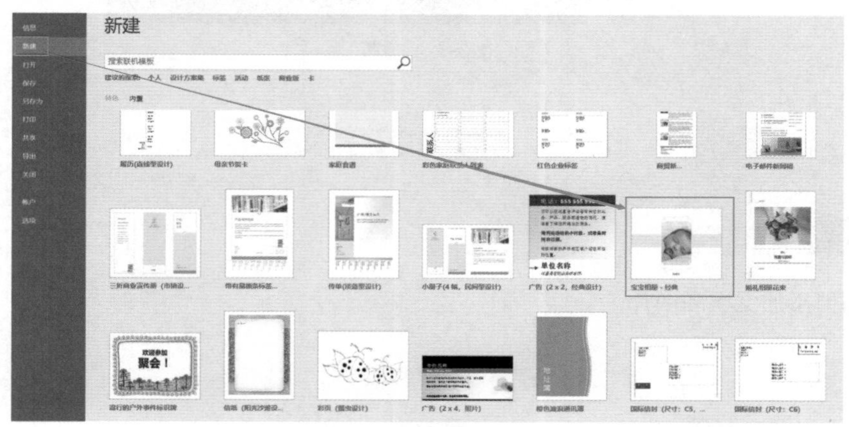

图3-5-2　样式选择

内置						
Office	Office 2...	跋涉	沉稳	穿越	顶峰	都市
黑灰	华丽	活力	技巧	聚合	流畅	模块
平衡	市镇	视点	凸显	夏至	纸张	质朴
中性						
内置(经典)						
暗紫	宝石蓝	冰川	彩虹	草原	常春藤	潮汐
橙色	淡紫	岛屿	帝王	洞穴	豆蔻	柑橘
橄榄色	高山	鲑鳟鱼	海港	海景	海军蓝	海洋
褐色	褐紫红	黑白	红木	红色	红杉	槲枝
花卉	浆果	绛紫	橘黄	兰花	蓝鸟	李子
卵石	绿色	牧场	黏土	葡萄园	瀑布	茄紫
青色	热带	日出	日落	三齿蒿	三叶草	桑葚
沙漠	沙洲	山岳	深蓝	树丛	水绿	苔藓
桃红	田野	托斯卡纳...	雾霭	峡湾	夏天	香料
泻湖	野花	樱桃	鹦鹉	雨林	越桔	赭石
证件						
新建配色方案(C)...						

图3-5-3　配色方案

二、使用母版页

（1）选择【视图】—【母版页】，打开【母版页】，选中母版，删除文字。如图3-5-4所示。删除结束后，关闭母版页。

（2）右击每个页面，选中母版页，选择自己喜欢的母版样式。

图3-5-4 母版

任务二 添加文字和图片

任务描述

学习如何添加文字和图片。

任务实施

一、输入文字

1.插入文本框

选择【插入】—【绘制文本框】，拖动鼠标，在文本框输入“你和我”，如图3-5-5所示。设置字体：微软雅黑，字号：初号、加粗。

图3-5-5 文本框工具

2.插入艺术字

选择【插入】—【艺术字】,输入"你和我",选择【艺术字工具】—【格式】,选中细下弯弧,垂直旋转,如图3-5-6所示。

图3-5-6 艺术字工具

二、输入图片

1.插入形状

选择【插入】—【形状】—【心形】,按住Shift+拖动,画出心形,右击心形,选择【设置自选图形格式】,如图3-5-7所示。选择一张图片,填充心形。

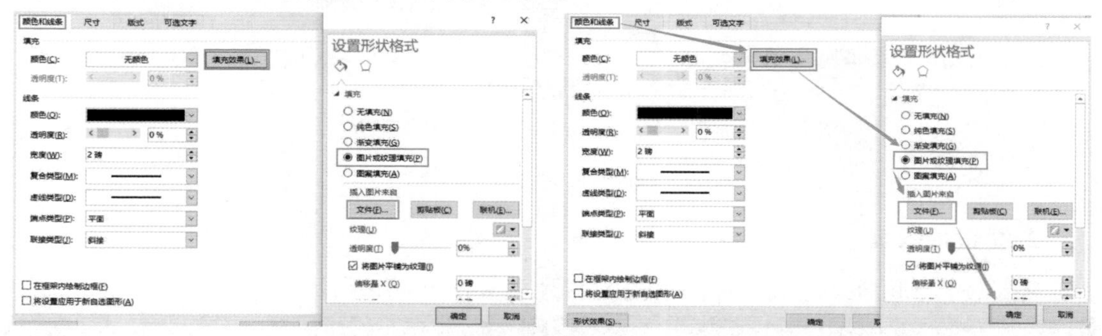

图3-5-7 形状工具

2.插入图片

双击图形框,打开【插入图片】,选择【从文件】,如图3-5-8所示。打开图片保存的文件夹,选中需要的图片,完成图片插入。

图3-5-8 图片工具

任务三　编辑和使用母版页

任务描述

学习如何编辑母版页，并且应用于相册中。

任务实施

一、编辑母版页

1. 打开母版页

选择【视图】—【母版页】，如图3-5-9所示。

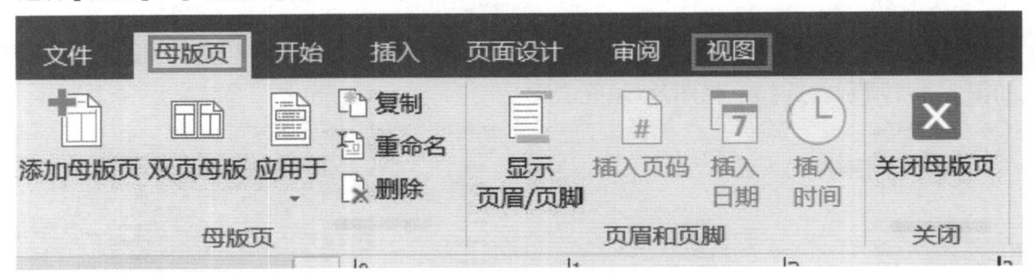

图3-5-9　母版页工具

2. 编辑母版页

插入三个心形，进行重叠组合，使用不同的颜色，如图3-5-10所示。

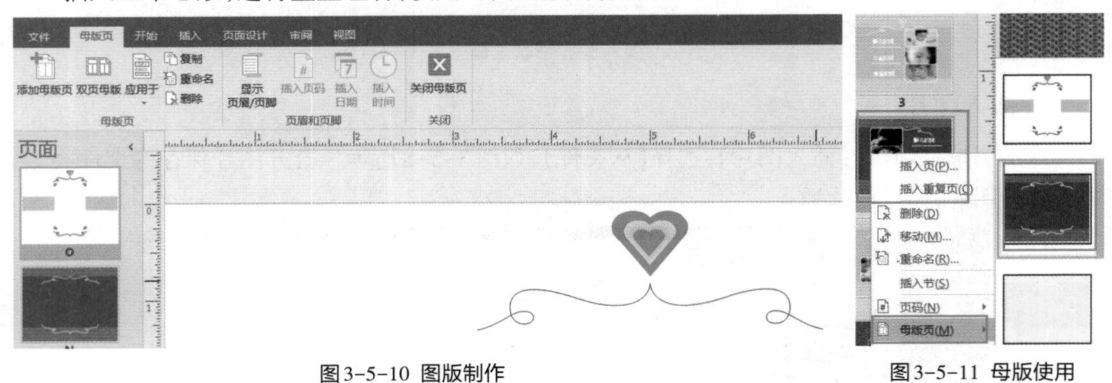

图3-5-10　图版制作

图3-5-11　母版使用

二、使用母版页

（1）右击需要使用母版的页，选择【母版页】，选中需要的母版。如图3-5-11所示。

（2）同理，设置每一页的母版，完成相册母版设置。

任务四　打印相册

任务描述

学习按多种形式打印相册，有每版打印一页、平铺、每页打印多份、每版打印多页、竖折半页。

任务实施

选择【文件】—【打印】，打开【打印】设置。

（1）设置【每版打印一页】，查看多张工作表：2行3列。如图3-5-12所示。

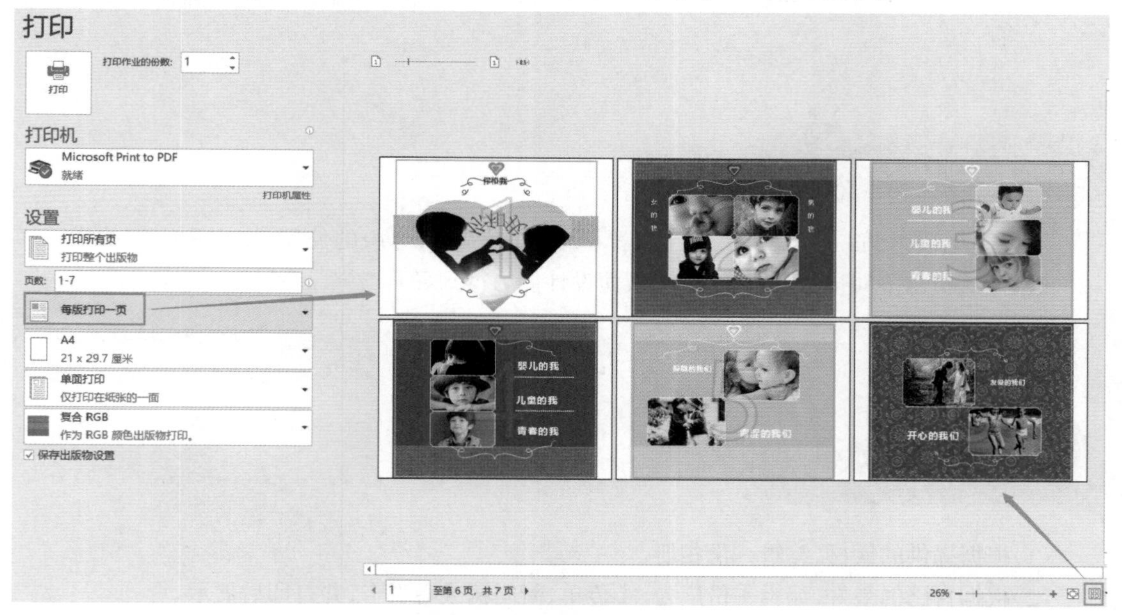

图3-5-12　每版打印一页

（2）设置【平铺】，查看多张工作表：1×2。如图3-5-13所示。

（3）设置【每页打印多份】，查看多张工作表：2行3列。如图3-5-14所示。

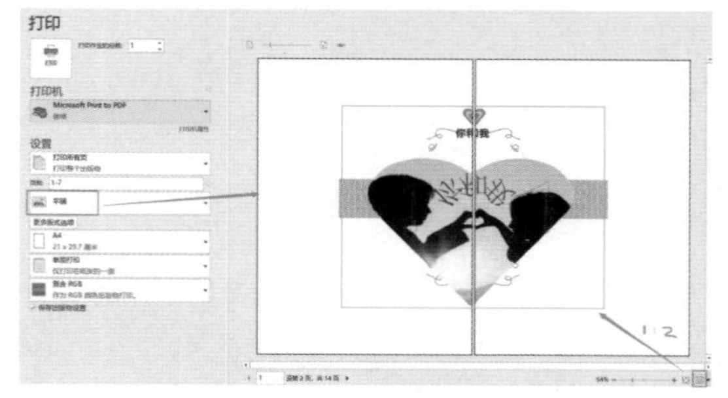

图3-5-13　平铺打印

图3-5-14　每页打印多份

(4)设置【每版打印多页】,每页显示页数,查看多张工作表:1行3列。如图3-5-15所示。

(5)设置【竖折半页】,每页显示页数,查看多张工作表:1行2列。如图3-5-16所示。

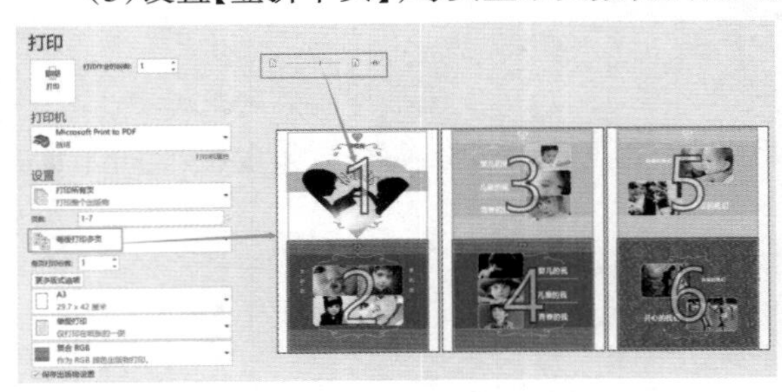

图3-5-15 每版打印多页

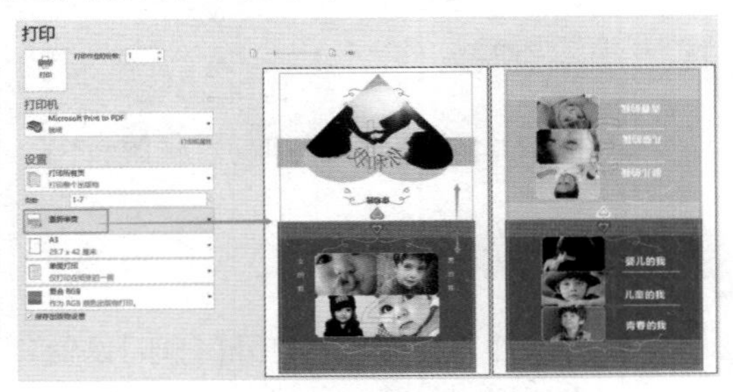

图3-5-16 竖折半页打印

项目小结

学生通过Publisher排版技巧的学习,能知道模板、母版的使用,图文和文字的搭配,能编辑出不同排版需求的文档,版面设计能力得到显著增强。

学以致用

(1)根据提供的素材,编辑一份相册。

(2)根据自己的爱好,编辑一份广告、小传单、新闻稿或者贺卡,并打印后展示。

模块四

数据处理

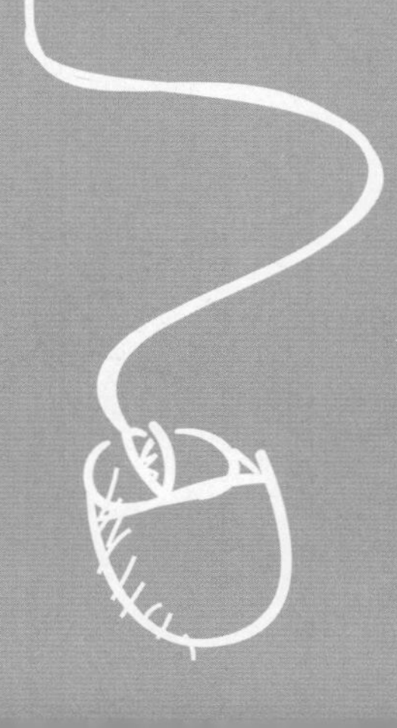

数据处理是指从采集数据开始，对数据进行加工和分析，再制作数据图表，呈现数据加工分析的结果，从而透过数据提取有用的信息。本模块遵循数据的处理流程介绍数据处理。数据处理的软件较多，使用最广泛的是 Microsoft Excel。本模块以 Excel 2016 为例，系统地介绍软件的使用方法。涵盖应用函数、表达式进行数据运算，对数据进行排序、筛选和分类汇总等加工处理，使用查询、数据透视、统计图表等可视化分析工具对数据进行分析，制作数、图集成的简单数据图表。

本模块选择的案例和使用的素材，除了劳动精神、工匠精神、社会主义核心价值观等公共思政元素的融入外，还要本着公共基础课服务于专业的原则，从讲解内容、案例示范等角度寻找思政内容与课程内容、专业特色的结合点，提升学生专业认同感和职业素养，培养创新能力。

本模块指导学生透过数据提取有用的信息，弘扬求真务实的工作作风；培养学生的数据抽象与分析能力，引导学生积极思考，勇于创新；让学生学会数据可视化表达的同时，引导学生树立劳动光荣的价值理念。在训练学生数据处理技能的同时，提升学生的信息意识和计算思维等核心素养。

项目一　规范的学生信息

(1)知道Excel 2016软件的功能。
(2)知道Excel 2016的窗口构成。
(3)能在Excel 2016表格中快速录入各种类型的数据。
(4)能对数据进行求和、求平均值、最大值、最小值的计算。
(5)能添加工作表、重命名工作表。
(6)能对数据进行查找、排序以及分类汇总的操作。
(7)能制作简单的图表。
(8)培养学生信息化的思维方式。

项目介绍

开学伊始,阿信和他的同学们高高兴兴踏进新的学校,他所在的班级尽管人数不多,但来自四面八方。因此,建立包含学生姓名、年龄、性别、爱好等基本情况的表格,有利于师生间的相互沟通和了解,也便于学校对学生的管理及服务。阿信将和同学们一起在老师的指导下完成这项任务。

项目任务

任务一　完善新生信息表

任务描述

启动Excel 2016软件,观察Excel 2016主界面的构成,认识Excel中常见的数据类型,学习各种类型数据录入的技巧,会对数据进行查找和替换。

任务实施

一、启动Excel 2016

(1)单击【开始】—【Excel 2016】,等待Excel 2016启动完毕。

(2)完成Excel 2016工作表的新建。

二、观察Excel 2016主界面

Excel 2016软件主界面如图4-1-1所示。

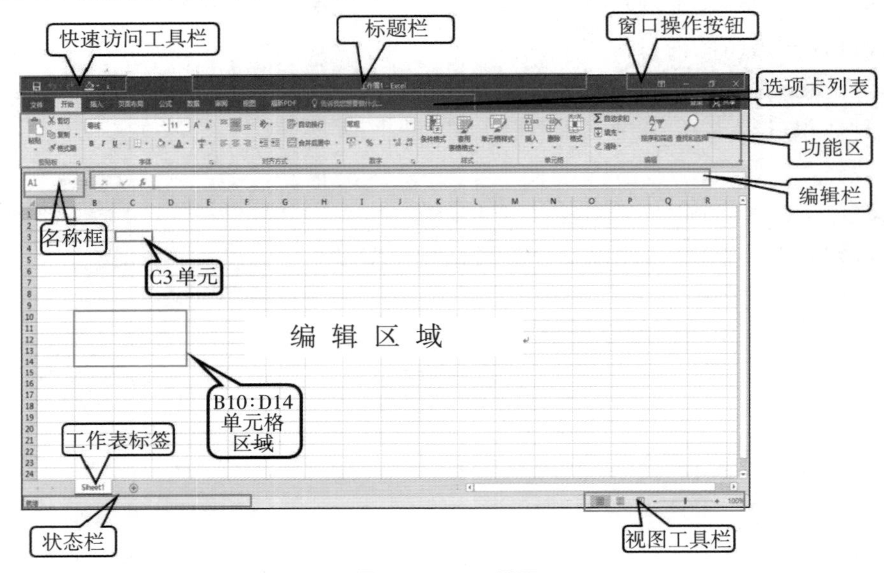

图4-1-1 Excel界面

三、认识Excel表格中常见的数据类型

Excel表格中常见的数据类型有文本型数据、数值型数据、日期型数据3种。

四、完成“学生基本信息表”中内容的录入

1. 文本型数据的序列填充,快速录入“序号”

打开“学生基本信息表.xlsx”文件,在“某校会计1班学生基本信息”表中,首先选中需录入“序号”的单元格A3,在【开始】选项卡的【数字】功能组中,单击【数字格式】下拉按钮,选择【文本】选项,再在A3单元格中输入“01”(也可以使用“英文模式下单引号+数字”的快捷录入方式),然后将光标置于A3单元格的填充柄上,当光标变成“+”形状时,按下鼠标左键并向下拖动,即可快速录入连续的序列号。

2. 文本型数据的录入,"身份证号码"的录入

身份证号码主要是数字格式的数据,且超过11位数,若直接在单元格中输入数据,在单元格默认的常规状态下会自动转化为科学计数法来显示,因此必须将相应的单元格设置为文本格式后再录入数据。如图4-1-2所示,修改并完善身份证号码的录入。

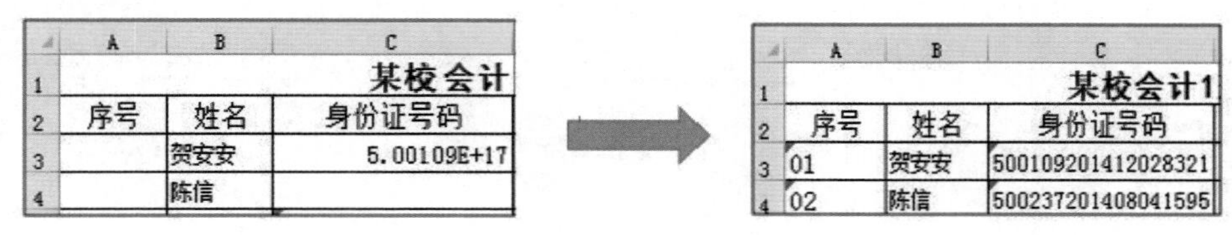

图4-1-2 表格

3. 使用【Ctrl】+【Enter】组合键,快速录入"性别"

由于该班只有4位男生,考虑使用【Ctrl】+【Enter】组合键,在若干个不相邻的单元格中,快速录入相同的内容。

在"性别"下第一个单元格中输入"女",使用填充功能将剩下的单元格中都录入"女",再按住【Ctrl】键,并依次选择是"男生"的单元格(男生名单:陈信、雷仁鹏、蔡海峰、曾涛),这样就同时选定了多个不相邻的单元格,接着输入"男",最后按下【Ctrl】+【Enter】组合键即可。

4. 使用文本分列向导,精确快速获取"出生日期"数据

(1)如图4-1-3所示,首先将学生的"身份证号码"复制到"出生日期"列。再选中该列的数据区域,在【数据】选项卡的【数据工具】功能组中,单击【分列】按钮,在文本分列向导第1步中选择【固定宽度】选项,单击【下一步】按钮,进入文本分列向导第2步。

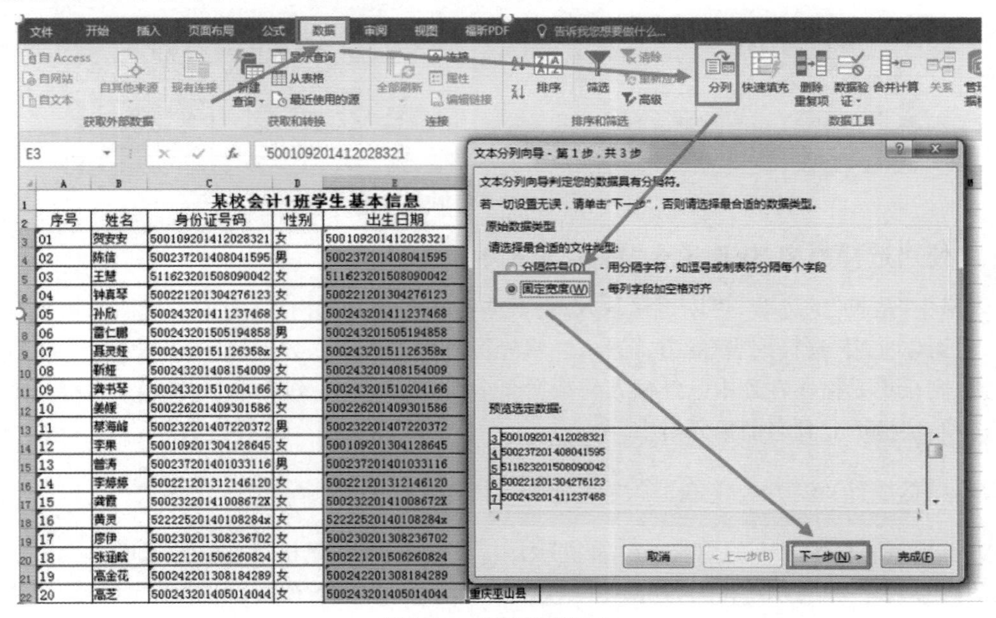

某校会计1班学生基本信息

序号	姓名	身份证号码	性别	出生日期
01	贺安安	500109201412028321	女	500109201412028321
02	陈信	500237201408041595	男	500237201408041595
03	王慧	511623201508090042	女	511623201508090042
04	钟真琴	500221201304276123	女	500221201304276123
05	孙欣	500243201411237468	女	500243201411237468
06	雷仁鹏	500243201505194858	男	500243201505194858
07	聂灵妪	50024320151126358x	女	50024320151126358x
08	靳娅	500243201408154009	女	500243201408154009
09	龚书琴	500243201510204166	女	500243201510204166
10	姜媛	500226201409301586	女	500226201409301586
11	蔡海峰	500232201407220372	男	500232201407220372
12	李果	500109201304128645	女	500109201304128645
13	曾涛	500237201401033116	男	500237201401033116
14	李婷婷	500221201312146120	女	500221201312146120
15	龚霞	50023220141008672X	女	50023220141008672X
16	黄灵	52222520140108284x	女	52222520140108284x
17	廖伊	500230201308236702	女	500230201308236702
18	张涵晗	500221201506260824	女	500221201506260824
19	高金花	500242201308184289	女	500242201308184289
20	高芝	500243201405014044	女	500243201405014044

图4-1-3 分列向导第1步

(2)如图4-1-4所示,在文本分列向导第2步中,在要建立的分列处单击鼠标,分隔出“出生日期”的数据区域,单击【下一步】按钮,进入文本分列向导第3步。

(3)如图4-1-5所示,在文本分列向导第3步中,分别将左、右两边区域均设置为【不导入此列】选项,再选中“出生日期”数据区域(画线中间区域),将其设置为“【列数据格式”】下的【日期】选项,单击【完成】按钮。

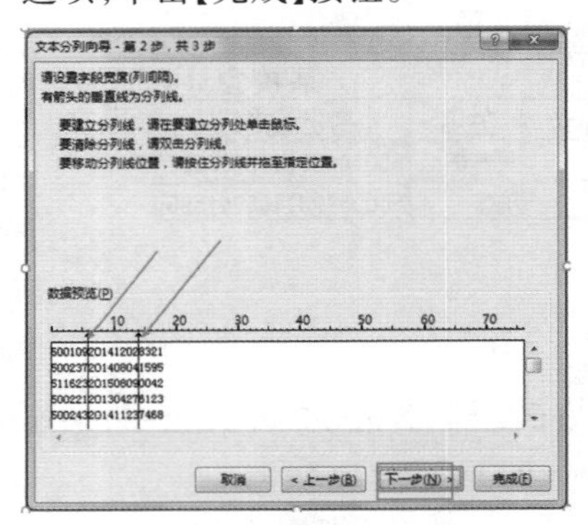

图4-1-4 分列向导第2步

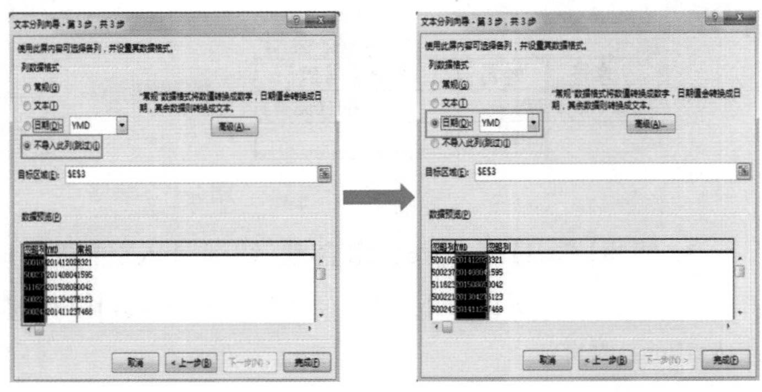

图4-1-5 分列向导第3步

(4)如图4-1-6所示,选中“出生日期”数据区域,单击【开始】—【数字】—【数字格式】旁的小三角形按钮,在打开的下拉列表框中选择【长日期】选项,得到“××年××月××日”长日期格式。

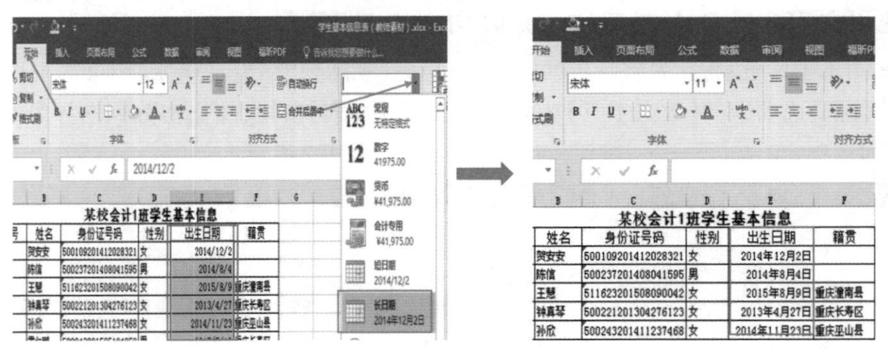

图4-1-6 数字格式

5. 使用选择列表,快速填充“籍贯”数据

表格中“籍贯”的内容,可以直接录入,但其中有很多重复的内容,我们既可以采用复制粘贴方式,也可以使用“选择列表”的方式录入。将光标置于需要录入数据的单元格,按下【Alt】+【↓】组合键,则该单元格所在列中已经输入的数据会全部显示在一个列表中,允许用户选择其上任意一个选项,快捷填充到当前单元格中。

五、使用“查找替换”功能完成“学生信息表”中内容的快速修改

为了规范表格中录入的内容,在“籍贯”列中,我们需要将“重庆”修改为“重庆市”,由于需要修改的内容较多且容易出错,不适合逐一查找、修改。Excel为我们提供的“查找替换”功能则可

以快捷、简便地完成该项工作。

选定表中任意单元格，单击【开始】—【查找与选择】—【替换】按钮，弹出【查找和替换】对话框，在【查找内容】文本框中输入“重庆”，在【替换为】文本框中输入“重庆市”，单击【全部替换】，则可将表格中所有符合条件的内容一次性修改完毕，如图4-1-7所示。

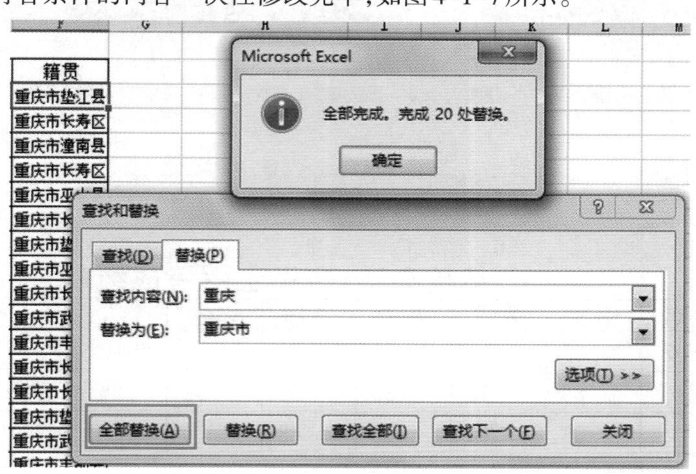

图4-1-7 替换

任务二　计算新生中考成绩

任务描述

添加表格框线，对表格数据进行自动求和、求平均值、最大值、最小值的运算。

任务实施

一、添加表格项目

（1）如图4-1-8所示，在“某校会计1班学生中考成绩表”中，在H2、I2单元格中分别输入“个人总分”“个人平均分”，在B23至B25单元格中分别输入“各科平均分”“各科最低分”“各科最高分”。

（2）添加表格框线：选中“H2:I25”单元格区域，单击【开始】—【字体】—【边框】旁的小三角形按钮，在打开的下拉菜单中选择【所有框线】，则所选区域添加上了表格线，按照同样的方法完成A23:G25区域的单元格框线的添加。

二、自动快速求和、求平均值、最大值、最小值

（1）计算总分。如图4-1-8所示，选择要放置运算结果的H3单元格，单击【公式】—【Σ自动求和】按钮，则在编辑栏和H3单元格中均出现“=SUM(C3:G3)”，按下回车键，即可得到1号学生

的“个人总分”成绩，再将光标置于H3单元格的填充柄上，向下拖动鼠标即可快速得到其余学生的“个人总分”成绩。

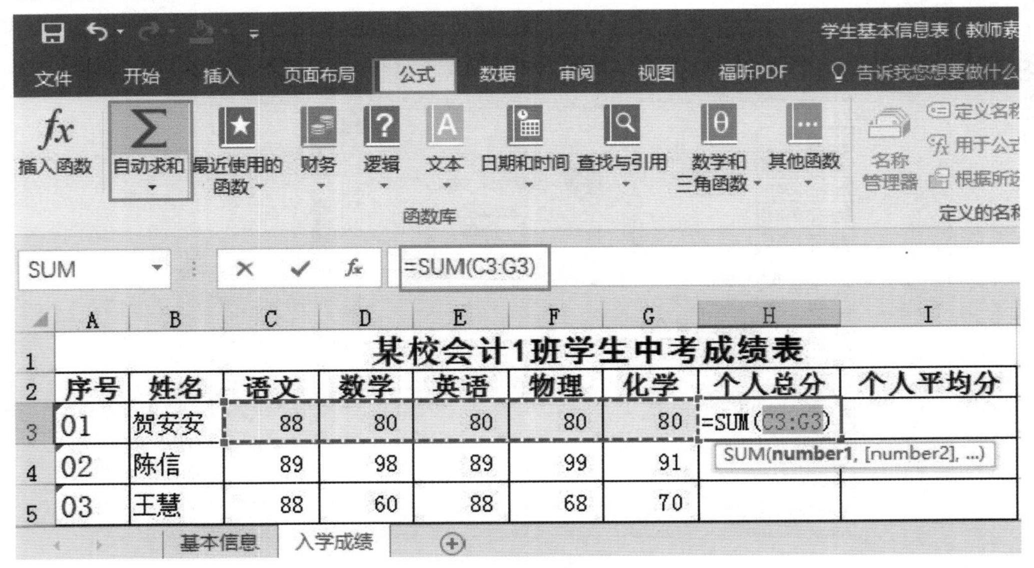

图4-1-8 自动求和

（2）计算平均值。如图4-1-9所示，选中要放置运算结果的I3单元格，单击【∑自动求和】旁的小三角形按钮，在展开的菜单中选择【平均值】，则在编辑栏和I3单元格中均出现“=AVERAGE(C3:H3)”，将H3修改成G3，按下回车键或单击编辑栏上的输入按钮【√】，即可得到1号学生的“个人平均分”，再将光标置于I3单元格的填充柄上，向下拖动鼠标即可快速得到其余学生的“个人平均分”成绩。

拓展资源

函数格式

（3）使用同样的方法可求得各科的平均分、最低分、最高分。

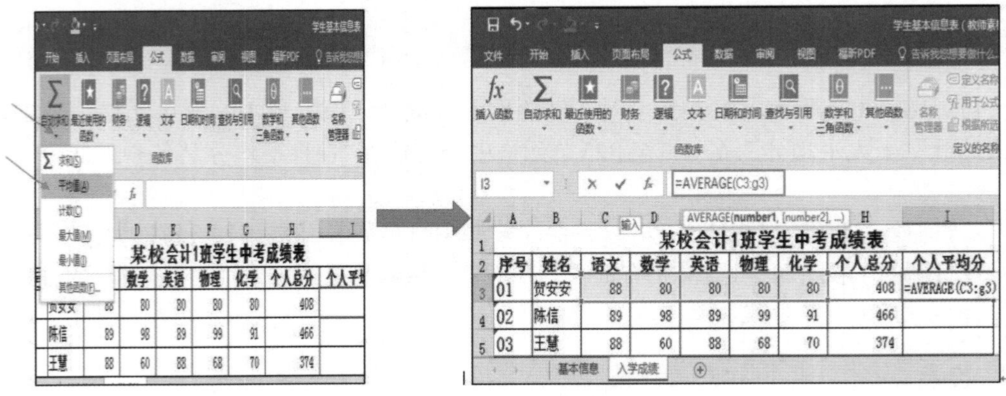

图4-1-9 自动求平均

任务三　分析新生中考成绩

任务描述

添加新工作表，对工作表重命名；在工作表中添加（或删除）行、列；对工作表数据进行排序、分类汇总并创建柱形图、折线图。

任务实施

一、添加学生入学成绩分析表

（1）单击窗口下方的新建工作表按钮【 ⊕ 】，得到一个新的工作表，双击工作表标签，输入“入学成绩分析”，重命名该工作表的名称。

（2）将学生“中考成绩表”复制粘贴到“入学成绩分析”工作表中，并删除所有的计算项目。例如：将光标置于【H】列号上，右击鼠标，在弹出的快捷菜单上选择【删除】，即可删除“个人总分”列。也可仅选择表中没有计算项目的区域进行复制粘贴。

二、使用“分类汇总”功能，对男生、女生各科成绩进行比较

1.添加“性别”列

由于我们是要按“性别”来对成绩进行比较，则需要添加“性别”列。先将光标置于【C】列标上，右击鼠标，在弹出的快捷菜单中选择“插入”命令，则在“姓名”列和“语文”列之间插入了一个空白列，将“基本信息”工作表中的“性别”列的内容复制粘贴到新增的空白列中，得到学生的性别信息。

2.排序

在进行分类汇总前，先要对关键字段进行排序。这里的关键字是“性别”。选中“性别”列的任意一个单元格，单击【数据】—【排序和筛选】—【升序 A↓Z 】或【降序 Z↓A 】按钮后，可看到表格中的数据位置有所改变，同样性别的数据排列到了一起。

拓展资源

分类汇总

3.分类汇总数据

如图4-1-10所示，选中表格区域的任意一个单元格，单击【数据】—【分类汇总】按钮，在弹出的【分类汇总】对话框中：【分类字段】选择【性别】，【汇总方式】选择【平均值】，【汇总项】选择语文、数学等五个科目，确定后，可以看到汇总后的结果。

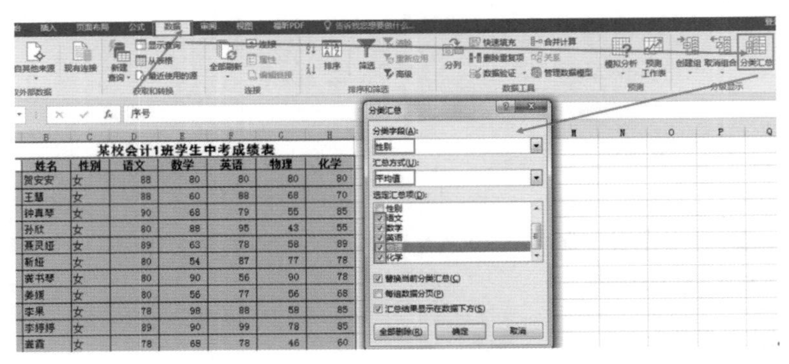

图4-1-10 分类汇总

4. 切换显示模式

完成分类汇总后，工作区左上角出现三个分别标有123的按钮，通过点击按钮，可看到汇总结果的不同显示模式，如图4-1-11所示是点击按钮2后，出现的汇总显示模式。

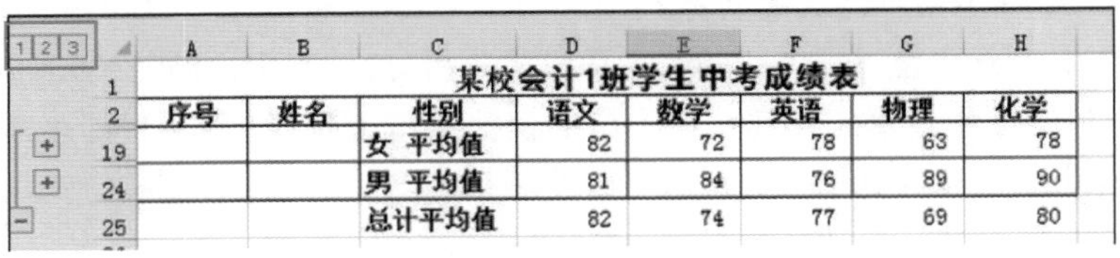

	A	B	C	D	E	F	G	H
1	某校会计1班学生中考成绩表							
2	序号	姓名	性别	语文	数学	英语	物理	化学
19			女 平均值	82	72	78	63	78
24			男 平均值	81	84	76	89	90
25			总计平均值	82	74	77	69	80

图4-1-11 切换显示模式

三、初识图表——制作柱形图、折线图

1.制作“男生、女生各科成绩比较图”——柱形图

(1)在“入学成绩分析”工作表中，先选中与表格区域不相邻的空白单元格。

(2)如图4-1-12所示，单击【插入】—【图表】—【柱形图】旁的小三角形按钮—【簇状柱形图】。

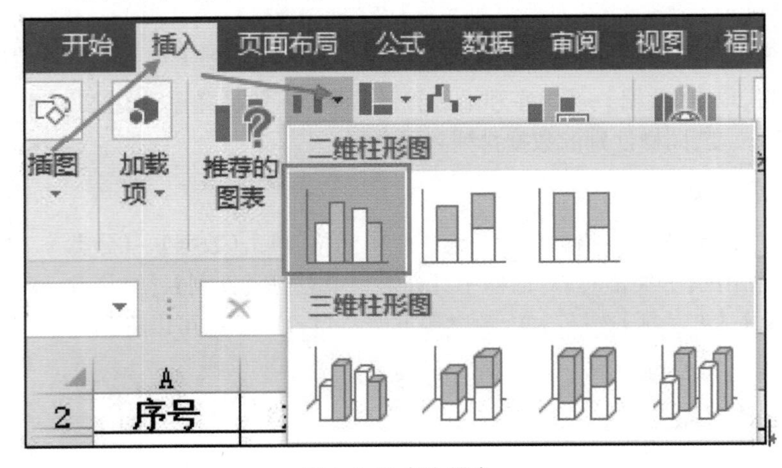

图4-1-12 插入图表

(3)单击【图表工具】—【设计】—【数据】—【选择数据】按钮,弹出【选择数据源】对话框,通过选择表格区域“C2:H24”,在【图表数据区域】框中录入了需要创建图形的数据,再单击【切换行/列】按钮,则得到如图4-1-13所示的柱形图,单击【确定】按钮,关闭【选择数据源】对话框。

图4-1-13 图表数据源选择

(4)选中图表,单击【图表工具】—【设计】—【快速布局】—【布局1】,将“图表标题”修改为“男女生各科成绩比较图”,如图4-1-14所示,从图中不同颜色柱子的长短,可以直观地看到男生、女生各科平均分的高低情况。

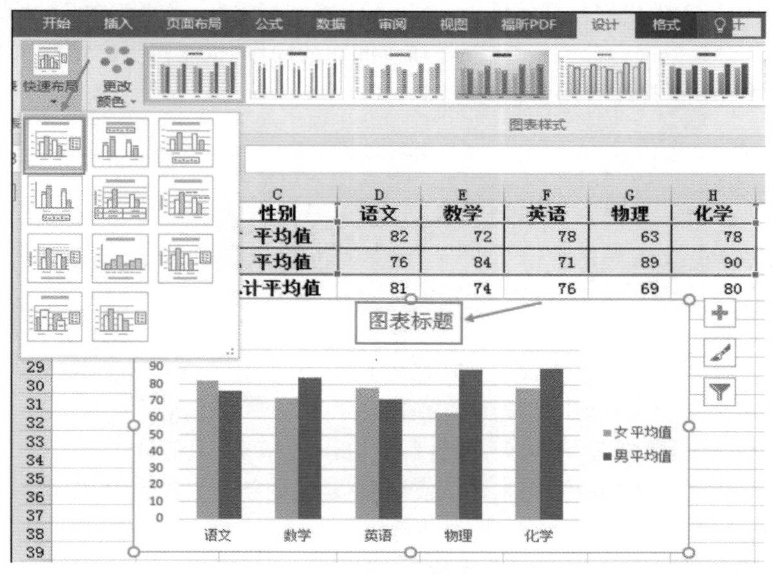

图4-1-14 图表的快速布局

2.制作“个人成绩与班级平均分比较图”——折线图

(1)在“入学成绩”工作表中,按照上面制作柱形图的方法,制作一个折线图,将高芝同学的各科成绩与班级平均分相比较。如图4-1-15所示,选择创建图表的【图表数据区域】,最终效果如图4-1-16所示。从图中线条位置的高低比较,我们可以非常直观地看出高芝同学哪些科目成绩处于班级平均分以上位置,哪些科目处于班级平均分以下位置,这为她接下来的学习计划提供了很好的依据。

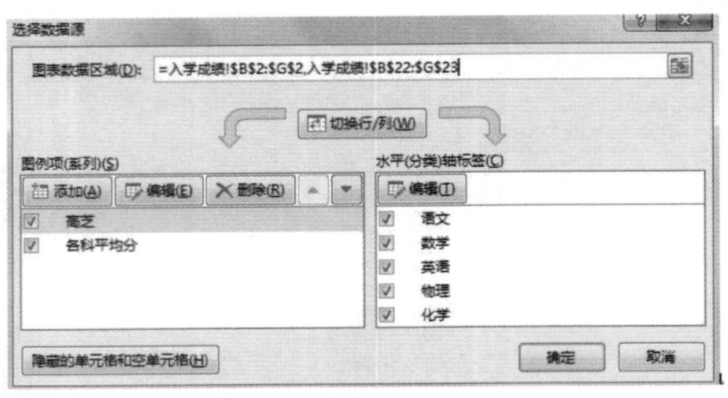

图4-1-15 图表数据区域

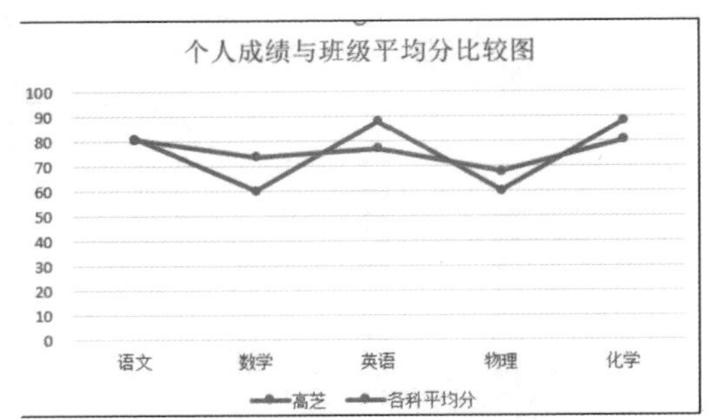

图4-1-16 折线图

项目小结

通过对新生基本信息的采集,学生初步掌握了在Excel 2016表格中录入数据的技巧;通过对新生入学成绩数据的处理,学生不仅能掌握求和、求平均数、最大值、最小值的计算以及对数据进行分类汇总、制作简单图表的操作,也能初步建立起加工数据、分析数据和透过数据提取有用信息的思维方式。

学以致用

打开素材中的“期末考试成绩表”,完成对学生期末成绩的汇总及分析处理,具体要求如下:

(1)将工作表标签重命名为“期末考试成绩汇总”。

(2)增加表格项:个人总分、平均分;各科目平均分、最高分、最低分。

(3)增加一新的工作表,并将“期末考试成绩表”复制到新的工作表中,保留“个人总分”项,删除其他计算项目。

(4)对表格数据进行排序,使表格信息按“总分”从高到低排列。

(5)创建折线图,分析比较总分前两名及最后两名学生各科成绩的情况。

项目二 灵活实用的小商品账目表

(1)知道如何根据实际需求创建表格、规划表格项目。
(2)知道函数VLOOKUP的功能、语法及使用方法。
(3)知道数据透视表的功能及使用方法。
(4)能对工作表的某一部分进行冻结窗格操作。
(5)能使用VLOOKUP函数查找、录入数据。
(6)能使用运算表达式进行简单的计算。
(7)能根据实际需求对数据进行分类汇总。
(8)能根据实际需求对数据创建图表。
(9)能使用数据透视表让用户可以根据不同的分类、不同的汇总方式,快速查看各种形式的数据汇总报表。
(10)提升灵活解决问题的能力,强化信息处理能力。

项目介绍

放假了,阿信高高兴兴回到家乡。临近春节,他发现附近乡镇前来妈妈商店进货的客户较多,生意好,妈妈也很高兴。但她妈妈想知道哪些商品卖得好,哪些商品不受欢迎,哪些乡镇、哪些客户进货量大等情况。由于妈妈只是手工记的流水账,无法从账本上看出她想了解的这些情况。而且每当客户来结清前一个月的进货款时,她都要翻着账本一条一条地查找、计算,这让妈妈感到烦恼。阿信用他在学校学到的知识对数据进行分析处理,不仅轻松快捷地帮助妈妈解决了她的烦恼,同时也为妈妈的小生意提供了良好的建议,得到了妈妈的夸奖。让我们一起来看看阿信是怎么做到的吧!

任务一　创建“小食品批发账目”工作簿

任务描述

根据实际需求创建表格，规划表格项目，冻结窗格，使用函数VLOOKUP查找并录入数据。

任务实施

一、创建工作表及规划表格基本项目

打开Excel 2016，阿信创建了一个名为“小食品批发账目”的工作簿，根据可能的需求，在该工作簿中分别创建了3个工作表：登记发货情况的“发货账目表”、归纳所批发商品的“小食品种类表”、登记客户情况的“客户信息表”。如图4-2-1、图4-2-2、图4-2-3所示。（本书中的客户信息、商品信息、地名、员工信息均是虚构的，如有雷同，纯属巧合。后不再特意说明。）

	A	B	C	D	E	F	G	H	I	J	K
1	发货账目表										
2	序号	日期	商品名称	商品类别	单位	数量	单价	金额	品牌	客户	区域
3	1	2019/1/1	芒果干100g	干果炒货		10				小月佳	
4	2	2019/1/1	薄皮核桃500g	干果炒货		10				小月佳	
5	3	2019/1/1	山药脆片70g	薯片膨化		10				小月佳	

图4-2-1 发货账目表

	A	B	C	D	E
1	小食品种类表				
2	商品名称	商品类别	单位	单价	品牌
3	芒果干100g	干果炒货	袋	6.9	百草堂
4	薄皮核桃500g	干果炒货	袋	21.9	百草堂
5	山药脆片70g	薯片膨化	袋	8.9	百草堂

图4-2-2 小食品种类表

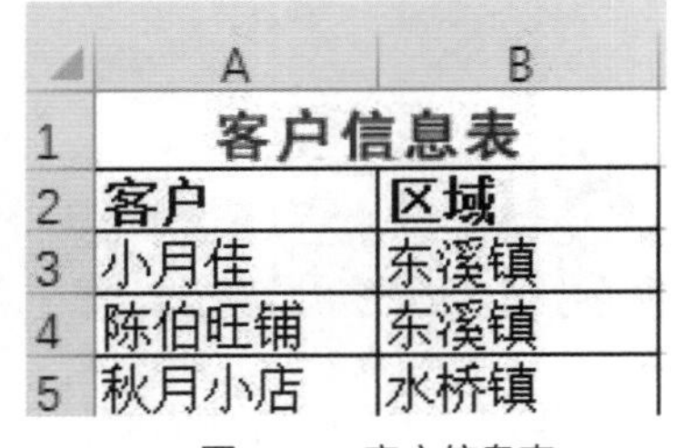

	A	B
1	客户信息表	
2	客户	区域
3	小月佳	东溪镇
4	陈伯旺铺	东溪镇
5	秋月小店	水桥镇

图4-2-3 客户信息表

二、冻结表格窗格

由于发货账目数据量较大，往往一屏显示不完，需要利用【冻结窗格】功能，将表格名称和列标题固定在顶端，以便查阅下面的数据。如图4-2-4所示，选中A3单元格，单击【视图】—【冻结窗格】—【冻结拆分窗格】按钮，即完成了对表格窗口的冻结。此时向下查阅数据时，表格名称和列标题始终可见。

若要使窗口还原，再次选择【视图】—【冻结窗格】—【取消冻结拆分窗格】命令。

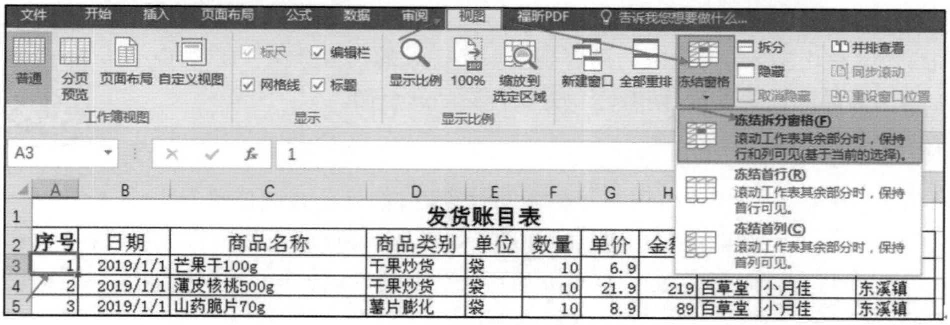

图4-2-4 冻结窗格

三、使用VLOOKUP函数，实现自动输入“单位”等项目的数据

函数VLOOKUP的功能是查找数据区域首列满足条件的元素，并返回数据区域当前行中指定列处的值。语法：VLOOKUP（lookup_value,table_array,col_index_num,range_lookup）。

如图4-2-5所示，选中E3单元格，在编辑栏中输入“=VLOOKUP(C3,小食品种类！$A$2:$E$17,3,FALSE)”，按下回车键确认，最后利用填充柄的复制功能完成对剩余部分的“单位”输入。公式中各参数作用分析如下。

第一参数：要查找的值，单元格“C3”，表示以商品名称为依据进行查找。

第二参数：到哪里去找，区域“小食品种类！$A$2:$E$17”是指在“小食品种类”工作表中的“A2:E17”区域中去查找。

第三参数：带回什么，“3”是指返回查找区域第3列的数据，在本例中查找区域的第3列数据是“单位”。

第四参数：匹配方式（精确/模糊），“TRUE”或忽略表示是模糊查找，“FALSE”是指精准查找。

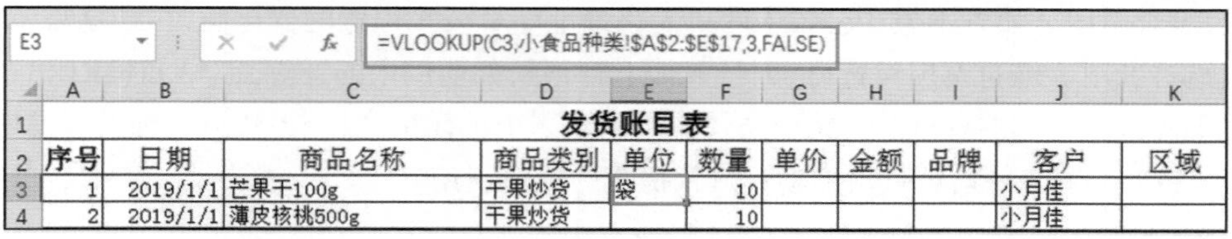

图4-2-5 输入单位

用同样的方法依次完成对“单价”“品牌”及“区域”项目的数据查找输入。图4-2-6是“单价”项的查找输入。

图4-2-6 输入单价

四、使用表达式计算“金额”项

在H3单元格中输入“=G3*F3”，即得到第一条记录的销售金额。G3为商品的单价，F3为商品的销售数量，两者之积为销售商品的金额。

1.相对引用和绝对引用

（1）相对引用。在公式中引用单元格参与计算时，如果公式的位置发生变动，那么所引用的单元格也将随之变动。如图4-2-7所示，计算商品销售金额时在H3单元格中输入“=G3*F3”，将公式向下复制到H4单元格后公式自动变成了“=G4*F4”，如图4-2-8所示。

H3　=F3*G3

	A	B	C	D	E	F	G	H	I
1	发货账目表								
2	序号	日期	商品名称	商品类别	单位	数量	单价	金额	品牌
3	1	2019/1/1	芒果干100g	干果炒货	袋	10	6.9	69	—
4	2	2019/1/1	薄皮核桃500g	干果炒货	袋	10	21.9	219	—

图4-2-7　输入公式

H4　=F4*G4

	A	B	C	D	E	F	G	H	I
1	发货账目表								
2	序号	日期	商品名称	商品类别	单位	数量	单价	金额	品牌
3	1	2019/1/1	芒果干100g	干果炒货	袋	10	6.9	69	—
4	2	2019/1/1	薄皮核桃500g	干果炒货	袋	10	21.9	219	—

图4-2-8　填充公式

（2）绝对引用。如果不想让公式中的单元格地址随着公式位置的变化而改变，就需要对单元格采用绝对引用。绝对引用时行号、列号前加上$符号，如前例中的计算式“=VLOOKUP（C3,小食品种类!$A$2:$E$17,3,FALSE）”，无论公式被复制到哪个单元格，“$A$2:$E$17”都没有发生变化。选中A2=E17后，按F4键，可自动加$符号（快捷变为绝对引用）。

2.公式

（1）什么是Excel公式？公式是Excel工作表中进行数值计算的等式，如上例中为了计算销售商品的金额，在H3单元格中输入“=G3*F3”，这种表达式就是公式。在Excel工作表中无论要输入什么样的公式都必须以“=”开始。

（2）公式的结构：一个Excel公式往往是由等号、函数、括号、单元格引用、常量、运算符等构成。常量可以是数字、文本或其他字符，但如果常量不是数字就要加上英文引号。

公式中每个函数的后面都要有一个括号，括号中设置函数参数，每个参数之间要用英文半角逗号隔开。如图4-2-9所示。

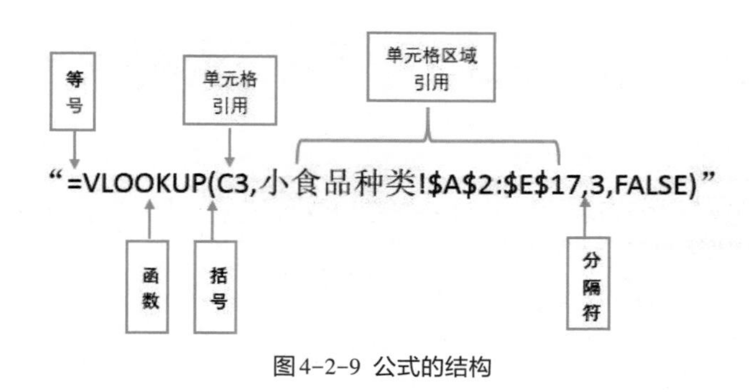

图4-2-9 公式的结构

任务二 分析各类商品的销售情况

任务描述

添加新工作表,重命名工作表,分类汇总,创建饼图。

任务实施

一、建立新工作表——"商品类别分类汇总"表

(1)如图4-2-10所示,在工作表标签"1月份发货账目表"上单击鼠标右键,在快捷菜单上选择【移动或复制】命令,在"移动或复制工作表"对话框中勾选【建立副本】,则在工作簿中复制了一个名称为"1月份发货账目表(1)"的工作表。

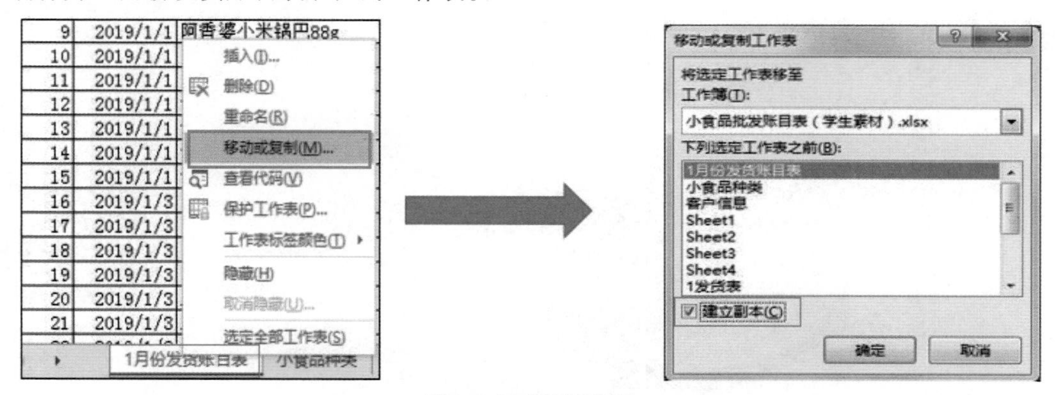

图4-2-10 复制工作表

(2)在工作表标签"1月份发货账目表(1)"上单击鼠标右键,在快捷菜单上选择【重命名】命令,并输入"商品类别分类汇总",则修改了工作表名称,结果如图4-2-11所示。

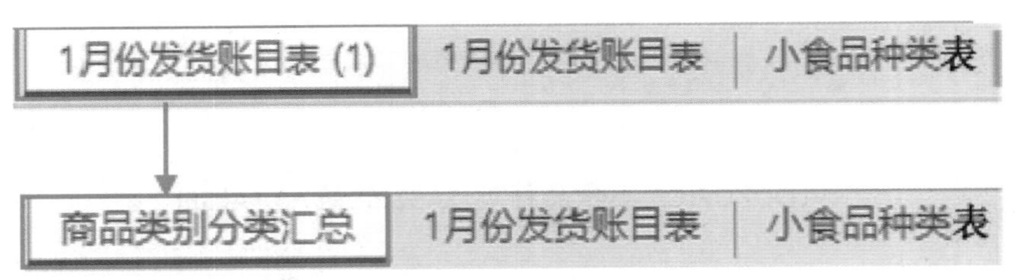

图4-2-11 修改工作表

二、按商品类型对商品的销售数据及金额进行分类汇总

在“商品类别分类汇总”工作表中，以【商品类别】为【分类字段】，以【数量】和【金额】为【汇总项】，按【求和】进行汇总，汇总结果如图4-2-12所示。(提示：进行分类汇总前必须对关键字段排序，分类汇总的具体操作方法参见项目一)

	A	B	C	D	E	F	G	H	I	J	K
1	发货流水账目										
2	序号	日期	商品名称	商品类别	单位	数量	单价	金额	品牌	客户	区域
33				薯片膨化 汇总		860		7623			
93				干果炒货 汇总		1560		17576			
106				饼干曲奇 汇总		320		2784			
107				总计		2740		27983			

图4-2-12 发货流水账目汇总

三、创建饼图——展示不同类别商品在销售总额中所占的比例

图表类型：三维饼图。建立图形的数据区域：商品类别及对应的数量(提示：不包含总计项)，图表样式：样式3。得到结果如图4-2-13所示(提示：创建图表的具体操作方法参见项目一)。从图中我们可以非常清晰、直观地看到“干果炒货”的销售数据占比远远超过其他两类商品，而“饼干曲奇”类商品的销售数量占总销售额的比例是比较低的。

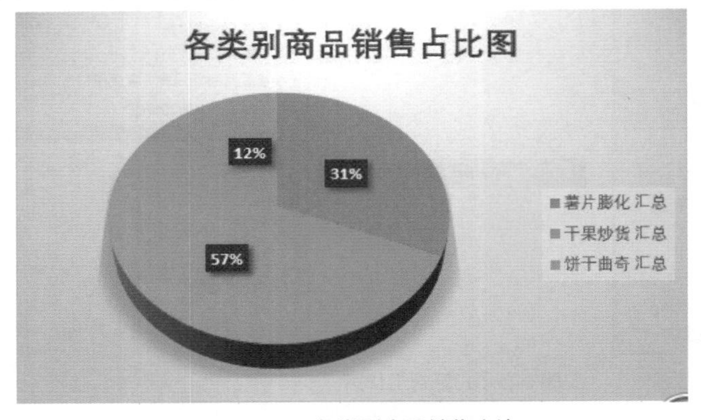

图4-2-13 各类别商品销售占比

任务三 查看客户的进货情况

任务描述

创建数据透视表，对数据透视表中的项目进行排序操作，使用数据透视表中的筛选器查看数据。

任务实施

一、创建数据透视表，快速查看客户进货情况

（1）如图4-2-14所示，选中数据源任意单元格，如D4，单击【插入】—【数据透视表】按钮，弹出【创建数据透视表】对话框，保持默认设置不变，单击【确定】按钮。在工作簿中出现了一个新的工作表，在该工作表标签处重命名工作表为“客户进货汇总表”。

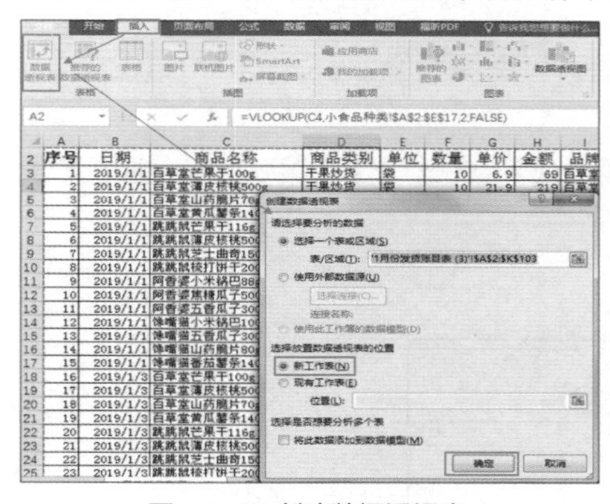

图4-2-14 创建数据透视表

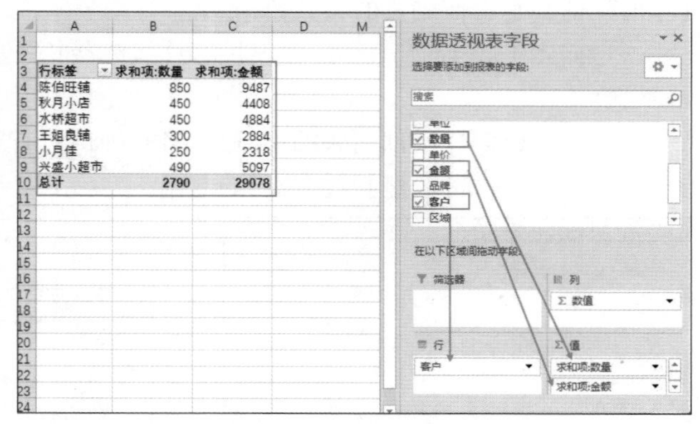

图4-2-15 透视表字段选择

（2）如图4-2-15所示，勾选【客户】【数量】和【金额】。数据透视表很聪明地帮我们把项目放在相应的字段里，这样就轻松地完成了按客户汇总的“数量”和“金额”。从表中可以看到每个客户的进货数量和金额。

二、对数据透视表进行排序

如果想了解哪些客户进货量大，还可以在数据透视表中对数据进行排序。如图4-2-16所示，右击【求和项：数量】列的数据区域中任意单元格，在弹出的快捷菜单中单击【排序】—【降序】命令，最终效果如图4-2-17所示 。

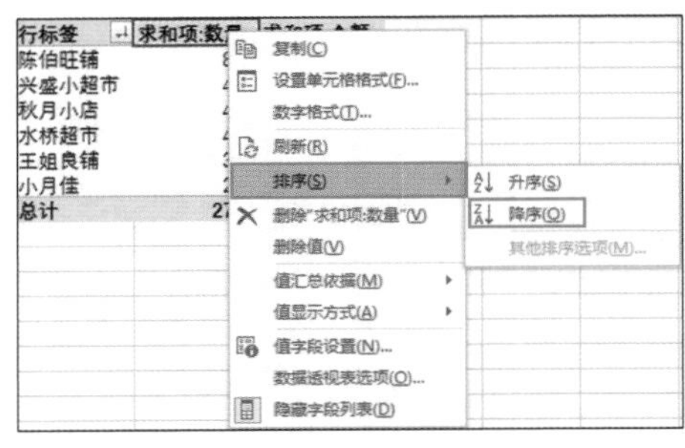

图4-2-16 选择透视表排序

行标签	求和项:数量	求和项:金额
陈伯旺铺	850	9487
兴盛小超市	490	5097
秋月小店	450	4408
水桥超市	450	4884
王姐良铺	300	2884
小月佳	250	2318
总计	2790	29078

图4-2-17 排序结果

从图中我们可以看到各个客户进货数据从高到低的排序，其中“陈伯旺铺”的进货数量远远超越其他客户。

三、使用筛选器快速查看某一客户的进货情况

假如陈伯前来结算进货款，在对数据透视表的字段进行重新设置后，便可方便地单独选择【陈伯旺铺】，查看他进货的相关数据。

（1）如图4-2-18所示，将【客户】拖至【筛选器】字段，保持【数量】【金额】位于求和项【Σ值】字段不变。

（2）单击【客户（全部）】旁的小三角按钮，弹出所有客户列表，在其中选择某一客户，即可单独查看该客户的进货【数量】及【金额】的数据。

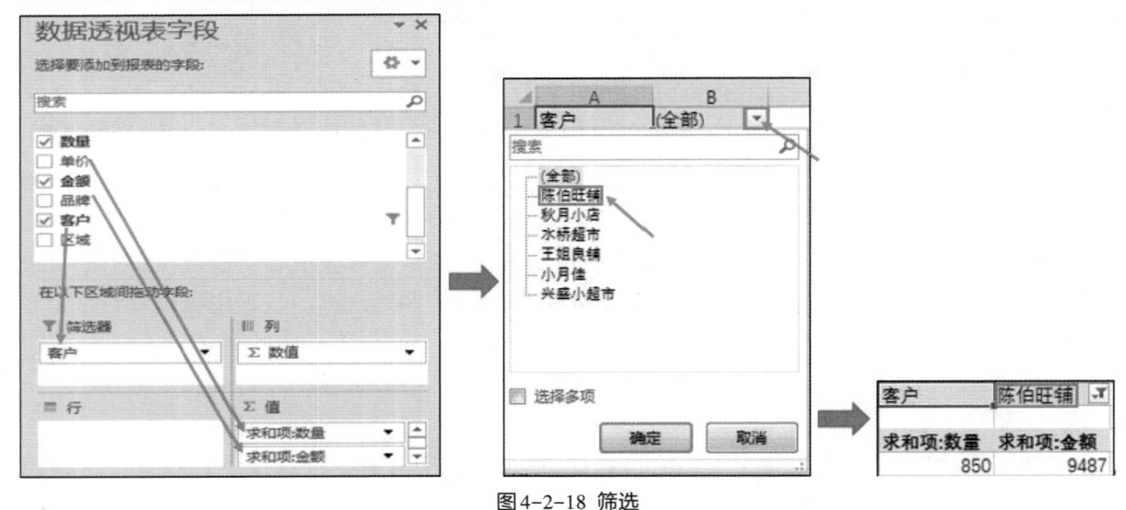

图4-2-18 筛选

试一试：如果再将【商品名称】添加到【行】字段，我们还可同时查看什么内容？

四、快速找出销量最好的两款商品

（1）如图4-2-19所示，若在【数据透视表字段】中勾选商品【名称】和【数量】，则得到各种商品的销售数量。

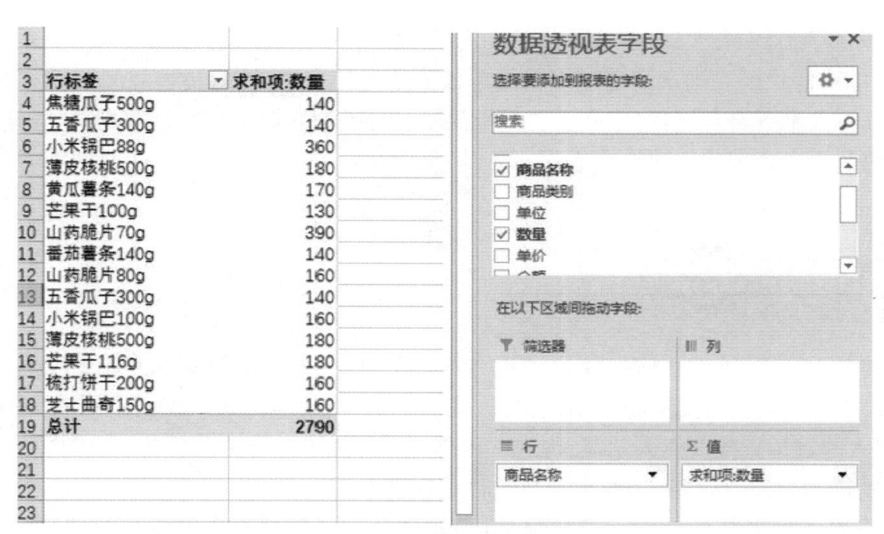

行标签	求和项:数量
焦糖瓜子500g	140
五香瓜子300g	140
小米锅巴88g	360
薄皮核桃500g	180
黄瓜薯条140g	170
芒果干100g	130
山药脆片70g	390
番茄薯条140g	140
山药脆片80g	160
五香瓜子300g	140
小米锅巴100g	160
薄皮核桃500g	180
芒果干116g	180
梳打饼干200g	160
芝士曲奇150g	160
总计	2790

图4-2-19 选择数据透视表字段

（2）如图4-2-20所示，单击行标签旁的小三角形按钮，选择【值筛选】命令，在弹出的列表中单击【前10项】并将【前10个筛选】对话框中的10改为2，则得到如图4-2-21所示的结果。

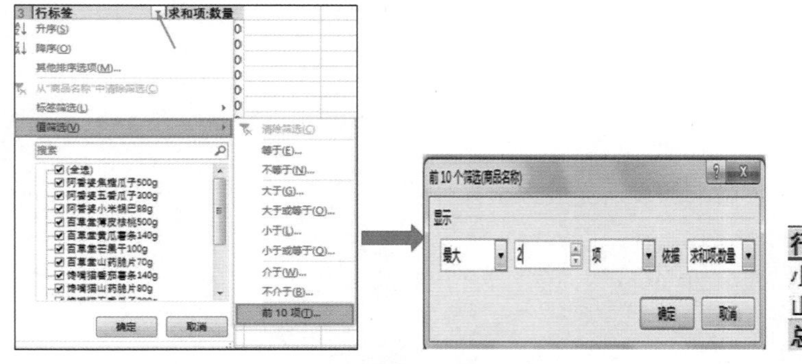

图4-2-20 选择【值筛选】命令

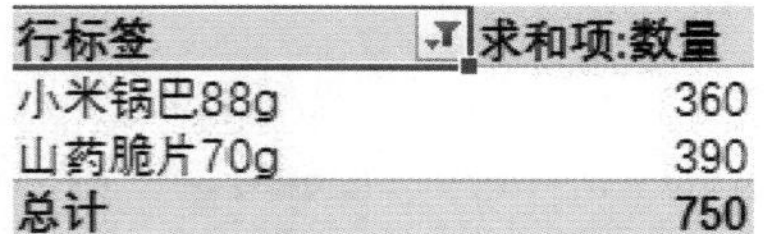

行标签	求和项:数量
小米锅巴88g	360
山药脆片70g	390
总计	750

图4-2-21 筛选的结果

五、提出合理化建议

通过以上对数据进行的各种分析处理，阿信给妈妈提供了以下的一些合理化建议：

（1）分析商品。从图4-2-13的三维饼图中，非常直观地看到了“干果炒货”的销售数据占比远远超过其他两类商品，那么不仅可以增加原有的“干果炒货”类商品品种的进货数量，还可以引入这类商品的其他品种的进货。而“饼干”类商品的销售数量占总销售额的比例是比较低的，可考虑更换部分滞销的“饼干”类商品品种，进行试销售。如图4-2-21所示，对于本月筛选出的销售总量前两位的产品，不仅要增加入货量，还可以以“爆款商品”加以宣传。

（2）分析客户。如图4-2-17所示的客户进货量排序表，对于“陈伯旺铺”这样进货量大的客户，要给予一些奖励政策，以稳固优质客户。

(3)分析销售片区。同学们还可以根据本任务所学的知识，针对销售片区进行数据分析，数据分析的具体方案可自行选择(原则上要尽量简便、快捷、图表简单易懂)。根据数据分析的结果帮助阿信妈妈提出合理化的建议。

项目小结

本项目学生通过阿信帮助妈妈建立销售账目，并对账目数据进行分析处理的过程，学习了如何根据实际需求创建表格、规划表格项目；学习并认识到了函数VLOOKUP强大的数据查找及引入功能，也进一步理解和加强了对分类汇总及创建图表的灵活使用的能力，初步认识到用数据透视表让用户可以根据不同的分类、不同的汇总方式，快速查看各种形式的数据汇总情况，进一步体会到了数据处理的流程及数据处理价值，提升了灵活解决问题的能力，强化了信息处理的能力。

学以致用

打开素材中的“连锁超市销售数据汇总表”，完成以下操作：

(1)冻结窗格。

(2)快捷录入“销售记录”工作表中的“单位”“进价”“售价”列的数据。

(3)计算“销售额”和“毛利润”。

(4)按照不同片区或门店查看销售的毛利润所占的比例(提示：可制作三维饼图)。

(5)请根据所学知识对数据进行汇总、分析，以得到各门店、各种产品的销售总体情况。比如哪些区域、哪些门店销售情况好，哪些商品畅销或滞销，哪些商品毛利润高等。使用的方法尽量快捷、方便，结果的呈现要直观明了。

(6)根据以上的数据，分析结果，提出合理化的建议。

项目三　严谨的员工月度出勤统计

(1)知道函数YEAR、函数TODAY、函数IF的语法、功能和使用方法。

(2)能在Excel 2016中导入外部数据。

(3)能格式化表格项目,如设置“跨列居中”,设置单元格的“日期”“货币”等格式。

(4)能使用函数YEAR、TODAY计算工龄。

(5)能使用函数IF计算员工年假、应扣工资。

(6)能灵活使用函数VLOOKUP,查找导入数据。

(7)能使用“数据验证”建立序列并使用序列录入数据。

(8)能建立数据透视图,使用数据透视图多角度、多方位统计展示数据。

(9)提高设计数据分析方案的能力,提升信息素养。

项目介绍

这学期阿信所在班级去企业实习。他来到一家几十人的小型企业,企业为加强管理,提高工作效率,人事部门决定制定和规范一些请假制度和相应的扣除工资的政策,通过对员工月度出勤的统计来衡量员工的工作积极性,给予不同的奖惩。阿信来到人事部,和领导及同事们一起完成了对人事制度及员工月度出勤统计表的编制工作。

任务一　创建员工年假表

任务描述

在Excel 2016中导入外部数据，冻结表格窗口，使用函数YEAR、TODAY计算工龄，使用函数IF计算员工年假，

任务实施

一、员工请假标准规范

结合国家相关的政策，通过领导及部门员工代表商议，对本企业制定了如下请假考核制度：

1.请假假种

年休假、事假、病假、产假等参照劳动法相关规定执行。

2.年假的划分方法

职工累计工作已满1年不满10年的，年休假5天；已满10年不满20年的，年休假10天；已满20年的，年休假15天。国家法定休假日、休息日不计入年休假的假期。

二、建立员工年假基本表格

1.导入外部数据

由于人事部有员工的基本信息表，在使用Excel创建表格时可直接导入。

打开Excel 2016，如图4-3-1所示，单击【数据】—【自Access】按钮，弹出【选取数据源】对话框，如图4-3-2所示，通过该对话框找到并选中所要导入的数

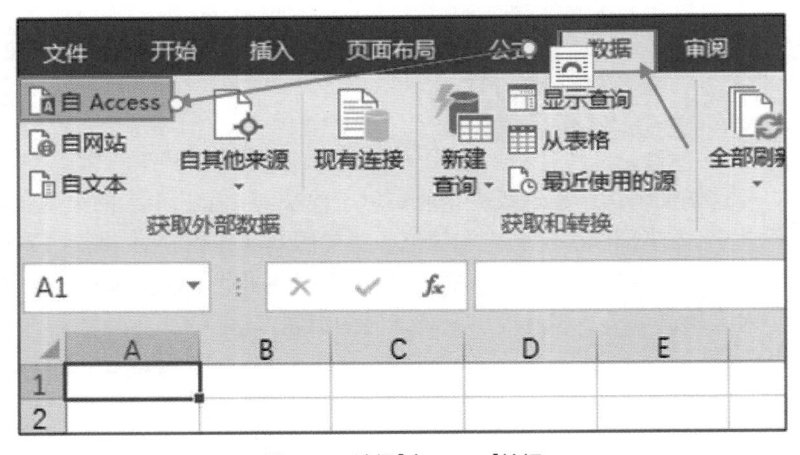

图4-3-1　选择【自Access】按钮

据文件“公司员工基本信息表.accdb”，单击【打开】按钮，弹出【导入数据】对话框，如图4-3-3所示，保持默认设置不变，单击【确定】按钮，在Excel 2016工作表中导入了数据表格。

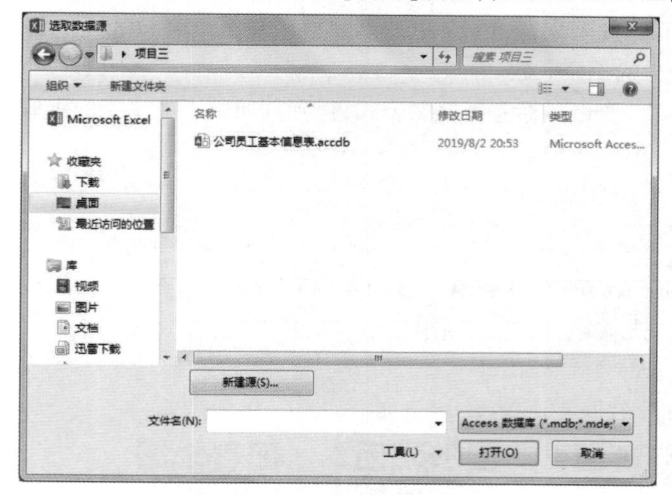

图4-3-2 选取数据源

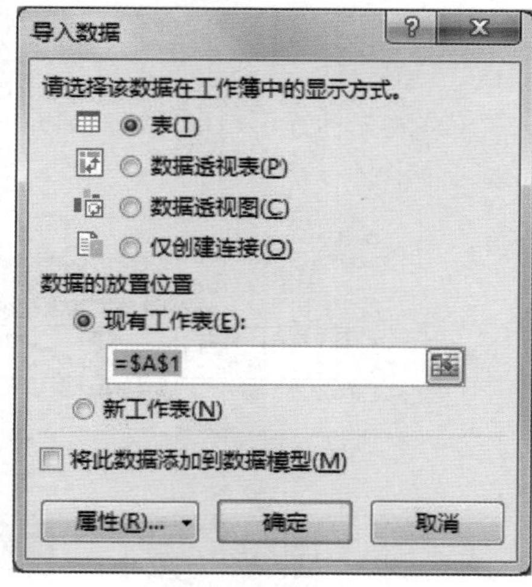

图4-3-3 导入数据

2. 冻结表格窗口

由于企业员工较多，因此需要利用冻结窗格功能，将表格名称和列标题固定在顶端，以便查阅下面的员工数据。

3. 修改基本表格项目

参照图4-3-4，对表格项目进行添加和删减。

xx公司员工基本信息								
员工编号	姓名	籍贯	性别	所在部门	入职时间	基本工资（元）	工龄	年假
0001	张信	重庆市渝中区	男	生产部	1984年7月1日	6000		
0002	陈一	重庆市垫江县	男	市场销售部	2018年7月1日	4400		

图4-3-4 公司员工基本信息

4. 修改工作表标签

将该工作标签修改为“员工年假表”。

三、计算员工工龄

员工工龄等于目前时间减去员工加入公司的时间，并向下去整，比如某员工工作了1年零10个月，但他的工龄只能算一年。计算员工工龄的具体操作步骤如下：

（1）选中H3单元格，在其中输入公式：“=YEAR(TODAY()-E3)-1900”。

（2）按回车键确认输入。

（3）将H3单元格设置为常规格式，则单元格中显示工龄为“35”。

（4）将光标置于H3单元格的填充柄上，向下拖动鼠标复制公式，得到其他员工的工龄信息。

四、计算员工年假

（1）员工享有的年假天数是根据工龄段来划分的，应在I3单元格中输入“=IF（H3>=15,5+（H3-15）,IF（H3>=3,5,0））”，即可得到员工的年假天数。

（2）将光标置于I3单元格的填充柄上，双击鼠标左键复制公式，得到其他员工应享受的年假信息。如图4-3-5所示。

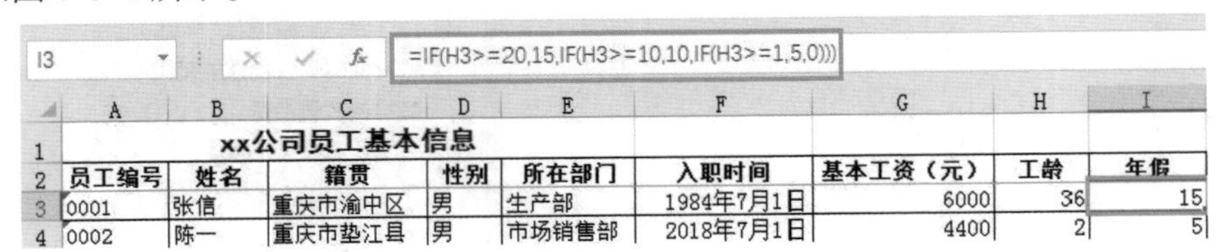

I3　=IF(H3>=20,15,IF(H3>=10,10,IF(H3>=1,5,0)))

	A	B	C	D	E	F	G	H	I
1	xx公司员工基本信息								
2	员工编号	姓名	籍贯	性别	所在部门	入职时间	基本工资（元）	工龄	年假
3	0001	张信	重庆市渝中区	男	生产部	1984年7月1日	6000	36	15
4	0002	陈一	重庆市垫江县	男	市场销售部	2018年7月1日	4400	2	5

图4-3-5 输入公式

①函数IF示例1。

如图4-3-6所示，当“实训成绩”总分大于或等于60分时，为TRUE，返回结果1“合格”，当实训成绩小于60分时，为FALSE，返回结果2“不合格”。

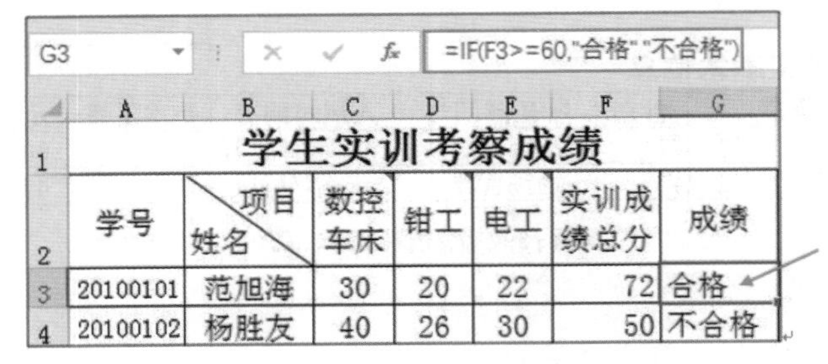

G3　=IF(F3>=60,"合格","不合格")

	A	B	C	D	E	F	G
1	学生实训考察成绩						
2	学号	项目／姓名	数控车床	钳工	电工	实训成绩总分	成绩
3	20100101	范旭海	30	20	22	72	合格
4	20100102	杨胜友	40	26	30	50	不合格

图4-3-6 输入成绩公式

②函数IF示例2。

函数IF可嵌套使用，如图4-3-7所示。

D3　=IF(C3>=90,"优",IF(C3>=80,"良",IF(C3>=70,"中","差")))

	A	B	C	D	E	F	G	H
1	十城市环境质量综合评估表							
2	序号	城市名	评分	评定等级	排名			
3	1	青城	89	良	2			
4	2	湖城	63	差	9			

图4-3-7 输入评定等级公式

任务二　建立员工月度出勤表

任务描述

格式化表格项目："跨列居中"，设置单元格的"日期""货币"等格式，灵活使用函数VLOOK-UP，使用"数据验证"建立"假别"序列，使用函数IF计算应扣工资。

任务实施

一、创建员工月度出勤表

1. 添加工作表

在该工作簿中增加一个新的工作表，将新增的工作表标签命名为"员工月度出勤表"。

2. 建立出勤表的基本项目

建立如图4-3-8所示的"月度出勤表"。

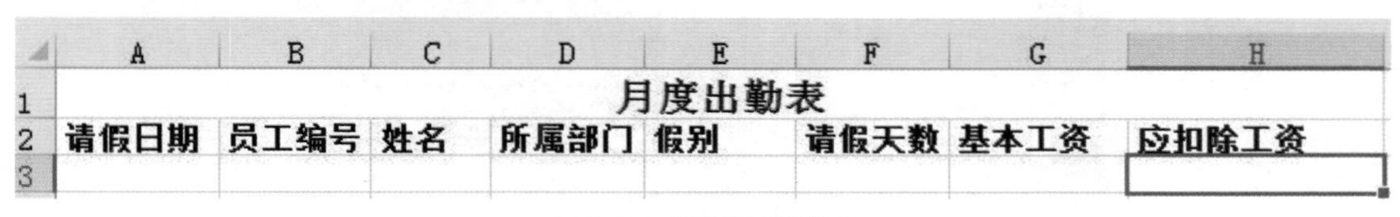

	A	B	C	D	E	F	G	H
1	月度出勤表							
2	请假日期	员工编号	姓名	所属部门	假别	请假天数	基本工资	应扣除工资
3								

图4-3-8 建立月度出勤表

3. 格式化表格项

（1）选中单元格区域【A1:H1】，如图4-3-9所示，单击【开始】—【字体】功能组右下角按钮，打开【设置单元格格式】对话框，再选择【对齐】—【水平对齐】—【跨列居中】。

（2）选中A列，如图4-3-10所示，将"请假日期"列设置为"长日期"格式，按照同样的方法将"员工编号"列设置为"文本"格式，"基本工资""应扣除工资"设置为货币格式。

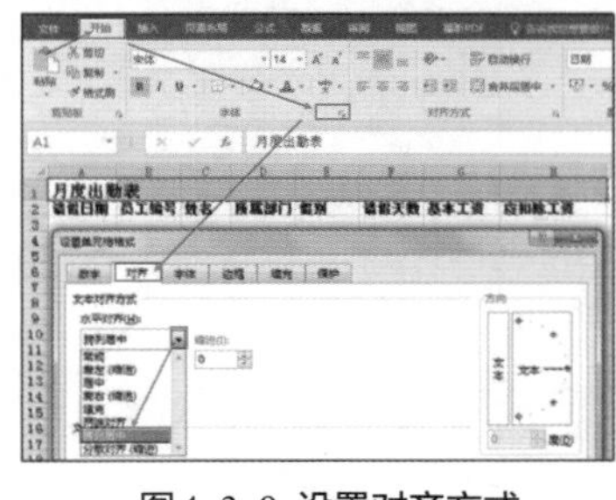

图4-3-9 设置对齐方式

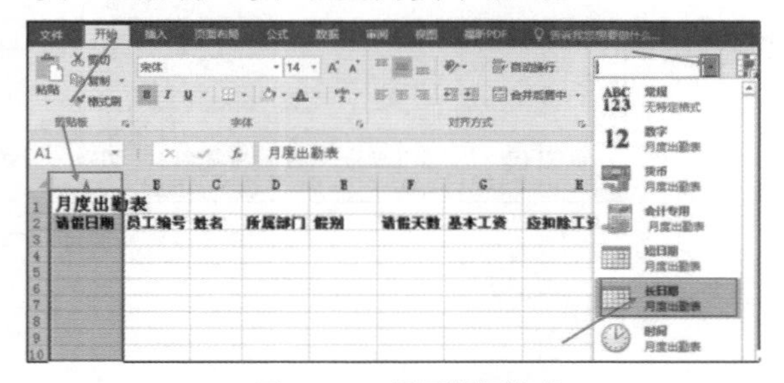

图4-3-10 设置数据格式

4. 输入"请假日期"

在A3单元格中输入"2019-3-5"，按回车键确认后，则单元格显示"2019年3月5日"。

二、自动输入员工“姓名”“所属部门”和“基本工资”

接下来我们要输入“员工编号”“姓名”“所属部门”和“基本工资”。如果同时输入4个数据既麻烦又费时，还容易出错。在Excel中为我们提供了VLOOKUP函数，可以帮助我们仅需输入员工编号，便可同时自动输入员工的“姓名”“所属部门”以及“基本工资”。

本任务使用“插入函数”的方式完成公式的录入，具体操作步骤如下：

(1)在单元格B3中输入请假的员工编号“0002”。

(2)选中C3单元格，如图4-3-11所示，单击【插入函数 f_x 】按钮，在弹出的【插入函数】对话框的【选择类别】中，选择【查找与引用】，在【选择函数】框中选择【VLOOKUP】，单击【确定】按钮，弹出【函数参数】对话框。

(3)如图4-3-12所示，在【函数参数】对话框的四个输入框中分别输入(或选择录入)：查找的内容、查找的区域、返回的数据在查找区域的第几列的列数、精确查找TRUE。按下【确定】按钮后，则在C3单元格中出现0002编号员工的姓名。

图4-3-11 插入函数

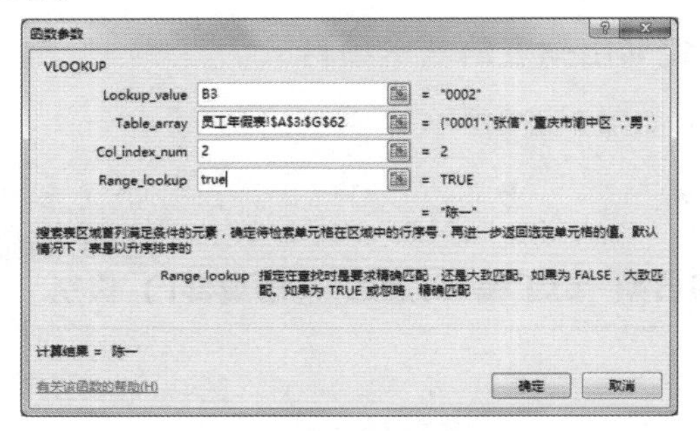

图4-3-12 选择函数参数

(4)如图4-3-13所示，在编辑栏中复制C3单元格中的表达式，并将其粘贴到D3单元格中，在编辑栏上将第3个参数“2”修改为“5”，则得到获取员工所属部门信息的表达式。按下回车键或编辑栏上的输入 ✔ 按钮，则在单元格D3中出现员工0002所属部门的信息。按照同样方法也可完成“基本工资”列的公式设置，结果如图4-3-14所示。

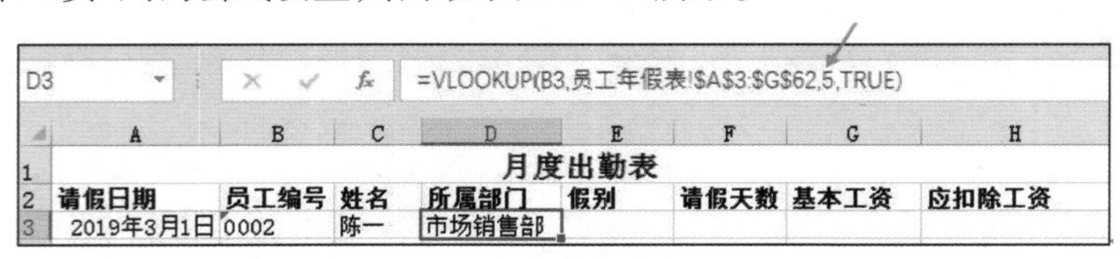

图4-3-13 所属部门录入

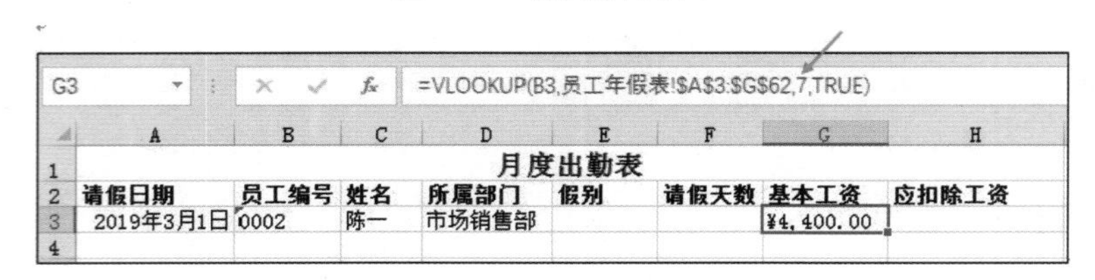

图4-3-14 基本工资录入

三、建立“假别”序列

为“假别”列设置数据验证，可避免每次输入相同的数据，而只需在下拉列表中选择即可，具体操作步骤如下：

(1)如图4-3-15所示，先选中E列后，单击【数据】—【数据验证】—【数据验证】命令，弹出【数据验证】对话框。

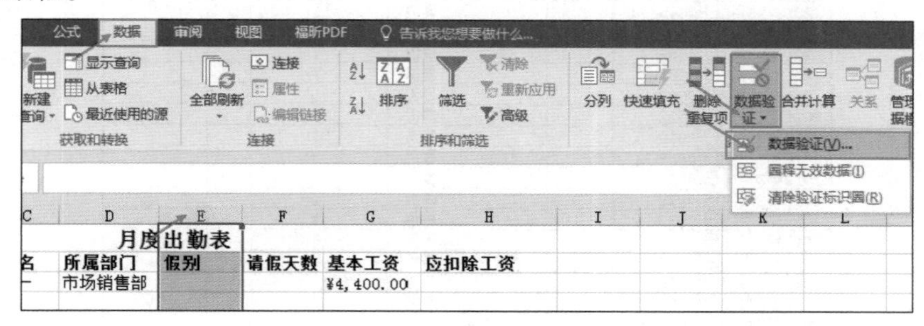

图4-3-15 数据验证

(2)如图4-3-16所示，在【数据验证】对话框中，在【允许】下拉列表框中选择【序列】，在【来源】文本框中输入“年假,事假,病假,产假,婚假,丧假,公假”，其中的逗号必须是英文模式下的半角逗号，单击【确定】按钮，完成设置。

图4-3-16 数据验证参数选择

	A	B	C	D	E	F	G
1	月度出勤表						
2	请假日期	员工编号	姓名	所属部门	假别	请假天数	基本工资
3	2019年3月1日	0002	陈一	市场销售部	病假		¥4,400.00

年假
事假
病假
产假
婚假
丧假
公假

图4-3-17 选择【假别】序列

(3)如图4-3-17所示，选中E3单元格时，旁边出现一个小三角形按钮，单击该按钮，出现【假别】序列可供选择。

四、计算应扣工资

(1)输入请假天数后，就可以处理应扣除的工资了。如图4-3-18所示，选中H3单元格后，在编辑栏中输入计算应扣除工资的公式。

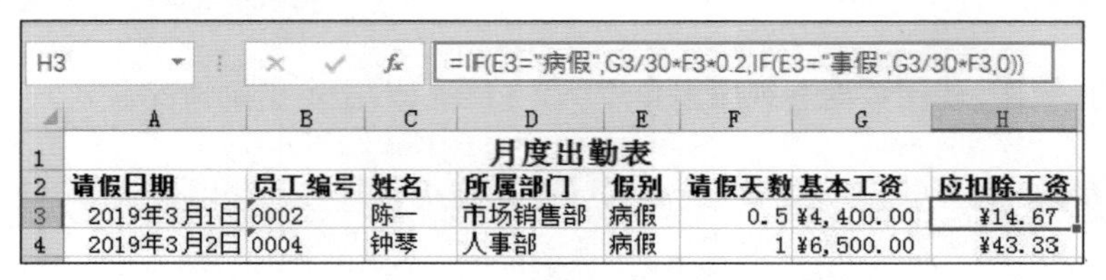

H3　=IF(E3="病假",G3/30*F3*0.2,IF(E3="事假",G3/30*F3,0))

	A	B	C	D	E	F	G	H
1	月度出勤表							
2	请假日期	员工编号	姓名	所属部门	假别	请假天数	基本工资	应扣除工资
3	2019年3月1日	0002	陈一	市场销售部	病假	0.5	¥4,400.00	¥14.67
4	2019年3月2日	0004	钟琴	人事部	病假	1	¥6,500.00	¥43.33

图4-3-18 应扣除工资计算公式

(2)如图4-3-19所示,完成本月“月度出勤表”中的“请假日期”“员工编号”“请假天数”的登记。再在相应的单元格填充柄上,向下拖动鼠标以快速得到请假员工的“姓名”“所属部门”“基本工资”的信息,从而得到相应的“应扣除工资”。完成后的结果如图4-3-20所示。

月度出勤表							
请假日期	员工编号	姓名	所属部门	假别	请假天数	基本工资	应扣除工资
2019年3月1日	0002	陈一	市场销售部	病假	0.5	¥4,400.00	¥14.67
2019年3月4日	0004			病假	1		
2019年3月4日	0055			病假	2		
2019年3月6日	0045			事假	1		
2019年3月7日	0054			产假	30		
2019年3月7日	0056			婚假	7		
2019年3月7日	0031			丧假	7		
2019年3月8日	0007			公假	1		
2019年3月12日	0022			病假	3		
2019年3月12日	0040			病假	1		
2019年3月12日	0009			事假	3		
2019年3月14日	0056			事假	3		
2019年3月14日	0031			病假	2		
2019年3月15日	0039			丧假	7		
2019年3月16日	0003			年假	5		
2019年3月19日	0060			事假	1		
2019年3月23日	0001			年假	10		
2019年3月23日	0025			产假	30		
2019年3月23日	0004			病假	1		

图4-3-19 登记月度出勤表数据

	A	B	C	D	E	F	G	H
1	月度出勤表							
2	请假日期	员工编号	姓名	所属部门	假别	请假天数	基本工资	应扣除工资
3	2019年3月1日	0002	陈一	市场销售部	病假	0.5	¥4,400.00	¥14.67
4	2019年3月4日	0004	钟琴	人事部	病假	1	¥6,500.00	¥43.33
5	2019年3月4日	0055	向林	市场销售部	病假	2	¥5,600.00	¥74.67
6	2019年3月6日	0045	邢婷	生产部	事假	1	¥5,000.00	¥166.67
7	2019年3月7日	0054	李倩	生产部	产假	30	¥4,500.00	¥0.00
8	2019年3月7日	0056	鞠洲桐	生产部	婚假	7	¥4,000.00	¥0.00
9	2019年3月7日	0031	张海容	生产部	丧假	7	¥4,700.00	¥0.00
10	2019年3月8日	0007	聂灵	后勤部	公假	1	¥5,300.00	¥0.00
11	2019年3月12日	0022	廖亚鑫	人事部	病假	3	¥3,700.00	¥74.00
12	2019年3月12日	0040	卫茂林	生产部	病假	1	¥4,800.00	¥32.00
13	2019年3月12日	0009	孙书	技术开发部	事假	3	¥7,300.00	¥730.00
14	2019年3月14日	0056	鞠洲桐	生产部	事假	3	¥4,000.00	¥400.00
15	2019年3月14日	0031	张海容	生产部	病假	2	¥4,700.00	¥62.67
16	2019年3月15日	0039	倪登福	技术开发部	丧假	7	¥5,300.00	¥0.00
17	2019年3月16日	0003	王真会	人事部	年假	5	¥5,000.00	¥0.00
18	2019年3月19日	0060	李瑞	生产部	事假	1	¥3,900.00	¥130.00
19	2019年3月23日	0001	张信	生产部	年假	10	¥6,000.00	¥0.00
20	2019年3月23日	0025	刘浛	市场销售部	产假	30	¥4,000.00	¥0.00
21	2019年3月23日	0004	钟琴	人事部	病假	1	¥6,500.00	¥43.33

图4-3-20 月度出勤表结果

任务三　统计月度出勤情况

任务描述

建立数据透视图,使用数据透视图多角度、多方位统计,展示出勤情况。

任务实施

在创建完月度出勤表以后,就可以用数据透视图来统计员工的出勤情况。

一、建立数据透视图

（1）如图4-3-21所示，单击【插入】—【数据透视图】—【数据透视图和数据透视表】按钮，弹出【创建数据透视表】对话框。

图4-3-21 选择数据透视图

（2）如图4-3-22所示，在【创建数据透视表】对话框中，选择好图中所示的【表/区域】及【选择放置数据透视表的位置】后，单击【确定】按钮，在工作簿中出现一个新的工作表，在工作表标签上将新工作表重命名为“数据透视图表1”。

（3）如图4-3-23所示，勾选【数据透视图字段】中的【请假日期】【姓名】【假别】【天数】，数据透视图自动将【请假日期】【姓名】【假别】置于【轴(类别)】字段中，将【天数】置于【Σ值】字段中。工作区呈现的数据透视表及数据透视图如图4-3-24所示。

由于选择的字段较多，屏显面积有限，图表显得有些杂乱，但我们可以从下面的内容中，通过调整透视图上的选择按钮，改变图表的呈现方式，从而快速、便捷、多角度地审视数据。

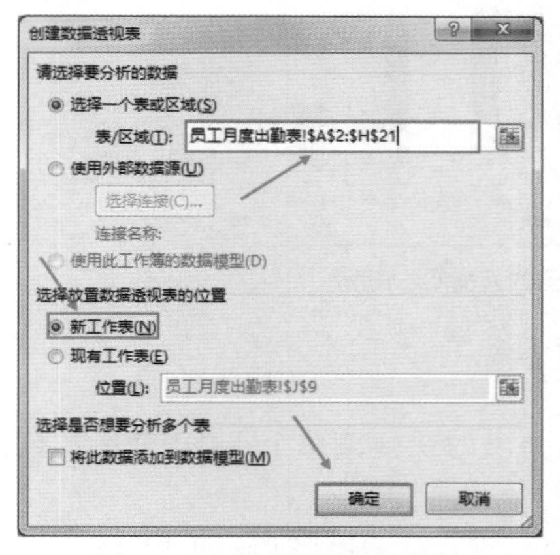

图4-3-22 创建数据透视表

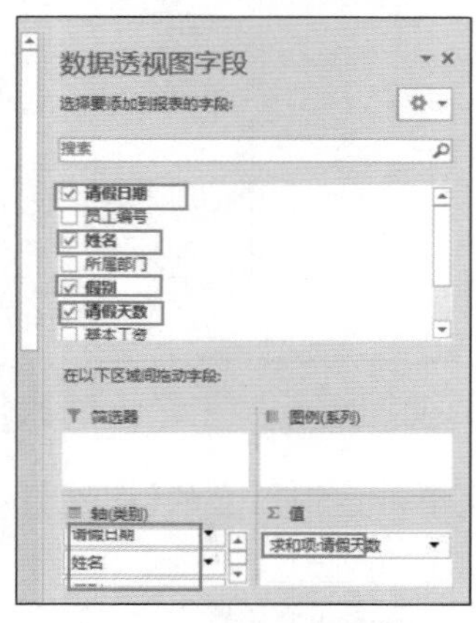

图4-3-23 选择数据透视图字段

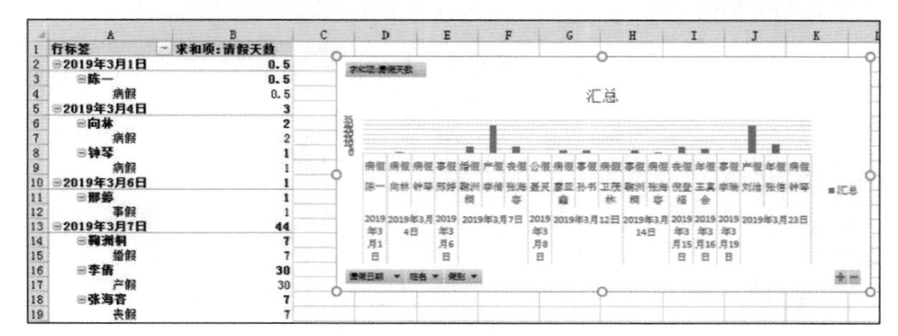

图4-3-24 数据透视图结果

二、用数据透视图统计事假的请假情况

如图4-3-25所示，单击透视图上的【假别】按钮，在弹出的快捷菜单上取消除【事假】以外的所有假别，即只统计事假。如图4-3-26所示，单击【确定】按钮后，得到请事假的人员汇总图表，如图4-3-27所示。

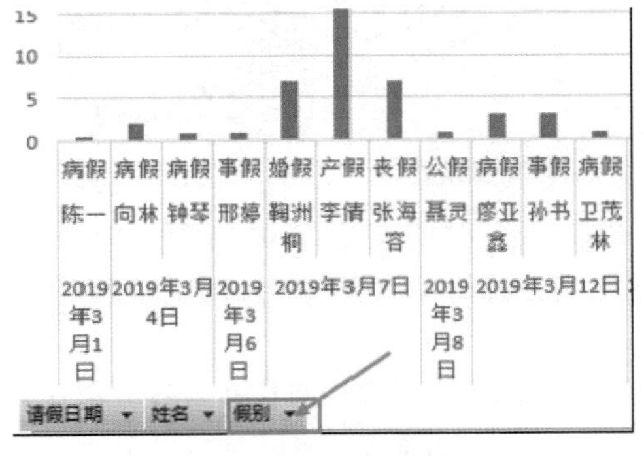

图4-3-25 选择假别

图4-3-26 选择事假

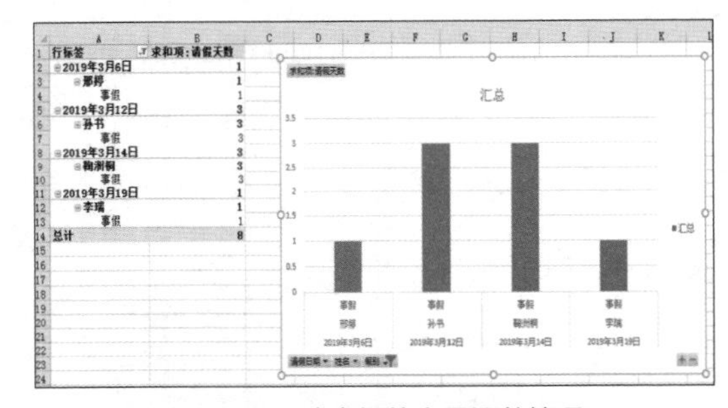

图4-3-27 请事假的人员汇总情况

三、用数据透视图统计员工个人请假情况

（1）再次单击透视图上的【假别】按钮，在弹出的快捷菜单上点击【全选】，恢复勾选所有【假别】。

（2）单击透视图上的【姓名】按钮，在弹出的快捷菜单上选择某一职工姓名，如图4-3-28所示，如勾选员工姓名“鞠洲桐”，得到如图4-3-29所示的结果。

图4-3-28 选择姓名

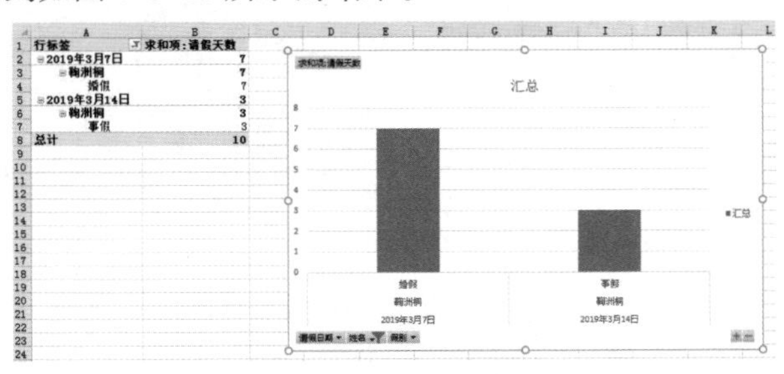

图4-3-29 某个人请假情况

四、用数据透视图统计部门员工请假情况

通过将【部门】字段添加到【筛选器】中并重新布局【数据透视图字段】，可对各部门员工的请假情况进行统计，如图4-3-30所示是【生产部】员工本月请假情况的统计汇总透视图。

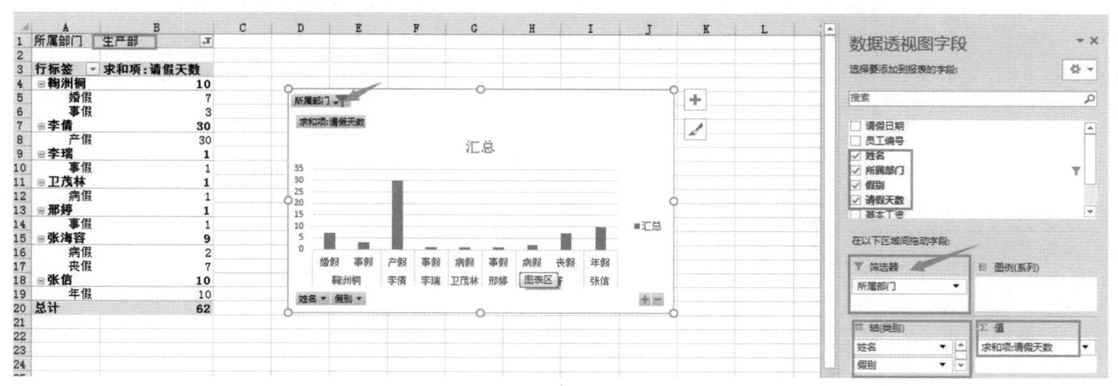

图4-3-30 部门员工请假情况

项目小结

本项目通过建立“员工月度出勤表”并对表中数据进行处理分析，让学生学会了如何在Excel 2016中导入外部数据，充分理解及掌握了函数YEAR、函数TODAY、函数IF的使用方法，进一步灵活使用函数VLOOKUP，学会了使用数据透视图多角度、多方位统计展示数据，提高了设计数据分析方案的能力，提升了信息素养。

学以致用

（1）完成“学生成绩统计”，操作要求详见素材包中的表格说明。

（2）完成“城市环境质量综合评估”，操作要求详见素材包中的表格说明。

（3）参照本项目的案例，完成对“商品销售业绩”的数据处理及分析，具体的数据处理方案及数据处理结果的呈现方式自行选择。原则上数据处理方案合理有效，且能够方便、快捷、多角度展示数据统计结果，数据呈现清楚明了。

模块五

程序设计入门

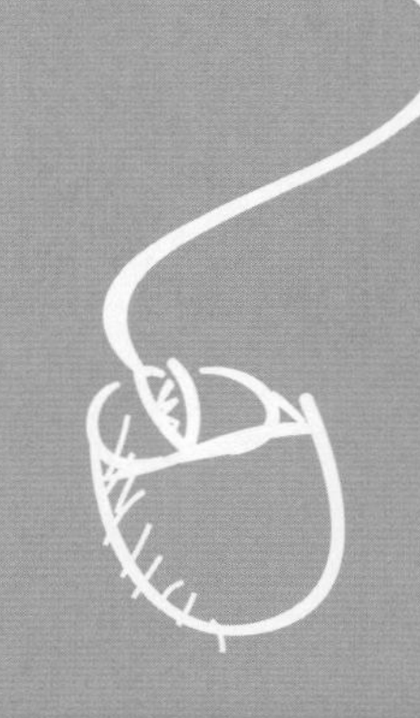

通过学习本模块，学生应了解计算机程序是什么；通过对C语言开发工具Visual Studio 6.0企业版安装并应用，学生应了解程序设计语言和如何编写一个简单的程序；通过学习程序设计的基础知识和基本理念，认识C语言、C++、Java、Python等主流程序设计语言及其特点。本模块主要以C语言为例介绍程序设计，预期目标是学生能利用程序设计语言设计最简单的应用程序。

本模块通过初识程序设计来介绍计算机程序的概念及程序设计语言；通过介绍C语言及开发工具Visual Studio 6.0企业版的安装使用，引导学生对程序设计开发有基本的认识和了解，提升学生计算思维；通过讲解C语言的基本特征和发展历史，C语言程序设计的含义和基本构成，以及各种数据类型、赋值运算、算术运算、关系运算、if…else选择分支结构、if语句嵌套、输入输出函数等知识，让学生加深对常用程序设计语言的理解，帮助学生更灵活应用C语言；通过设计生活中常用的程序，培养学生基于程序设计理念的逻辑思维习惯和运用创新思维解决问题的能力。

学习本模块对内容之后，学生的逻辑思维会提高，能够充分利用程序设计改变日常生活，丰富个人爱好并拓宽知识道路，完善自我，在学习和工作中形成创新逻辑思维。

项目一　初识程序设计

学习目标

(1)知道程序及程序设计语言的基本概念。
(2)知道主流的程序设计语言及主要特点。
(3)知道程序设计语言的发展过程及基本类型。

项目介绍

阿信是一个计算机发烧友,除了追捧炙手可热的各种硬件之外,他对计算机软件在各方面的应用也十分感兴趣。输入一个数字,计算机就能计算出想要的结果;发出一个指令,计算机就能按照要求执行……这些神奇的功能是通过怎样的方式实现的呢?本项目将一一解开阿信的各种困惑。

项目任务

任务一　认识程序及程序设计语言

任务描述

学生通过该任务的学习,能够正确描述程序的概念,理解程序设计的基本理念,了解主流程序设计语言及其特点。

任务实施

一、计算机程序的概念

计算机程序(Computer Program),也称为软件(Software),简称程序,是指一组指示计算机或其他具有信息处理能力的装置执行动作或做出判断的指令,通常用某种程序设计语言编写,运行于某种目标体系结构上。我们在日常生活中耳熟能详的Ios、Android、Windows等操作系统,以及我们在计算机或手机等终端设备上广泛应用的视频播放器、网页浏览器、电竞游戏等软件,其本质就是一个个不同的计算机程序。

二、程序设计语言

程序是由程序设计语言通过某种规定的格式和算法编写而成的,那么什么是程序设计语言呢?

1.程序设计语言的概念

程序设计语言又称编程语言,包括机器语言、汇编语言和高级语言,是用二进制代码表示的计算机能直接识别和执行的一种机器指令的集合,是用于书写计算机程序的语言。语言的基础是一组记号和一组规则,程序设计语言有3个方面的因素,即语法、语义和语用。

2.程序设计语言的分类

自20世纪60年代以来,世界上公布的程序设计语言已有上千种之多,但是只有很小一部分得到了广泛的应用。从发展历程来看,程序设计语言可以分为三代。

(1)第一代:机器语言。

机器语言是由二进制0,1代码指令构成,不同的CPU具有不同的指令系统。机器语言程序难编写、难修改、难维护,需要用户直接对存储空间进行分配,编程效率极低。这种语言已经被渐渐淘汰了。

(2)第二代:汇编语言。

汇编语言指令是机器指令的符号化,与机器指令存在着直接的对应关系,所以汇编语言同样存在着难学难用、容易出错、维护困难等缺点。但是汇编语言也有自己的优点:可直接访问系统接口,汇编程序翻译成的机器语言程序的效率高。

(3)第三代:高级语言。

高级语言是面向用户的,基本上独立于计算机种类和结构的语言,其最大的优点是:形式上接近于算术语言和自然语言,概念上接近于人们通常使用的概念。因此,高级语言易学易用、通用性强、应用广泛。高级语言也是现阶段我们主要学习和掌握的程序设计语言。

任务二　了解主流程序设计语言及特点

任务描述

通过学习，能了解C、C++、JAVA、Python等主流程序设计语言的主要特点，以及选择程序设计语言的基本原则。

任务实施

随着计算机技术的不断发展，面向对象的高级语言已发展到上千种之多，根据各大语言类的排行榜，目前比较流行的编程语言包括C、C++、JAVA、Python等，下面我们分别对这几款主流的程序设计语言做简单介绍。

一、C语言

在当前常用的编程语言中，C语言是使用时间最长的一种语言类型，也是使用较为广泛的一种通用语言。在编程研究中发现，C语言之所以在软件开发行业中具有强大的生命力，是因为其具有几个明显的优势。

二、C++语言

C++语言是在视窗软件系统（Windows）发展的情况下，基于C语言出现的一种更高级的视窗软件编程语言。

三、JAVA语言

随而网络系统的不断发展，C、C++等语言编程都遇到了一定问题。在这一情况下，JAVA语言因其对网络环境的良好适应性，进而成了网络软件编程的主要语言。

四、Python语言

Python是一种面向对象的动态类型语言，最初被设计用于编写自动化脚本，随着版本的不断更新和语言新功能的添加，越来越多被用于独立的、大型项目的开发。

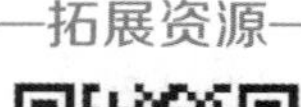

C语言优势

C++语言优势

JAVA语言优势

Python语言优势

项目二 规范的C语言基本规则

(1)知道C语言的基本定义和特点。
(2)知道C语言的发展历史。
(3)知道C语言程序基本构成及各组成部分的含义。
(4)知道C语言常用数据类型的含义。
(5)能掌握定义变量的方法。
(6)能掌握赋值运算、算术运算和关系运算的基本用法。
(7)能掌握printf()和scanf()函数的基本用法。
(8)能掌握if分支语句的基本写法。
(9)培养和提高信息处理和解决问题的能力。

项目介绍

通过不断的学习,阿信终于明白了,原来计算机软件那么多强大的功能都是通过计算机程序的指令来完成的。要学会计算机程序设计语言,必须要掌握程序设计语言的基本规则、算法和各种要求,C语言是最常用的程序设计语言,让我们和阿信一起走进C语言,一起去探索程序设计的奥秘吧!

任务　认识C语言程序设计基础

任务描述

通过本任务，了解C语言程序的基本构成和含义，理解各种数据类型的内涵，学会定义变量的方法，掌握赋值运算、算术运算、关系运算的用法，学会应用if选择分支结构编写简单实用的C语言程序。

任务实施

一、C语言程序的基本构成

C语言程序结构由头文件、主函数、系统的库函数和自定义函数组成，因程序功能要求不同，C语言程序的组成也有所不同。这样的C语言程序又称为C源程序文件。如图5-2-1所示。

图5-2-1　C语言程序基本构成

1. 头文件

在C语言中，头文件被大量使用。一般而言，每个C程序通常由头文件和定义文件组成。头文件作为一种包含功能函数和数据接口声明的载体文件，主要用于保存程序的声明，而定义文件用于保存程序的实现。#include <stdio.h>是用于定义输入/输出函数的头文件。

2. 主函数

main()，在C语言中称之为"主函数"，一个C程序有且仅有一个main函数，任何一个C程序总是从main函数开始执行，main函数后面的一对圆括号不能省略。具体形式为：main(){ }。

3. 系统函数

为了简化用户的程序设计，C语言提供了大量关于字符串处理的函数。用户在程序设计中需要时，可以直接调用这些函数，以减少编程的工作量。如:printf()就是C语言为用户提供的输出函数。

二、数据类型、常量、变量、运算式和输入输出函数

1.数据类型

数据类型在数据结构中的定义是一组性质相同的值的结合以及定义在这个值集合上的一组操作的总称。

C语言的数据类型包括:基本类型、构造类型、指针类型和空类型四大类。其中,基本类型是最常用的数据类型,基本类型包括数值型和字符型。如图5-2-2所示。

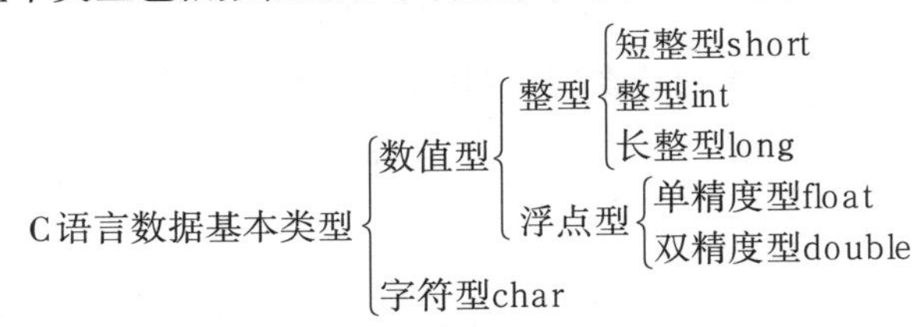

图5-2-2 C语言数据基本类型分类

(1)整型:在C语言中,整型变量主要用于存储整数类型的数据,以int作为基本类型说明符。

(2)浮点型:又称实型,主要用于存储小数类型的数据,以float作为基本类型说明符。

(3)字符型:主要用于存储字符类型的数据,以char作为基本类型说明符。

2.常量和变量

(1)常量:常量的广义概念是“不变化的量”,在C语言程序运行时,不会被程序修改的量就是常量。

(2)变量:相对于常量,变量是“变化的量”,是用来存储数值的量,在C语言程序运行时,可以被程序修改的量。

(3)变量的定义:与常量不同的是,变量在使用前必须先定义,定义变量前必须有相应的数据类型和给变量命名。变量的名称可以是字母、数字和下划线的组合,如:a、num、a_1等,定义变量的语句为“数据类型变量名”,如:int a;float num;char a_1等。

3.运算符与表达式

C语言的运算异常丰富,常见的运算包括赋值运算、算术运算和关系运算。

(1)赋值运算符及表达式。

赋值运算是程序设计中最常用的操作之一,C语言提供了基本赋值运算符和复合赋值运算符,即:

基本赋值运算符:=

复合赋值运算符:+=(加赋值)、-=(减赋值)、*=(乘赋值)、/=(除赋值)等。其含义为:

a+=b;等价于a=a+b;

a-=b;等价于a=a-b;

a*=b;等价于a=a*b;

a/=b;等价于a=a/b;

例5-2-1:请将数值5赋值给变量a。

语句:

```
#include <stdio.h>//头文件
main()//主函数
{
int a;//定义整型变量a
a=5;//把常量5赋值给a,右值为常量
printf("a的值是%d\n",a);//利用printf()函数输出赋值结果,"\n"为提行符
}
```

执行结果:如图5-2-3所示。

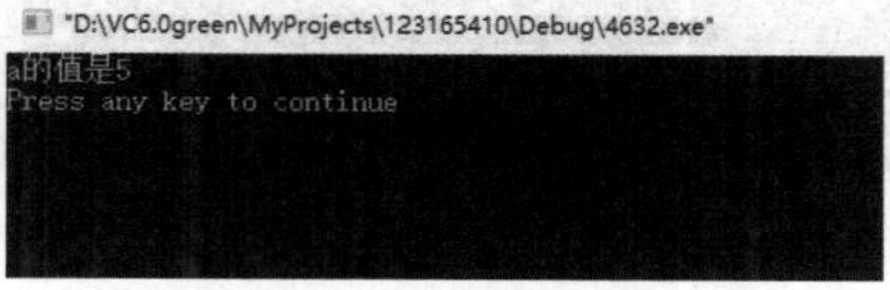

"D:\VC6.0green\MyProjects\123165410\Debug\4632.exe"
a的值是5
Press any key to continue

图5-2-3 执行结果

例5-2-2:请用+=1给变量a赋值。

语句:

```
#include<stdio.h>
main()
{
int a=5;//定义整型变量a,并赋初值为5
a+=1;//相当于a=a+1,即a=5+1=6
printf("a的值是%d\n",a);//利用printf()函数输出赋值结果
}
```

执行结果:如图5-2-4所示。

"D:\VC6.0green\MyProjects\123165410\Debug\4632.exe"
a的值是6
Press any key to continue

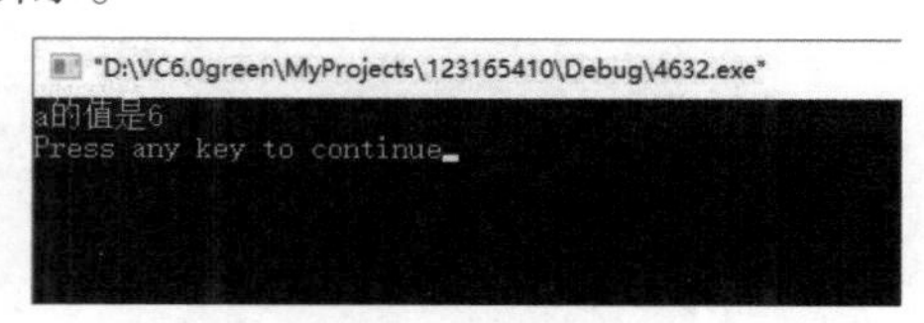

图5-2-4 执行结果

(2)算术运算符及表达式。

C语言中的基本算术运算包括+(加)、-(减)、*(乘)、/(除),其计算方法和优先级顺序与数学四则运算相同。

例5-2-3:请计算7+8、15-3、4*5、100÷10的结果。

语句:

```
#include <stdio.h>
main()
{
inta,b,c,d;//定义整型变量a,b,c,d
a=7+8;b=15-3;c=4*5;d=100/10;//分别将四个算式计算结果赋值给a,b,c,d四个变量,每个赋值语句中间以“;”隔开
printf("7+8=%d\n15-3=%d\n4*5=%d\n100÷10=%d\n",a,b,c,d);//利用printf()函数输出赋值结果
}
```

执行结果:如图5-2-5所示。

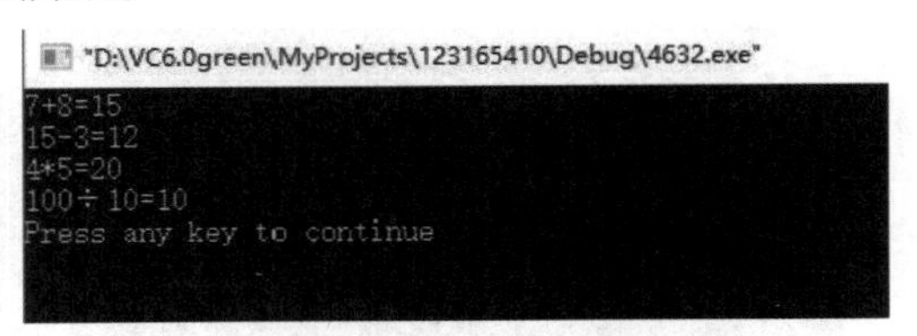

图5-2-5 执行结果

(3)关系运算符及表达式。

C语言中的关系运算符包括:>(大于)、<(小于)、>=(大于等于)、<=(小于等于)、==(等于)、!=(不等于),用于比较两个值之间的大小关系,其优先级低于算术运算符。

关系运算符的运算结果只有0或1,当条件成立时结果为1,条件不成立时结果为0。

例5-2-4:请问80+35大于100-5成立吗?

语句:

```
#include <stdio.h>
main()
{
inta,b,c;
a=80+35;
b=100-5;
c=a>b;//将a>b的比较结果赋值给变量c。如条件成立,c=1;否则,c=0
printf("%d\n",c);//利用printf()函数输出比较结果
}
```

执行结果:输出结果为1,证明80+35大于100-5的条件是成立的。如图5-2-6所示。

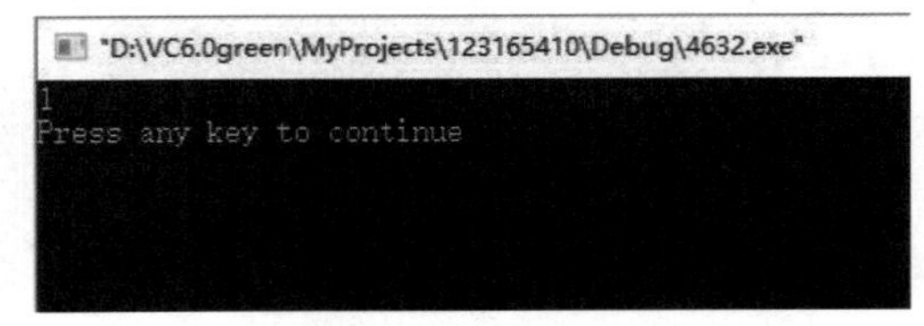

图5-2-6 执行结果

4.输入输出函数

(1)输出函数printf()。

printf()函数是格式化输出函数,一般用于向准则输出设备按规定式样输出消息。printf()函数的调用格式为:

printf("<格式化字符串>",<参量表>);

其中格式化字符串包括两部分内容:一部分是正常字符,这些字符将按原样输出;另一部分是格式化规定字符,以"%"开始,后跟一个或几个规定字符,用来确定输出内容格式。规定字符一览表见表5-2-1。

参量表是需要输出的一系列参数,其中参数必须与格式化字符串说明的输出参数个数一样多,各参数之间用","分开,且顺序一一对应,否则将会出现意想不到的错误。

表5-2-1 规定字符一览表

符号	含义
%d	十进制有符号整数(带符号的整数,可以是正整数,也可以是负整数)
%u	十进制无符号整数(不带符号的整数,正整数)
%f	浮点数(小数)
%s	字符串
%c	单个字符
%p	指针的值
%e	指数形式的浮点数
%x	无符号以十六进制表示的整数
%o	无符号以八进制表示的整数
%g	把输出的值按照%e或者%f类型中输出长度较小的方式输出
%p	输出地址符
%lu	32位无符号整数
%llu	64位无符号整数

例5-2-5:请在屏幕上输出以下结果:

```
********************
I Love C Language
********************
```

语句:

```
#include <stdio.h>
main()
{
printf("********************\n");//因为分三行显示,所以每行内容后都要加提行符"\n"
printf("  I Love C Language\n");
```

```
printf("********************\n");
}
```

执行结果：如图5-2-7所示。

```
"D:\VC6.0green\MyProjects\123165410\Debug\4632.exe"
********************
  I Love C Language
********************
Press any key to continue
```

图5-2-7 执行结果

例5-2-6：阿信到水果市场买西瓜，西瓜的价格是2.00元/斤，阿信选中了一个五斤八两的大西瓜，请问阿信应该付多少钱？

语句：

```
#include <stdio.h>
main()
{
float a;
a=2*5.8;
printf("阿信应付%.2f元钱。\n",a);//输出结果是变量a的值，内容为小数，因此用规定符"%f",保留两位小数，"%f"前加"%.2f"。参量为a
}
```

执行结果：如图5-2-8所示。

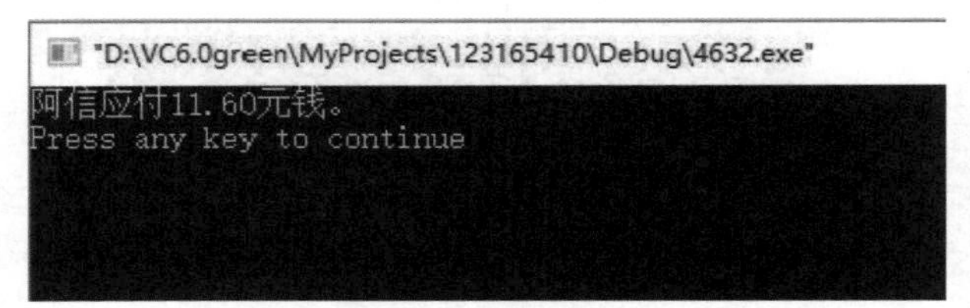

图5-2-8 执行结果

（2）输入函数scanf()。

scanf()函数是通用终端格式化输入函数，它从标准输入设备（键盘）读取输入的信息。可以读入任何固有类型数据并自动把数值变换成适当的机内格式。scanf()调用格式为：

```
scanf("<格式化字符串>",<地址表>);
```

例5-2-7：变量a,b,c,d分别读入键盘输入的数值1,2,3,4,并显示结果。

语句：

```
#include <stdio.h>
main()
{
```

inta,b,c,d;

printf(“请输入数值:”);

scanf(“%d%d%d%d”,&a,&b,&c,&d);//输入数值均为整数,读入规定符均为“%d”;数值由a,b,c,d四个变量依次读入,地址表为a,b,c,d四个变量依次排列

printf(“a=%d,b=%d,c=%d,d=%d\n”,a,b,c,d);

}

执行结果:执行过程及结果如图5-2-9、图5-2-10、图5-2-11所示。

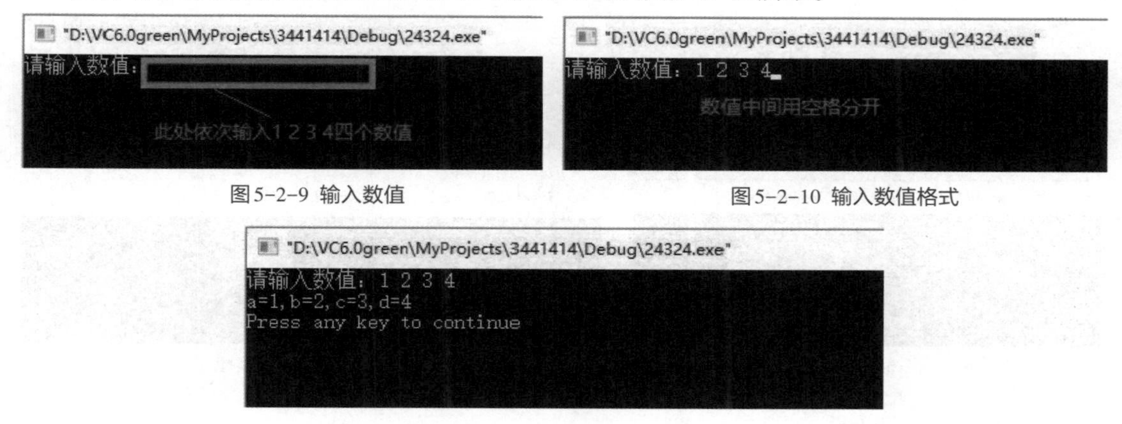

图5-2-9　输入数值　　图5-2-10　输入数值格式

图5-2-11　执行结果

三、C语言选择分支语句结构

选择分支结构又叫条件控制语句选择结构,是C语言三大结构之一,主要解决程序运行过程中,根据不同条件来选择不同的程序进行处理的问题。它分为单分支结构、双分支结构和多分支结构。常用if语句和if……else语句来实现。

1.if语句

(1)语句形式。

if(表达式)

语句;

(2)执行过程。

当表达式的值为非0时,结果为真,表示条件成立,执行语句;当表达式的值为0时,结果为假,表示条件不成立,不执行语句,退出分支结构。如图5-2-12所示。

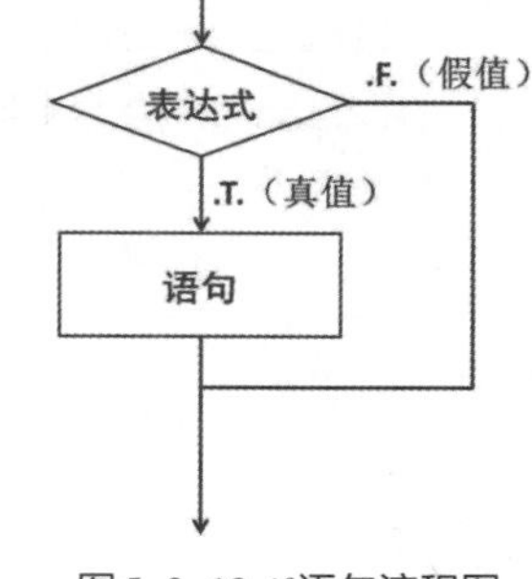

图5-2-12　if语句流程图

例5-2-8:在程序中输入55+45的值,如果输入正确,程序显示“恭喜您,回答正确!”,否则不显示。

语句:

#include <stdio.h>

```
main()
{
int a;
printf("请输入55+45的值:");
scanf("%d",&a);
if(a==100)//变量a的值等于100,为真值,继续执行语句;变量a的值不等于100,中止执行语句
printf("恭喜您,回答正确! \n");//表达式值为真时,执行该语句
}
```

执行结果:

输入结果正确,显示“恭喜您,回答正确!”。如图5-2-13所示。

输入结果不正确,不显示任何信息。如图5-2-14所示。

```
"D:\VC6.0green\MyProjects\1325645\Debug\13.exe"
请输入55+45的值: 100
恭喜您, 回答正确!
Press any key to continue
```

图5-2-13 执行结果

```
"D:\VC6.0green\MyProjects\1325645\Debug\13.exe"
请输入55+45的值: 50
Press any key to continue
```

图5-2-14 执行结果

2.if……else语句

(1)语句形式。

```
if(表达式)
语句1;
else
语句2;
```

(2)执行过程。

当表达式的值为非0时,结果为真,表示条件成立,执行语句1;当表达式的值为0时,结果为假,表示条件不成立,执行语句2。如图5-2-15所示。

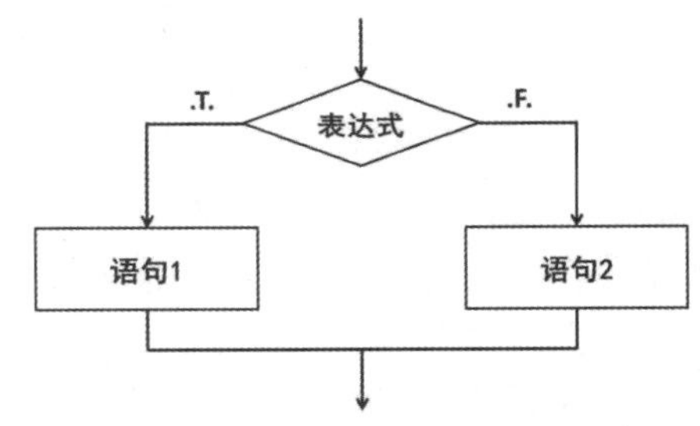

图5-2-15 if……else语句流程图

例5-2-9:输入一个整数,判断它是否大于等于100。如果大于等于100,显示“YES”;否则,显示“NO”。

语句：

```
#include <stdio.h>
main()
{
int a;
printf("请输入一个整数：");
scanf("%d",&a);
if(a>=100)//变量a的值大于等于100,为真值,执行语句1;否则,执行语句2
printf("YES\n");//语句1,当表达式结果为真时,执行该语句
else
printf("NO\n");//语句2,当表达式结果为假时,执行该语句
}
```

执行结果：

输入的值大于等于100时，显示"YES"。如图5-2-16所示。

输入的值小于100时，显示"NO"。如图5-2-17所示。

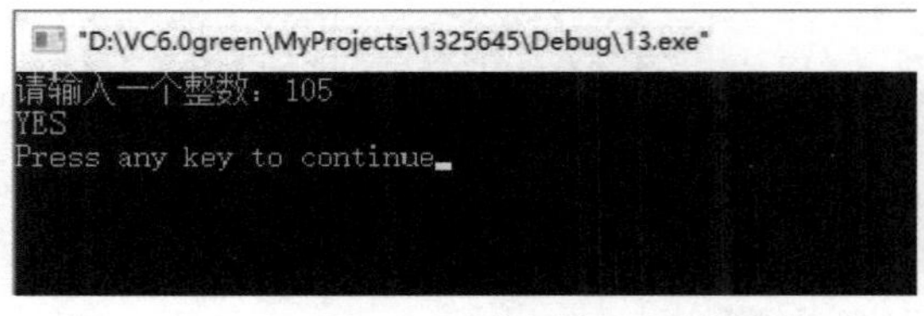

图5-2-16 执行结果

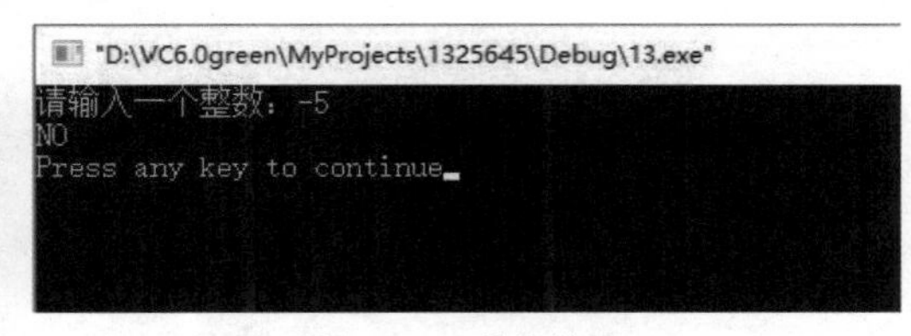

图5-2-17 执行结果

3.if语句的嵌套

在一个if语句中，又包含一个或多个if语句的情况，称为if语句的嵌套。

例：输入三个整数，比较大小后，输出最大值。

(1)N-S流程图。如图5-2-18所示。

设变量a,b,c。

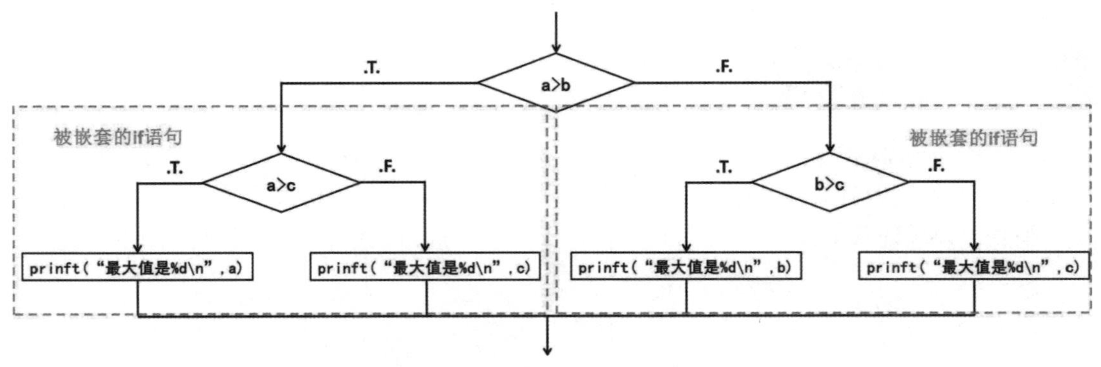

图5-2-18 判断最大值程序流程图

(2)语句。

```
#include <stdio.h>
main()
{
inta,b,c;
printf("请输入三个整数:");
scanf("%d%d%d",&a,&b,&c);
if(a>b)
if(a>c)//当a>b为真值时,判断a>c是否为真
printf("最大值是%d\n",a);//如果a>c为真值,则证明a既大于b,又大于c,因此a是最大值
else
printf("最大值是%d\n",c);//如果a>c为假值,则证明c比a大,因此c是最大值
else
if(b>c)//当a>b为假值时,判断b>c是否为真
printf("最大值是%d\n",b);//如果b>c为真值,则证明b即大于c,又大于a,因此b是最大值
else
printf("最大值是%d\n",c);//如果b>c为假值,则证明c比b大,因此c是最大值
}
```

(3)执行结果。如图5-2-19所示。

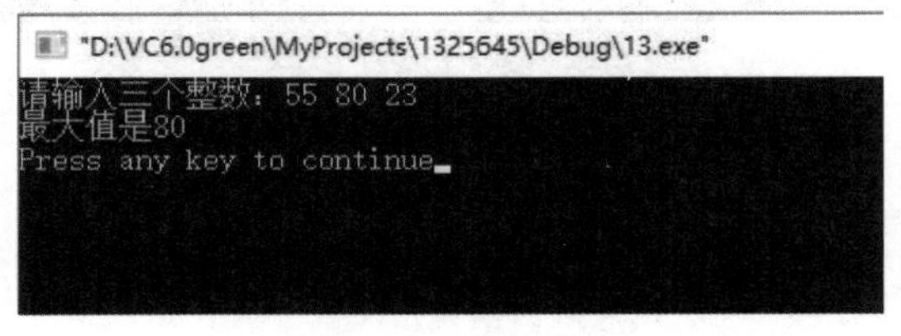

图5-2-19 执行结果

项目小结

数据类型、常量与变量、运算符与表达式、if语句的应用是C语言程序设计的基础知识,学习该项目的目的是为了给更复杂的程序设计工作打下坚实的基础。只有在掌握程序设计的基本技能后,才能设计出功能更加丰富,实用性和针对性更加强大的计算机程序。

学以致用

阿信是学校计算机社团的成员，计算机社团每学期都要招收新同学，条件是信息技术课程的成绩必须达到95分以上。你能帮助阿信编写一个小程序，让阿信更快地筛选出合格的新成员吗？

项目三　实用的超市计费小程序

学习目标

(1)能掌握分支结构流程图的设计方法。
(2)能掌握if语句嵌套结构的编写方法。
(3)培养用创新思维解决问题的能力。

项目介绍

阿信家开了一家小超市,随着超市的生意越来越好,妈妈的工作也越来越繁重。阿信想要尽快地设计出一款小程序,按照顾客购买商品的总价给予优惠,同时还要快速地记录下顾客在超市的消费积分,借助计算机程序的优势让超市的运转更加高效,能够给妈妈减轻一些工作负担。本项目中,我们就和阿信一起来设计这款小程序吧!

项目任务

任务　设计超市计费小程序

任务描述

绘制流程图是设计程序前的一道重要工序,通过流程图的设计,建立程序编写模型,有利于设计者明确设计意图,理清设计思路,对于正常实现程序的各项功能和成功运行程序具有十分重要的指导意义。

任务实施

一、程序设计的需求分析

阿信家的超市实行的是顾客积分制，顾客在超市内购买1元商品时，可获得1个积分。超市搞促销活动，若顾客购买金额超过1000元，超市返消费券100元；超过2000元，超市返消费券500元；超过5000元，超市除返1000元消费券外，还另外附送积分100分。只需输入顾客的购买金额，就可显示积分和消费券情况。

二、绘制流程图

按照阿信家超市的实际情况和需求，绘制该程序的流程图，其中：

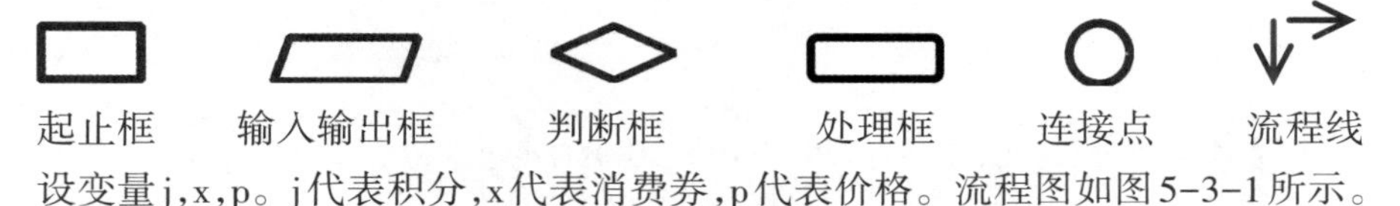

设变量j，x，p。j代表积分，x代表消费券，p代表价格。流程图如图5-3-1所示。

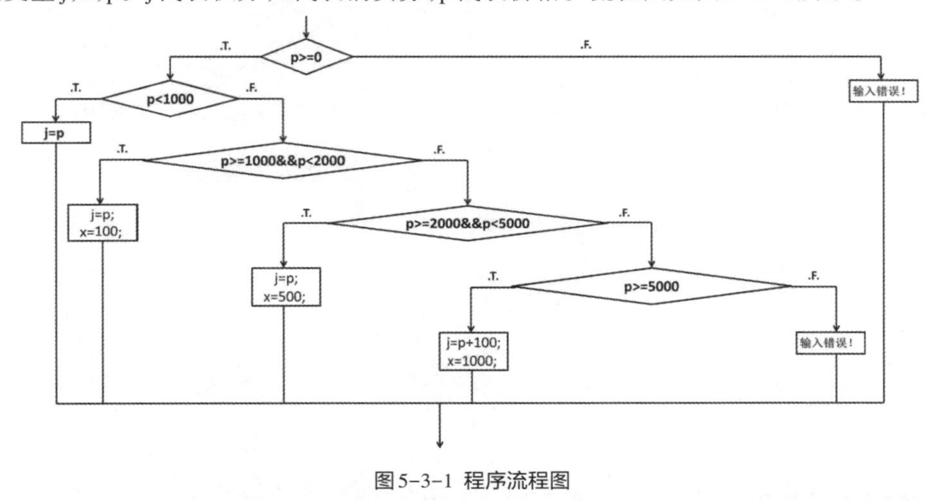

图5-3-1 程序流程图

三、程序语句

```
#include <stdio.h>
main()
{
intj,x;
float p;
printf("请输入消费金额:");
scanf("%f",&p);
```

```
if(p>=0)
if(p<1000)
{j=p;
printf("本次消费额为%.2f元,积分%d分,未超过1000元,没有获得消费券。\n",p,j);}
else
if(p>=1000&&p<2000)
{j=p;
x=100;
printf("本次消费金额为%.2f元,获得消费券%d元,积分%d分。\n",p,x,j);}
else
if(p>=2000&&p<5000)
{j=p;
x=500;
printf("本次消费金额为%.2f元,获得消费券%d元,积分%d分。\n",p,x,j);}
else
if(p>=5000)
{j=p+100;
x=1000;
printf("本次消费金额为%.2f元,获得消费券%d元,积分%d分。\n",p,x,j);}
else
printf("输入正确! \n");
else
printf("输入正确! \n");
}
```

四、执行结果(如图5-3-2到图5-3-6)

图5-3-2 执行结果(1)

图5-3-3 执行结果(2)

图5-3-4 执行结果(3)

图5-3-5 执行结果(4)

图5-3-6 执行结果(5)

程序设计和编写的基本步骤应是：分析问题—确定问题—设计算法—编写实现—调试测试—升级维护。掌握程序设计的基本步骤和技巧，才能完成程序的编写和实现预期的功能。

请根据案例编写一个程序，详见素材包。

模块六

数字媒体技术应用

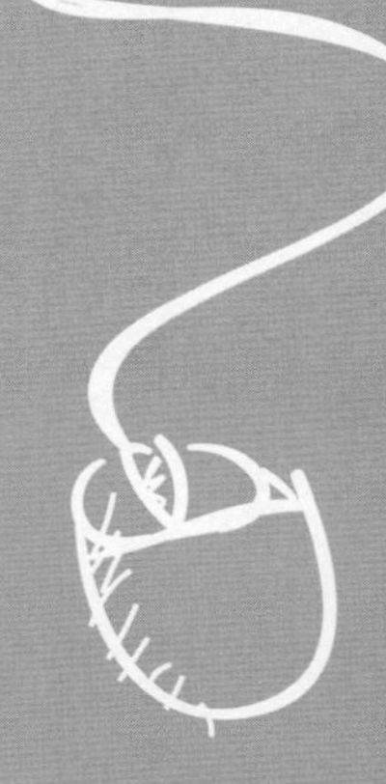

目前，数字媒体技术已经得到了国家和企业的高度重视和重点投入，成为新一代信息技术持续发展的有力增长点和社会发展的重要推动力。数字媒体内容处理技术是数字媒体的关键，它主要包括模拟媒体信息的数字化，高效的压缩编码技术以及数字媒体内容的特征提取、分类与识别技术等。在数字媒体中，最具代表性和复杂性的信息是声音和图像信息。

本模块围绕图像、音频、视频三种常见数字媒体素材的采集、加工与处理，以及集成制作数字媒体作品讲解数字媒体技术应用相关知识，从面向所有用户非专业软件美图秀秀，过渡到专业音视频编辑软件Adobe Audition、Premiere。应用不同数字媒体功能的软件及工具来获取常见证件照，朗读《我和我的祖国》歌词并进行修饰，编辑采访后的视频，培育学生爱国主义情怀，增强信息意识，提高数字化学习与创新的能力。

本模块引导学生综合使用桌面或移动端平台中的数字媒体功能软件，进行不同类型数字媒体素材的采集、加工与处理，并集成制作数字媒体作品。

项目一 最美证件照

(1)知道数字图像处理中常见分辨率的概念。
(2)知道图像的大小及存储格式。
(3)知道常用证件照对应尺寸。
(4)能对图像进行抠像及简单美化调整。
(5)能对图像进行裁剪及输出固定尺寸。
(6)能查看图像大小并进行格式转换。
(7)能掌握数字媒体图像处理技术。

项目介绍

阿信是一名中职学校的学生,班主任要求他在学籍管理系统上完善自己的个人信息,包括家庭住址、监护人姓名、毕业学校、联系方式、证件照(不超过30 kB)等,因阿信没有蓝色背景电子证件照,现需要制作证件照并上传到学籍管理系统,大家一起来帮帮他吧!

项目任务

任务一 了解数字图像的基本参数

任务描述

学生通过该任务的学习,能理解图像分辨率与图像尺寸的关系,能够通过图像分辨率正确计算出图像的大小,能查询图像的参数及存储格式,了解常见证件照的尺寸大小。

任务实施

图像都是以模拟图像的形式存在，它们是由连续的、有不同色彩及亮度等属性的颜色点组成的。要利用计算机处理模拟图像，就必须将模拟图像转换为用数字方式表示的数字图像文件，即所谓的数字图像，数字图像又分为矢量图和位图。在用电脑进行图像处理时，可以用切换图像模式的方法改变图像的色彩，图像模式可分为彩色模式、黑白模式与灰度模式，而在设置图像的显示效果时，则要用到图像参数。图像参数就是指图像的各个数据，它是每个图片自己的数值信息，主要包括3个指标：图像分辨率、图像大小、图像颜色，而像素是组成数字图像的最基本单元要素。

一、像素的概念

我们通常所说的像素，就是CCD/CMOS上光电感应元件的数量。一个感光元件经过感光、光电信号转换、A/D转换等步骤以后，在输出的照片上就形成一个点，我们如果把影像放大数倍，会发现这些连续色调其实是由许多色彩相近的小方点所组成，这些小方点就是构成影像的最小单位“像素”（Pixel），如图6-1-1所示。

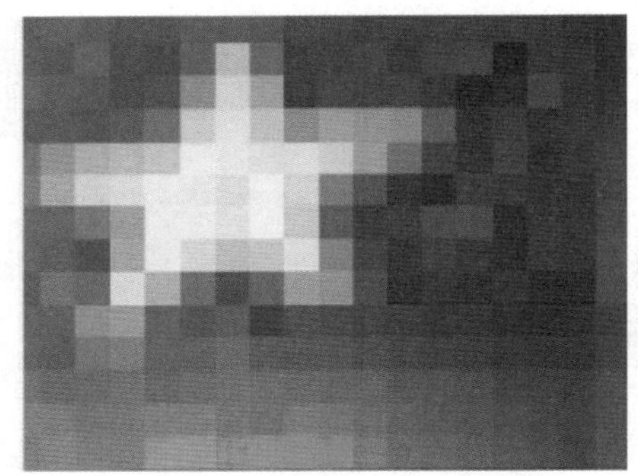

图6-1-1 抽象的图像像素

二、分辨率

数字图像处理中常见的分辨率包括显示分辨率、图像分辨率、扫描分辨率、打印分辨率等。描述分辨率常用单位有dpi（点每英寸）、lpi（线每英寸）和ppi（像素每英寸）。其中，lpi描述光学分辨率的尺度，ppi常用于显示领域，dpi只出现在打印或印刷领域。

1. 显示分辨率

显示分辨率是指显示屏上水平方向和垂直方向每英寸能够显示出的最大像素点个数，它反映了屏幕图像的精密度。

拓展资源

显示分辨率实例

拓展资源

图像分辨率实例

2. 图像分辨率

图像分辨率是指图像在水平和垂直方向上每英寸的最

大像素点个数，是图像中存储的信息量，分辨率的单位为PPI(Pixels Per Inch)，通常叫作像素每英寸。

3. 扫描分辨率

扫描分辨率指的是多功能一体机在实现扫描功能时，通过扫描元件将扫描对象每英寸可以被表示成的点数，单位是dpi。

拓展资源
扫描分辨率实例

拓展资源
打印分辨率实例

4. 打印分辨率

打印机分辨率又称为输出分辨率，是指在打印输出时横向和纵向两个方向上每英寸最多能够打印的点数，通常以“点/英寸”即dpi(dot per inch)表示。

三、图像大小及存储格式

1. 图像深度

图像深度是指存储每个像素所用的位数，也用于量度图像的色彩分辨率。图像深度确定彩色图像的每个像素可能有的颜色数，或者确定灰度图像的每个像素可能有的灰度级数。它决定了彩色图像中可出现的最多颜色数，或灰度图像中的最大灰度等级。

拓展资源
图像深度实例

拓展资源
图像大小实例

2. 图像大小(数据量)

图像文件的大小，即文件字节数=图像分辨率(高×宽)×图像深度/8。

3. 位图常用文件格式

(1)PSD图像格式。

该图像格式扩展名为PSD，全名为Photoshop Document，是常用图像处理软件Photoshop的专用文件格式，也是唯一可以存取所有Photoshop特有的文件信息以及所有彩色模式的格式。

①PSD优点：

分离存储图像文件的图层信息，而且存取速度很快。

②PSD缺点：

读取软件受限，仅Photoshop等少数几种图像处理软件可读取。

(2)BMP图像格式。

BMP(全称Bitmap)是Windows操作系统中的标准图像文件格式，因此，在Windows系统环境中运行的图形图像软件都支持BMP图像格式。

拓展资源
PSD图像格式

拓展资源
BMP图像格式

①BMP优点：

无损压缩，图像完全不失真。

②BMP缺点：

图像文件尺寸较大。

(3)JPEG图像格式。

JPEG图像格式

JPEG(Joint Photographic Experts Group,扩展名为JPG)是第一个国际图像压缩标准。JPEG的压缩技术十分先进,它通常压缩的是图像的高频信息(例如图像噪声等),而保留图像的色彩信息,即通过有损压缩的方式去除冗余的图像数据,在获得极高的压缩率的同时尽可能保留原始图像的细节信息,从而做到利用最小的磁盘空间保留较好的图像品质。

①JPEG优点:

压缩技术先进,压缩效果优于GIF的LZW算法;支持CMYK、灰度和RGB图像的显示及存取;支持24位真彩色;压缩比率灵活可调。

②JPEG缺点:

有损压缩,压缩比率过高时解压后恢复的图像质量明显降低。

(4)GIF图像格式。

GIF图像格式

GIF(Graphics Interchange Format,扩展名为GIF)称为图像互换格式(闪图),是CompuServe公司于1987年开发的基于LZW算法的连续色调无损压缩格式,其压缩率一般在50%左右。

①GIF优点:

第一,文件体积小,下载速度快,采用LZW无损压缩算法。

第二,颜色模式采用256色索引图调色板。

第三,支持索引色透明,该模式与下面介绍的指定Alpha透明通道不同,索引色透明只能指定某像素是全透明还是全不透明。

第四,GIF89a支持简单动画。

第五,支持渐显方式。在图像传输过程中,用户先看到图像的大致轮廓,然后逐渐看清图像细节。

②GIF缺点:

不能存储超过256色的图像。

(5)TIFF图像格式。

TIFF图像格式

TIFF(Tagged Image File Format,扩展名为TIFF或TIF),是Aldus公司与微软公司为PostScript打印研发的一种主要用于存储包括照片和艺术图在内的图像文件格式。

①TIFF优点:

第一,跨平台。受几乎所有绘画、图像编辑和页面排版应用程序的支持,大部分桌面扫描仪都可以生成TIFF图像。

第二,支持多种图像模式。TIFF支持任意大小的图像,从二值图像到24位真彩色图像(包括CMYK图像、索引图像、灰度图像和RGB图像)以及在VGA上最常见的调色板式图像。

第三,支持Alpha通道。TIFF格式是除PSD格式外少数能保存Alpha通道(透明通道)信息的格式。

第四，支持多种压缩编码。TIFF格式可以选择不压缩或LZW、ZIP、JPEG图像压缩编码。

②TIFF缺点：

文件体积较大，主要用于对图像质量要求较高的图像存储与转换过程中，极少用于互联网。

(6)PNG图像格式

PNG(Portable Network Graphics，扩展名为PNG)是Macromedia公司推出的用以替代GIF和TIFF的文件格式，同时增加一些GIF所不具备特性的可移植网络图形文件格式。

①PNG优点：

第一，无损压缩。PNG格式采用LZ77派生算法进行压缩，可在保留数据的同时获得高压缩比。简单来说，该算法利用特殊的编码方式标记图像中重复出现的数据，因此不会造成图像颜色的损失。

第二，索引彩色。PNG格式为减少文件大小，保证传输速度，采用与GIF同样的8位调色板将彩色图像转为索引彩色图像。

第三，支持透明效果。PNG支持与GIF相同的索引色透明，以及真彩色和灰度图像的Alpha通道透明度。PNG为图像定义256个透明层次，以保证当前彩色图像的边缘能与任何背景平滑融合，从而消除锯齿边缘，这种功能是GIF和JPEG所没有的。

第四，优化网络传输显示。PNG格式图像在浏览器上采用流式浏览，当下载该图片的1/64后，观众就可以看到图片外观的总体形状，然后随着图片数据的连续读出和写入，观众就可以看到逐渐清晰起来的图像。

第五，文件较小。由于目前的网络传输模式，数据的传输仍受带宽限制，因此，在保证图像的清晰和逼真的同时，大范围采用PNG格式图像是较好的选择。

②PNG缺点：

不完全支持所有浏览器，例如IE6等。因此早期在网页使用中不如GIF和JPEG格式广泛；标准PNG不支持动画，而APNG支持位图动画，但该格式仅用于Firefox。

四、证件照尺寸大小

1.证件照背景场景用途

白色背景：用于护照、签证、驾驶证、身份证、港澳通行证等；

蓝色背景：用于毕业证、工作证、简历等(蓝色数值为:R:0 G:191 B:243或C:67 M:2 Y:0 K:0)；

红色背景：用于保险、医保、IC卡、暂住证、结婚照等(红色数值为:R:255 G:0 B:0或C:0 M:99 Y:100 K:0)。

2.照片对应尺寸(表6-1-1)

表6-1-1 照片对应尺寸

常用叫法	英寸	对应厘米	说明
1寸	1×1.5	2.5厘米×3.5厘米	证件照
大1寸		3.3厘米×4.8厘米	中国护照/签证
2寸	1.5×2	3.5厘米×5.3厘米	标准2寸照片
5寸/3R	5×3.5	12.7厘米×8.9厘米	最常见的照片大小
6寸/4R	6×4	15.2厘米×10.2厘米	国际上比较通用的照片大小
7寸/5R	7×5	17.8厘米×12.7厘米	放大
5寸	6×8	15.2厘米×20.3厘米	大概是A4打印纸的一半
小12寸	8×12	20.3厘米×30.5厘米	大概是A4大小
12寸	10×12	25.4厘米×30.5厘米	A4打印纸是21厘米×29.7厘米
备注:1英寸=2.54厘米			

任务二　获取证件照原始图像

任务描述

利用手机或者数码相机获取单色背景人像,以自己姓名命名文件,保存在计算机桌面。

任务实施

一、获取单色背景人像

1.选择单色背景

以白色墙为背景,利用手机为他人获取单色背景人像。单色背景,是指只有一种颜色构成的背景,因为没有混合颜色的掺杂,所以也称为“纯色背景”。

2.人像摄影构图

摄影构图是指摄影画面所包括的被摄范围。三分构图法,有时也称作井字构图法,是一种在摄影、绘画、设计等艺术中经常使用的构图手段。三分构图法是将画面纵向和横向分别三等分,产生4条分割线和4个分割点,如图6-1-2所示。这些分割线的交点就是拍摄对象或部分拍摄对象理想的站位位置。把你最想表达的部分放在其中一个点上，称为重力点，这样就可实现更为生动和吸引人眼球的构图。对人像摄影构图而言，就意味着确定被拍摄者的特写、近景、半身还是全身，如图6-1-3所示。

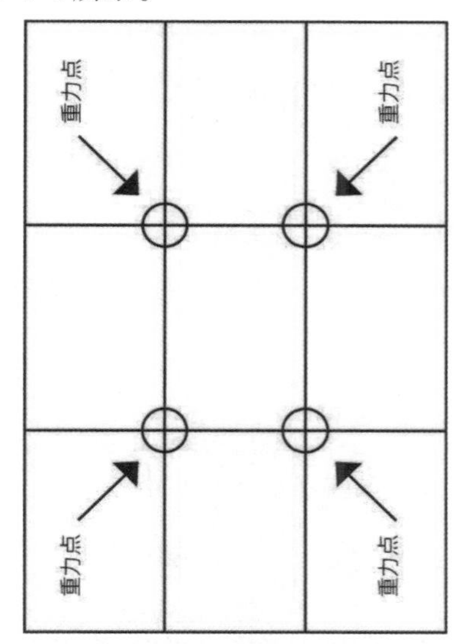

图6-1-2　井字构图

图6-1-3　人像拍摄井字构图

3.选择室内光线

在室内拍摄，窗户光是最为理想的光线来源，尽量选择光亮均匀的白色墙面作为背景，通常选择在下午三点左右拍摄，这时窗外的光线比正午的时候柔和，拉上白纱帘控制光线，使窗户光形成犹如柔光箱一样的柔和光线。在窗户的正对面和人物的正前方分别布置白色反光板，如图6-1-4所示，这样可以减小光比。用手机拍摄时要避开人像在背景墙上形成阴影，如图6-1-5所示。

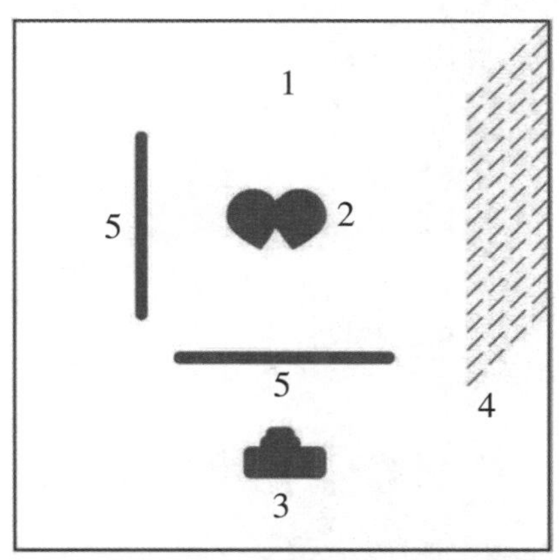

1-背景；2-人物；3-相机；4-窗户；5-反光板

图6-1-4　室内拍摄位置图

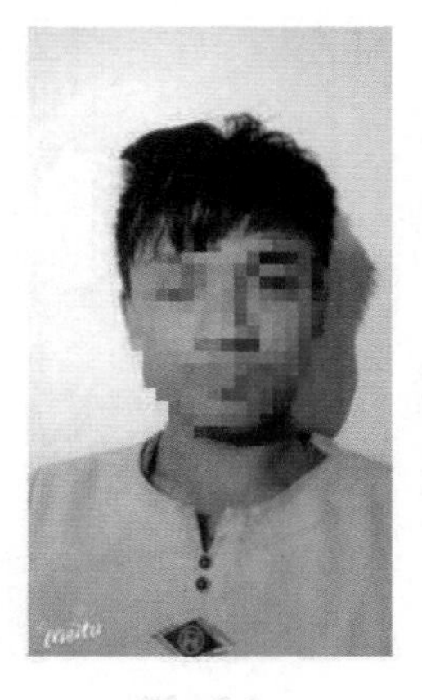

图6-1-5　阴影人像

二、保存单色背景人像

把手机相册里面的图片导入计算机桌面，以自己姓名的拼音命名该图片。

任务三　编辑证件照原始图像

任务描述

利用美图秀秀美化编辑单色背景人像图片，把人像抠掉，换成蓝色纯色背景，再对人像进行美化。

任务实施

一、启动美图秀秀

（1）在 Windows 10 系统环境中，打开美图秀秀。

（2）选择菜单栏中“抠图”选项，打开需要编辑的单色背景人像图片，如图6-1-6所示。

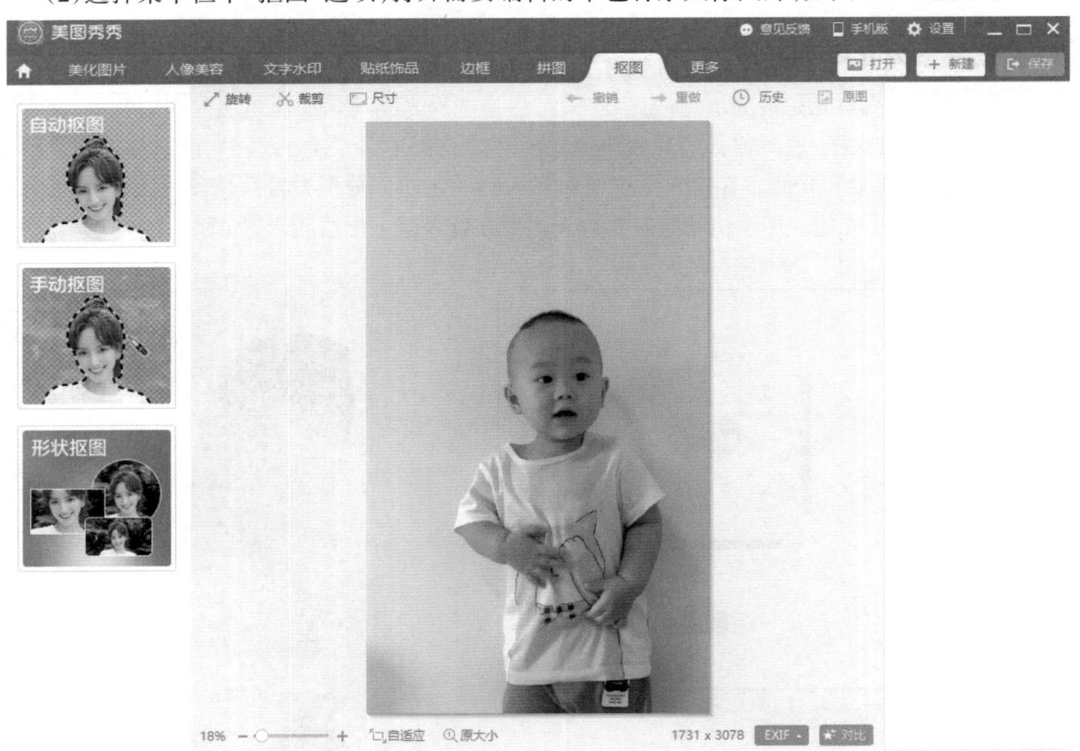

图6-1-6　需抠图的单色背景人像

二、人像抠图

(1)选择“自动抠图”选项，用抠图笔在要抠图的区域画线，要是区域多选，就用删除笔，如图6-1-7所示。

(2)左击“完成抠图”按钮，自动进入背景替换，选择左边背景格式纯色，自定义蓝色(RGB值0:191:243)背景，调整人像的位置和大小后单击“完成”按钮，如图6-1-8所示。

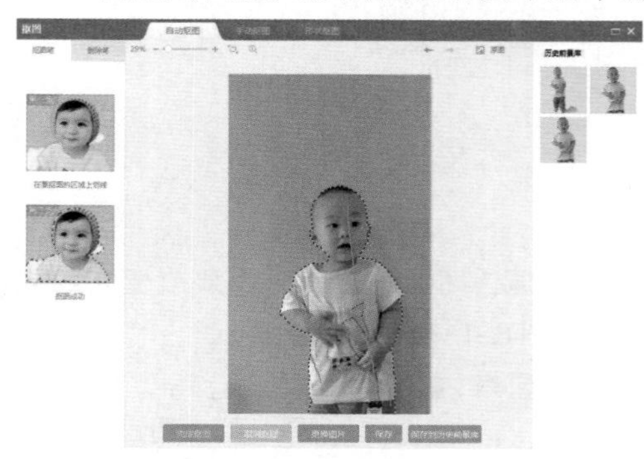

图6-1-7　人像自动抠图

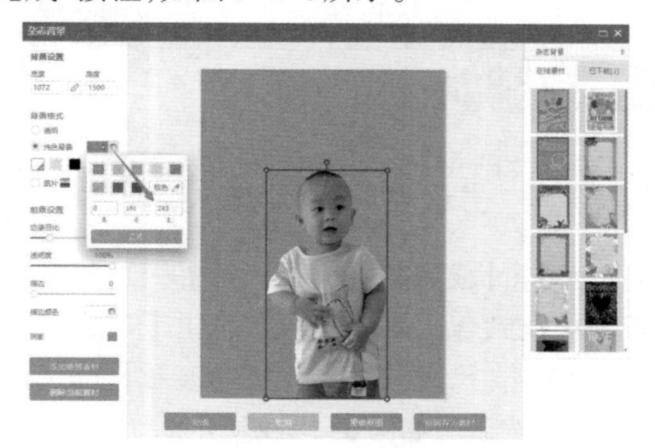

图6-1-8　人像背景替换

拓展内容

更换背景后，可以在前景设置中对抠图的人像进行边缘羽化和描边处理，可以让主题与背景更加融合、真实，但要注意描边线条的颜色。

三、人像美容

(1)选择菜单栏中“人像美容”选项，左击局部美白，局部放大面部和颈部进行皮肤美白，如图6-1-9所示。

(2)左击“应用当前效果”按钮，完成皮肤美白，通过对比可以看见人像美容的前后效果，如图6-1-10所示。

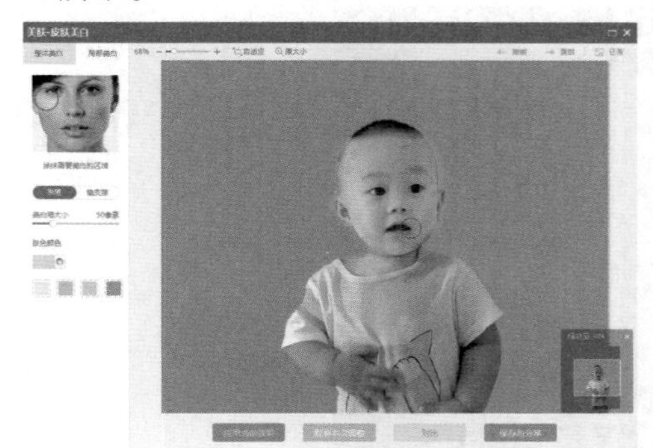

图6-1-9　局部美白

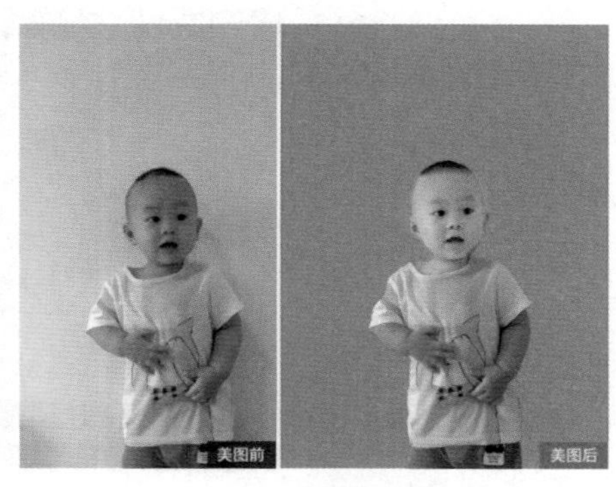

图6-1-10　人像美容前后对比

任务四　裁剪输出证件照图像

任务描述

利用美图秀秀裁剪功能，输出1寸证件照，以自己姓名的拼音命名文件并保存到桌面，使图像文件大小小于30 kB。

任务实施

一、以标准1寸证件照比例进行裁剪并输出

（1）单击【裁剪】—【常用尺寸】—【标准1寸/1R】，出现裁剪框，注意此时不要改变它的大小，把裁剪框拉到合适的位置，然后单击【应用当前效果】，如图6-1-11所示。

（2）单击【尺寸】—【修改尺寸参数】，单位由像素改为厘米，宽度为2.5厘米，高度为3.5厘米，点击"确定按钮"，如图6-1-12所示。

（3）单击右上角绿色【保存】，保存路径为桌面，文件名为自己姓名的拼音，文件格式为".jpg"，画质调整为高画质，如图6-1-13所示。

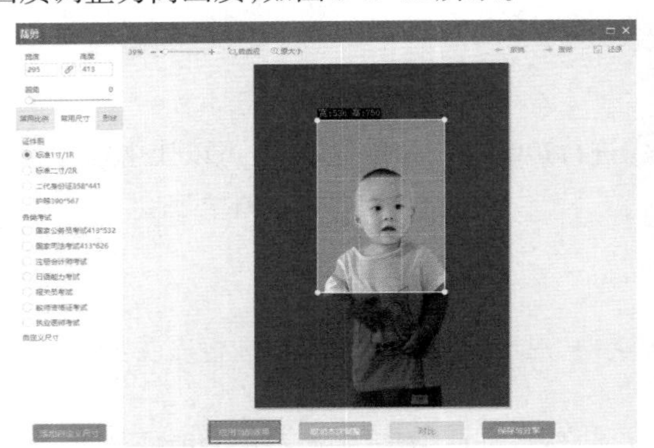

图6-1-11　以标准1寸证件照比例进行裁剪

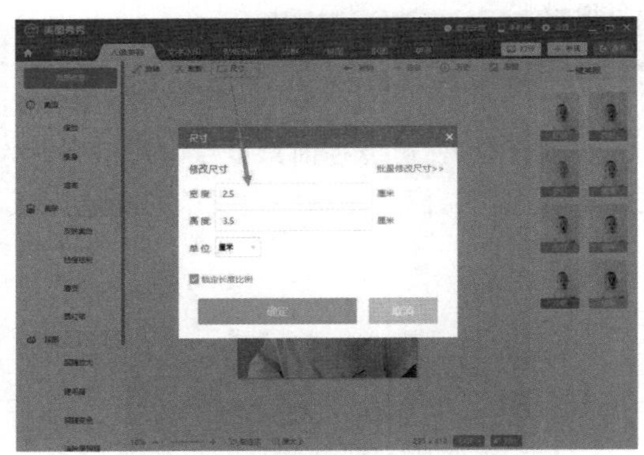

图6-1-12　输出1寸证件照

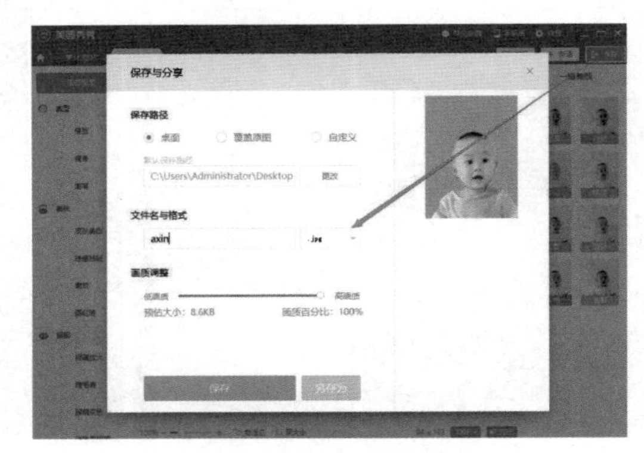

图6-1-13　保存1寸证件照

二、查看图像文件大小

回到计算机桌面，选中刚刚保存的文件，点击鼠标右键，查看图像大小，如图6-1-14所示。

图6-1-14　查看1寸证件照大小

项目小结

通过最美证件照的制作，明白了数字图像的基本参数及格式，能对数字媒体图片素材进行背景更换、美化图片、裁剪等基础的图像编辑，提高了对数字图像的认识，为学习专业图形图像处理软件Photoshop奠定了基础。

学以致用

利用美图秀秀软件，制作自己的证件照。

项目二 串烧音乐

(1)知道声音的三要素。
(2)知道常见音频文件的格式。
(3)知道音频的数字化过程。
(4)知道音频的数据率和数据量。
(5)能对音频进行采集。
(6)能对音频进行简单修饰。
(7)能对音频格式进行转换。
(8)能掌握数字媒体音频处理技术。

项目介绍

阿信根据自己的特长,担任了班级的文艺委员,现学校需要举行歌颂祖国文艺晚会,阿信和班上另一名同学进行歌曲串烧节目演出,现需制作歌曲串烧背景伴奏音乐,请大家帮他完成,你能行吗?

项目任务

任务一　了解数字音频的相关概念

任务描述

学生通过该任务的学习,能知道声音的三要素、音频的数字化过程;能计算音频的数据量,了解音频的基本概念和存储格式。

任务实施

声音与音乐在计算机中均为音频(Audio),是多媒体中使用较多的一类信息。音频主要用于节目的解说、配音、背景音乐以及特殊音响效果等。

一、音频的基本概念

音频是通过一定介质(如空气、水等)传播的一种连续波,在物理学中称为声波。声音的强弱体现在声波压力的大小上(和振幅相关),音调的高低体现在声波的频率上(和周期相关),如图6-2-1所示。

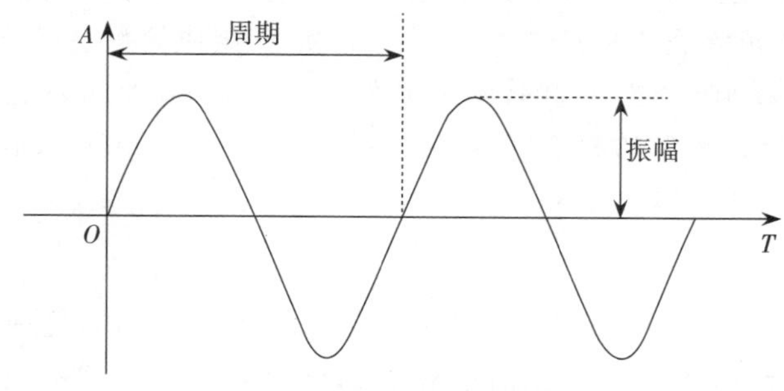

图6-2-1 声波的振幅和周期

1.振幅

声波的振幅就是通常所说的音量,在声学中用来定量研究空气受到的压力大小。

2.周期

声音信号以规则的时间间隔重复出现,这个时间间隔称为声音信号的周期,用秒表示。

3.频率

声音信号的频率是指信号每秒变化的次数,用赫兹(Hz)表示。人们把频率小于20 Hz的信号称为亚音信号;频率范围为20 Hz ~ 20 kHz的信号称为音频信号;高于20 kHz的信号称为超音频信号,或称为超声波信号。

拓展资源

带宽简介

4.带宽

带宽是指音响装置能够处理或通过的一段频率覆盖范围。

二、声音的三要素

我们以自身感受作为衡量声音的标准,把人耳能听到的声音范围称为听阈,以响度、音高和音色描述声音的振幅、频率和相位三个物理量,这也是衡量声音质量高低的三个主要特征,因而也称为声音的“三要素”。

1.响度

响度又称音强或音量,表示声音能量的强弱程度,与声波振幅成正比关系。

2. 音高

音高也称音调，表示人耳对声音曲调高低的主观感受。音调的单位是Hz。

3. 音色

音色又称音品，指声音的感觉特性。

拓展资源

响度简介

三、音频的数字化

数字化音频技术就是把表示声音强弱的模拟信号（电压）用数字来表示。通过采样量化等操作，把模拟量表示的音频信号转换成许多二进制“0”和“1”组成的数字音频文件，从而实现数字化，为计算机处理奠定基础。数字音频技术中实现A/D（模/数）转换的关键是将时间上连续变化的模拟信号转变成时间上离散的数字信号，这个过程主要包括采样（Sampling）、量化（Quantization）和编码（Encoding）3个步骤。

1. 采样

每隔一定时间，间隔不停地在模拟音频的波形上采取一个幅度值，这一过程称为采样。而每个采样所获得的数据与该时间点的声波信号相对应，称为采样样本。将一连串样本连接起来，就可以描述一段声波了，如图6-2-2所示。

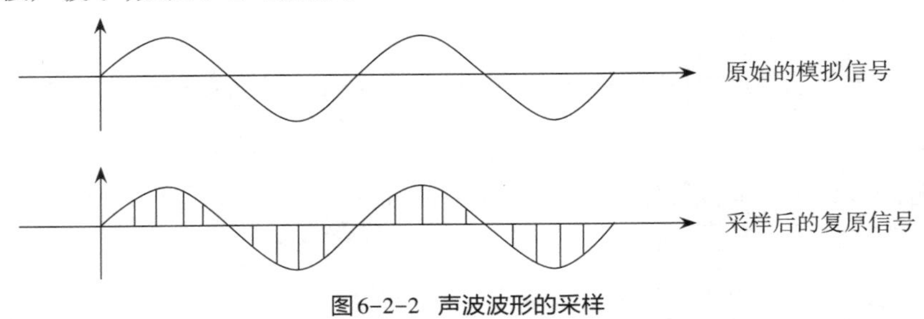

图6-2-2　声波波形的采样

2. 量化

经过采样得到的样本是模拟音频的离散点，这时还是用模拟数值表示。为了把采样得到的离散序列信号存入计算机，就必须将其转换为二进制数字表示，这一过程称为量化编码。量化的过程是：先将整个幅度划分成有限个小幅度（量化阶距）的集合，把落入某个阶距内的采样值归为一类，并赋予相同的量化值。

3. 编码

编码即编辑数据，就是考虑如何把量化后的数据用计算机二进制的数据格式表示出来。实际上就是设计如何保存和传输音频数据的方法，如MP3、WAV等音频文件格式就是采用不同的编码方法得到的数字音频文件。

四、数字音频的技术指标

在数字化的采样、量化和编码过程中，选取的采样频率、量化位数和声道数将会影响音频数字信号的质量。因此，可以用以下三个参数来衡量数字音频的质量。

1.采样频率

采样频率指计算机每秒对声波幅度值样本采样的次数，是描述声音文件音质、音调、声卡的质量标准，计量单位为Hz(赫兹)。

拓展资源

采样频率

拓展资源

量化位数

拓展资源

声道数

2.量化位数

如前所述，通过采样获得的样本需要进行量化，而量化位数也称为“量化精度”，是描述每个采样点样本值的二进制位数。

3.声道数

声音通道的个数称为声道数，声道数指一次采样所记录的声音波形个数。记录声音时，如果每次生成一个声波数据，则称为单声道；如果每次生成两个声波数据，则称为双声道(立体声)；每次生成前左、前右、后左、后右四个声道则称为四声道。

五、音频的数据率与数据量

拓展资源

音频的数据率与数据量实例

通过上面的分析可知，声音文件的大小与以下几个因素有关：声音长度、采样频率、量化精度和声道数。所以未经压缩时，声音文件大小的计算公式为：

文件大小=(采样频率×量化精度×声道数×持续时间)÷8。

其中，采样频率的单位是赫兹(Hz)，量化精度的单位为比特(b)，时间的单位为秒(s)，文件大小的单位为字节(B)。

六、音频文件的存储格式

拓展资源

有损文件格式

拓展资源

无损文件格式

1.音频文件存储格式的类别

音频数字化后必须以一定的数据格式存储在磁盘或其他媒体上。音频文件的格式主要分两类，一是无损格式，例如WAV，FLAC，APE，ALAC，WavPack(WV)等；二是有损格式，例如MP3，AAC，Ogg Vorbis，Opus等。

2.常见音频文件格式

WAV格式，是微软公司开发的一种声音文件格式，用于保存Windows平台的音频信息资源，被Windows平台及其应用程序所支持。

MP3格式，是一种有损压缩，MPEG Audio-lqyer3音频编码具有10:1~12:1的高压缩率，同时基本保持低音频部分不失真，但是牺牲了声音文件中12 kHz~16 kHz高音频这部分的质量来换取文件的尺寸。相同长度的音乐文件，用 *.mp3 格式来储存，其大小一般只有 *.wav 文件的1/10，因而音质要次于CD格式或WAV格式的声音文件。

MIDI（Musical Instrument Digital Interface）格式被经常玩音乐的人使用，MIDI允许数字合成器和其他设备交换数据。

WMA（Windows Media Audio）格式，是来自于微软的重量级选手，后台强硬，音质要强于MP3格式。WMA的压缩率一般都可以达到18∶1左右，WMA的另一个优点是内容提供商可以通过DRM（Digital Rights Management）方案，如Windows Media Rights Manager 7加入防拷贝保护。

OggVorbis，是一种新的音频压缩格式，类似于MP3等现有的音乐格式。但有一点不同的是，它是完全免费、开放和没有专利限制的。

AMR，AMR全称Adaptive Multi-Rate，自适应多速率编码，主要用于移动设备的音频，压缩比较大，但相对其他的压缩格式其质量比较差。

APE是目前流行的数字音乐文件格式之一。APE是一种无损压缩音频技术。

FLAC，FLAC与MP3相仿，都是音频压缩编码，但FLAC是无损压缩。

AAC实际上是高级音频编码的缩写，它还同时支持多达48个音轨、15个低频音轨、更多种采样率和比特率、多种语言的兼容能力、更高的解码效率。

任务二　录制音频

任务描述

大声朗读歌词“我和我的祖国”，利用手机或者数码产品录制自己的朗诵声音，以Audio命名该音频文件，保存在计算机桌面。

任务实施

一、手机录制音频

打开手机里面的录音机，开始录制自己的朗诵声音，以Audio命名该音频文件，保存在计算机桌面。

二、计算机录制音频

1. 准备硬件环境

准备好一台计算机（现在都带有集成声卡）、耳机（带有音频输入的），以及数字音频编辑软件Adobe Audition。把3.5 mm耳机接口插入计算机主机音频口。

2.新建多轨会话

打开Adobe Audition cc 2017软件，单击左上角【多轨】—【新建多轨会话】—【确定】，如图6-2-3所示。

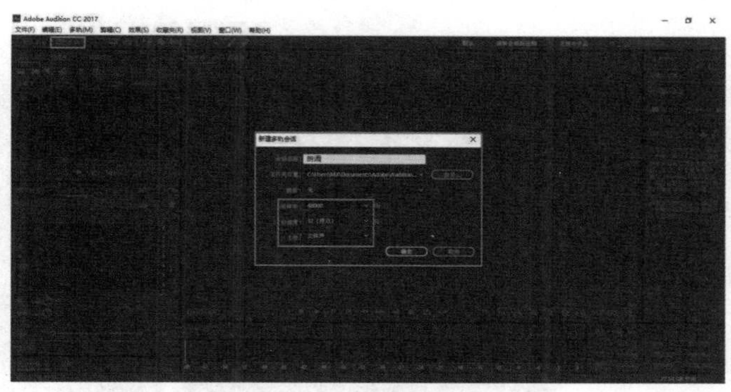

图6-2-3 新建多轨会话

3.开始录制人声

选择轨道1，点击“R”，点亮R键，开始录制自己的朗诵声音，如图6-2-4所示。注意：录音的时候，嘴巴出气不要直接对着麦克风，有一点角度最好，同时不要贴着麦克风太近，这样能避免将“噗噗”的声音录进去。

M=Mute。“静音”表示静音当前音轨（简单解释就是你要听人声的时候可以把伴奏的M键点亮，就不会放伴奏）。

S=Solo。“独奏”，表示只播放当前轨（这个跟上面类似，点亮S其他轨就算你不静音也不会播放）。

R=Record。“录音”，表示点亮R键录音至当前音轨。

I=Monitor input。“监听输入”，表示点亮I键可以在耳机中听到自己的声音。

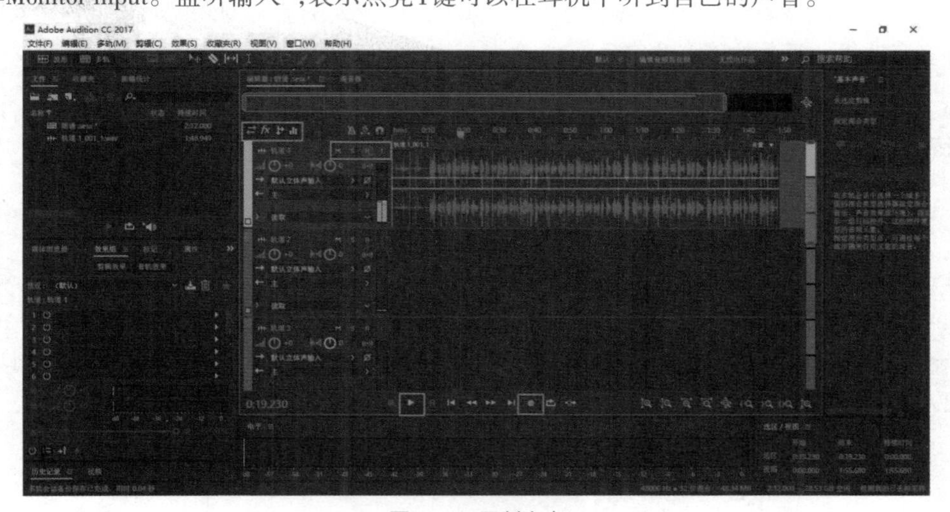

图6-2-4 录制人声

4. 导出录制的音频

单击【文件】—【导出】—【多轨混音】—【整个会话】，如图6-2-5所示。在弹出导出多轨混音设置界面后，你可修改文件的名字、文件保存的位置、文件的格式等，修改完成后单击【确定】，如图6-2-6所示。

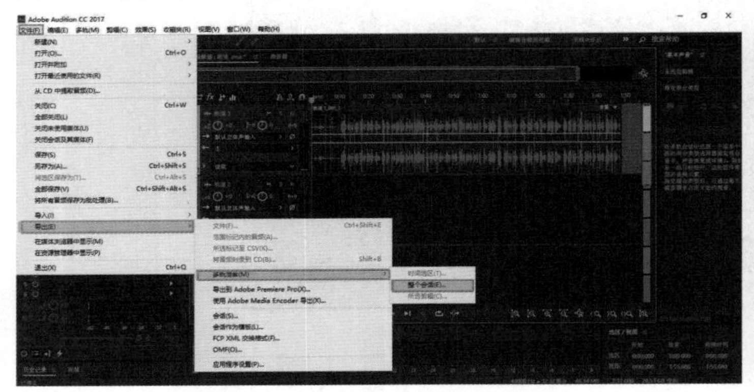

图6-2-5 导出音频

图6-2-6 导出多轨混音

音频录制，根据音频的来源不同，分为声音内录和外录，上面讲的音频录制方式都是属于外录，现在想一想如何录制电脑内部声音？

任务三 修饰音频

任务描述

通过对录制的朗诵音频文件进行复制、粘贴、剪裁、拆分、合并、降噪、均衡化、添加混响、背景音乐、调整频率等系列修音操作来增强音乐的感染力，专业人士甚至可以仅凭数字音频工作站就可进行多音轨复杂乐曲的创作和实现。

任务实施

一、导入音频

（1）启动Adobe Audition cc 2017软件，单击【文件】—【新建】—【对轨会话】，并选择默认采样率。

（2）插入伴奏和Audio音频。单击【文件】—【导入】，选中文件中需要插入的伴奏和Audio音频，被导入的文件会显示在左侧的文件框中。选中导入的伴奏，按住左键不松开，拖动到轨道1，同样把Audio音频插入到轨道2，如图6-2-7所示。

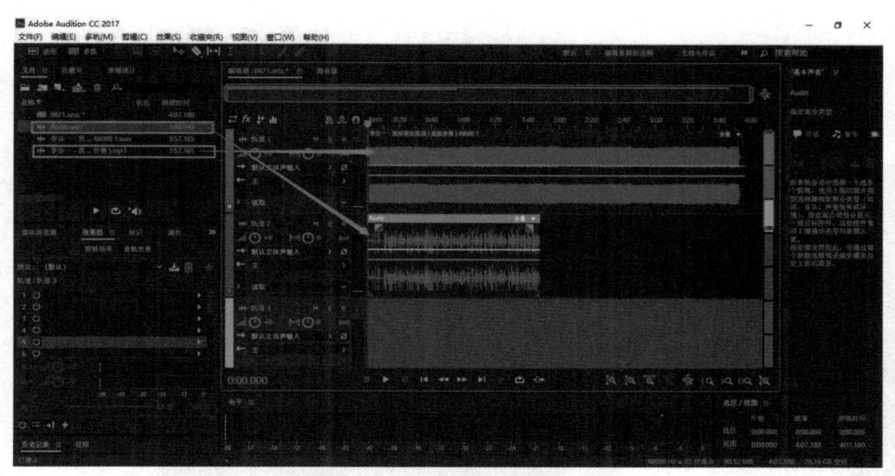

图6-2-7 音频文件插入轨道

二、音频文件基本编辑(拆分、删除、合并)

Audio音频录制过程中,很难做到一气呵成,难免在录制过程中出现朗读错误的字,也很难找到完全隔音的环境,这就需要对Audio音频文件进行编辑。

1.拆分素材

先让轨道1的音频文件静音,单击轨道1上【M】键,再选中轨道2,从头播放Audio音频,结合波形,在0:02.295处暂停后单击右键【拆分】,如图6-2-8所示。同理,分别在0:12.061、0:17.616、0:46.845、0:53.307、1:00.490、1:03.507、1:05.768、1:11.733、1:16.595、1:21.350、2:01.180处拆分。

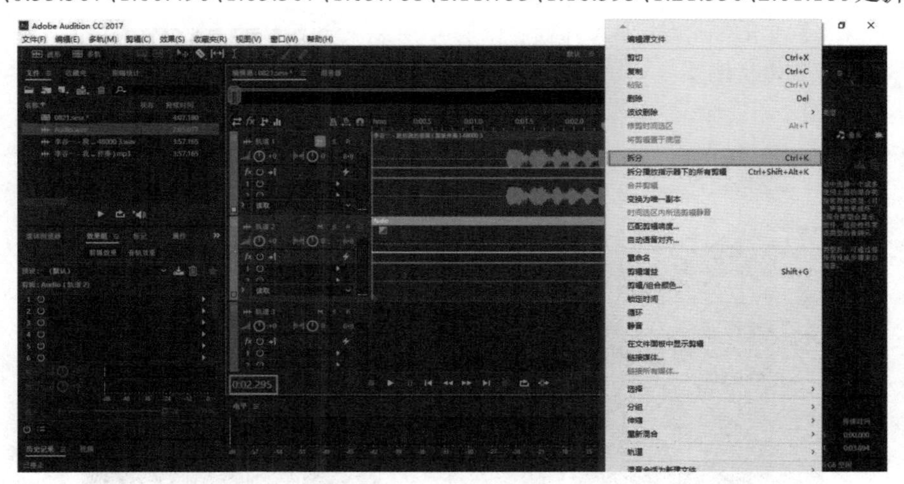

图6-2-8 拆分波段

2.删除素材

通过认真听,删除不需要的素材。选中时间为0:00.000~0:02.295的这段素材,单击右键【删除】,如图6-2-9所示。同理,分别删除0:12.061~0:17.616的素材、0:46.845~0:53.307的素材、1:00.490~1:03.507的素材、1:05.768~1:11.733的素材、1:16.595~1:21.350的素材、2:01.180至文件结尾的素材。

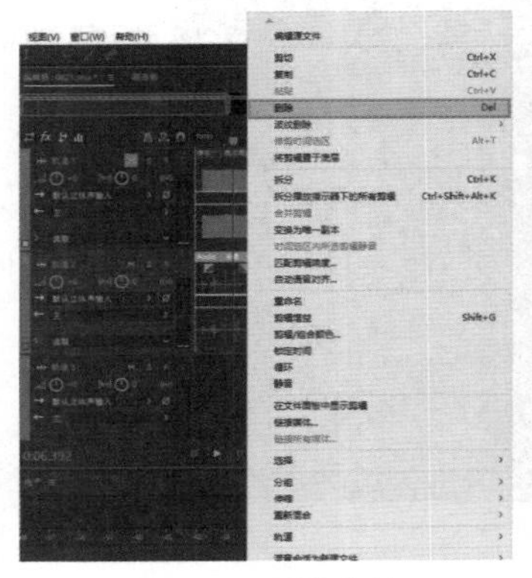

图6-2-9 删除素材

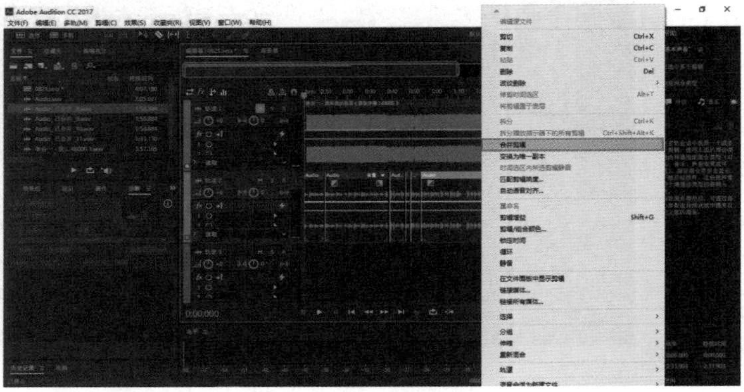

图6-2-10 合并素材

3.合并素材

用鼠标左键选择【移动工具】,拖动每段音频,按朗读顺序重新排列,如图6-2-10所示,排列好后,用鼠标左键选中轨道2上剩余的全部音频,单击右键【合并剪辑】。

三、降噪处理

音频降噪处理的目的是降低噪声对声音的干扰,使声音更加清晰,音质更加完美。降噪处理针对不同类型的噪声有不同的处理方法,如爆破音修复等。需要注意的是,降噪处理也会在一定程度上影响现有音乐的品质(类似图像处理中的降噪会导致图片细节受损),因此,降噪过程需根据实际情况和需要进行调整。

(1)选中轨道2的音频,左键双击人声的第2音轨可以切换到单轨编辑模式。由于录制现场不能做到百分之百静音,所以,首先要对录入的音频文件进行降噪处理。在出现的音频波形界面中,单击鼠标右键将你要进行降噪处理的部分选中,如图6-2-11所示。

图6-2-11 选中需降噪素材

（2）选中后，单击顶部【效果】—【降噪/恢复】—【降噪（处理）选项】，如图6-2-12所示。

（3）在弹出的降噪处理界面中，单击顶部的【捕捉噪声样本】—【选择完整文件】—【应用】，这样就可以对音频进行降噪处理了，如图6-2-13所示。

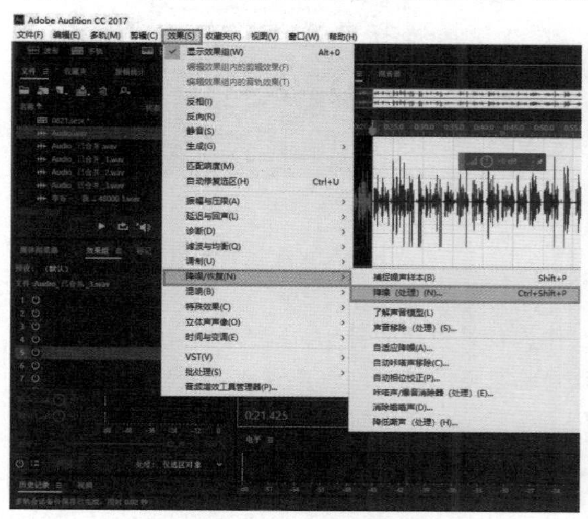

图6-2-12　降噪处理步骤

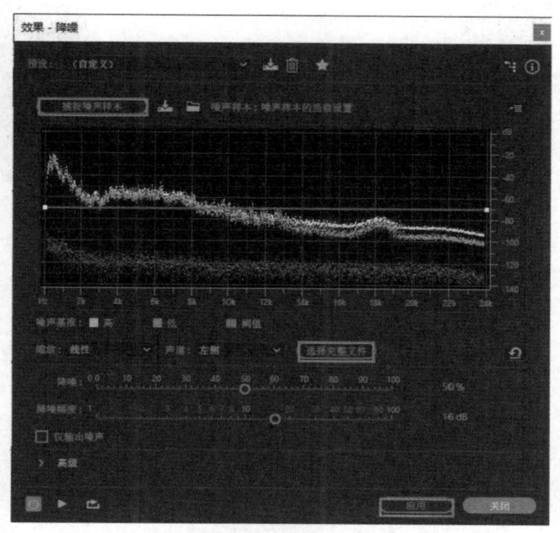

图6-2-13　降噪处理

四、添加效果

降噪处理后切换至多轨模式，我们再听一次录制的朗诵音频，此时，噪声已经基本消失了。但如果是在录制演唱歌曲的过程中，可能还有爆音、喷麦、抢拍等问题，这时，还需要使用到音频编辑软件自带的各种特效器。音频特效处理主要是使用音频处理软件提供的多种效果器，如均衡效果处理、混响效果处理、压限效果处理、延迟效果处理等。

1. 诊断

选中轨道2音频，双击切换到单轨编辑器，单击【效果】—【诊断】—【杂音降噪器（处理）】—【扫描】—【全部修复】，如图6-2-14所示。

2. 添加预设效果

选中轨道2的音频，单击左边中间的【效果组】—【预设】—【播客声音】，如图6-2-15所示。

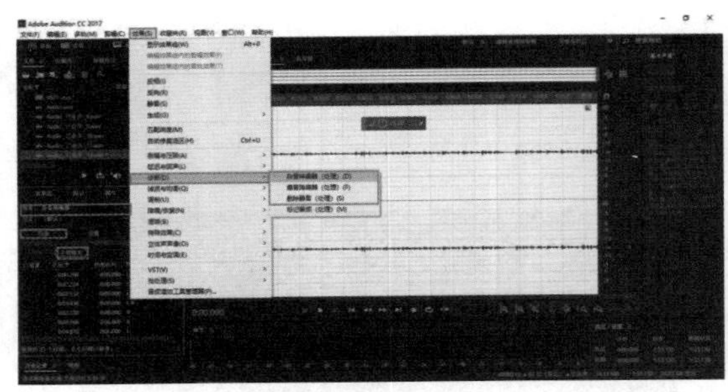

图6-2-14 诊断效果

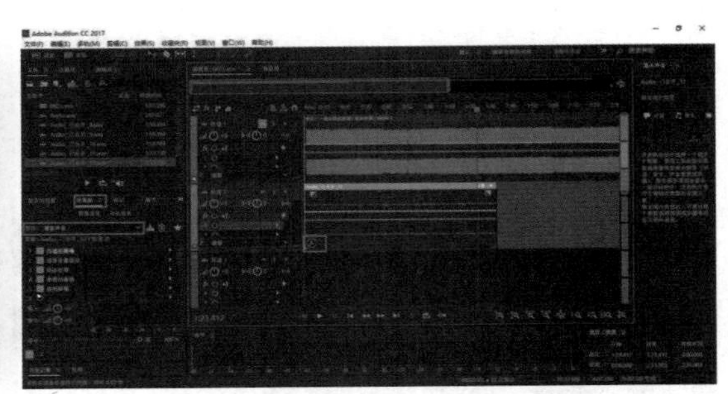
图6-2-15 添加预设效果

五、背景音乐调整

背景音乐是指在电影、电视剧等影视作品中，作为背景衬托的音乐，通常是无人声的，插入于对话之中，能够增强情感的表达，达到一种让观众身临其境的感受。真正意义上的伴乐起源于欧洲的戏剧，自电影有声化之后伴乐得以迅速发展。

1. 音量调整

选定轨道 1 中的音频，音量降低-20 dB 后，打开轨道 1 的静音键，试听一小段的效果，如图 6-2-16所示。

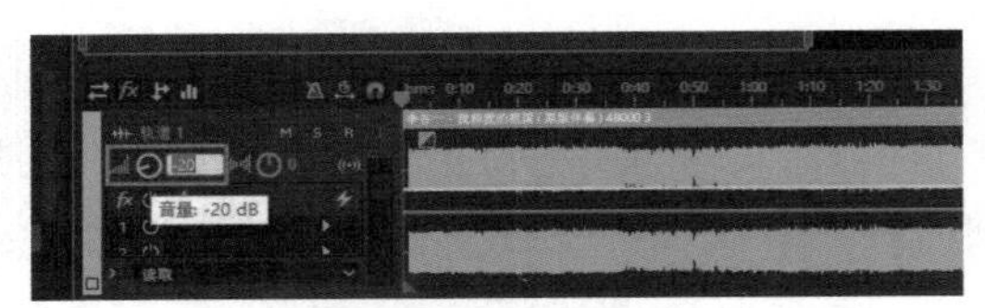

图6-2-16 音量调整

2. 裁剪波形

裁剪掉0:00.000~0.38:000的素材，把剩余的音频素材移动位置到0:00.000时间处，让背景音乐的时间与轨道2音频的保持一样，裁剪掉轨道1后面多余（1:33.130以后）的音频素材，如图6-2-17 所示。

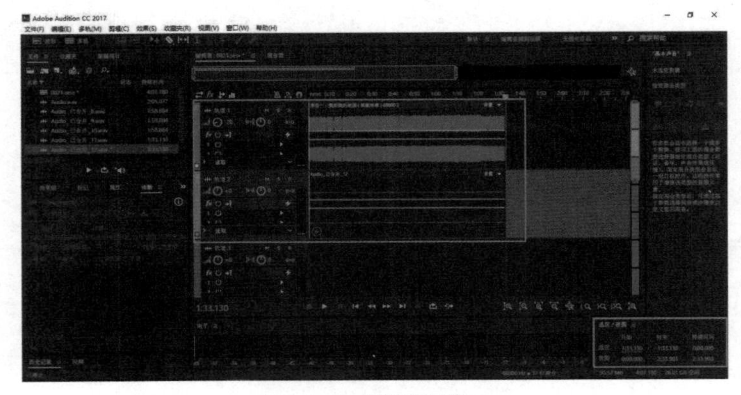
图6-2-17 裁剪背景音乐

六、导出编辑完后的音频

单击【文件】—【导出】—【多轨混音】—【整个会话】，在导出多轨混音设置界面中改文件名为阿信，文件保存的位置为计算机桌面，文件的格式为MP3，修改完成后单击【确定】。

任务四　制作串烧音乐

任务描述

通过对音频文件的简单修饰，现在我们来制作阿信的背景串烧音乐。阿信选择了两首背景音乐，分别是《我爱你中国》（伴奏）和《我和我的祖国》（原版伴奏），现在阿信需要《我爱你中国》（伴奏）中0:00.000~1:53.000的伴奏音乐，《我和我的祖国》（原版伴奏）中0:00.000~2:44.000的伴奏音乐，并把这两段音乐进行合并，制作出无缝对接的背景串烧音乐。

任务实施

一、导入音频

（1）启动Adobe Audition cc 2017软件，单击【文件】—【新建】—【对轨会话】，并选择默认采样率。

（2）插入《我爱你中国》（伴奏）和《我和我的祖国》（原版伴奏）这两个音频文件。单击【文件】—【导入】，选中文件中需要插入的伴奏，被导入的文件会显示在左侧的文件框中。选中导入的伴奏，按住左键不松开，把《我爱你中国》（伴奏）这个音频拖动到轨道1，同样把音频文件《我和我的祖国》（原版伴奏）插入到轨道2。

（3）裁剪音频素材，在轨道1上裁剪掉1:53.000以后的音频；同样，在轨道2上裁剪掉2:44.000以后的音频，如图6-2-18所示。

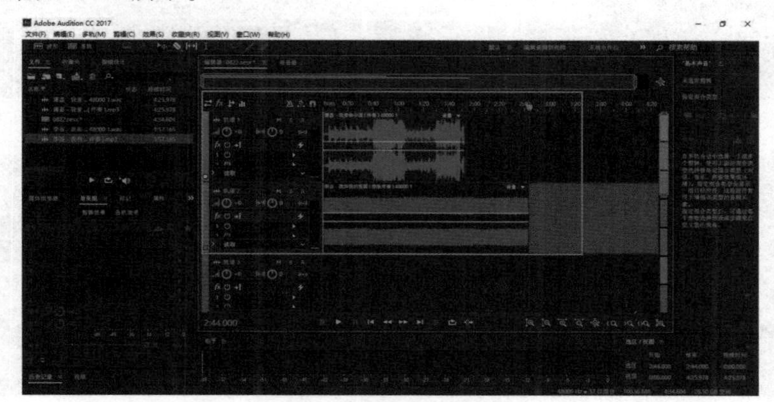

图6-2-18 裁剪音频素材

(4)用选中工具选中轨道2上的音频，按住鼠标左键不放，把轨道2上的素材移动到轨道1上1:53.000处，如图6-2-19所示。

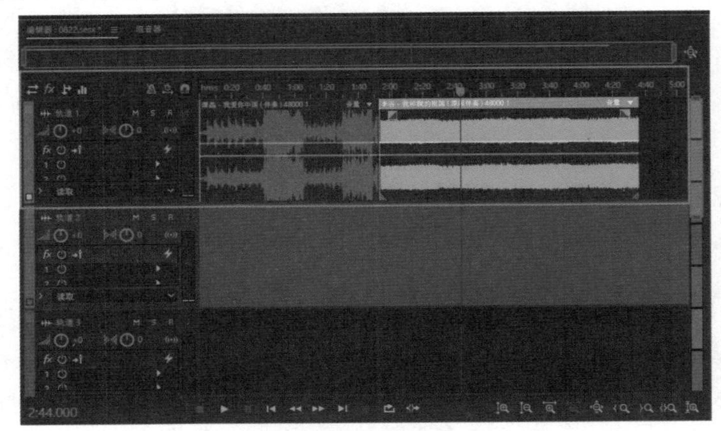

图6-2-19 组合音频

(5)添加淡入淡出效果，分别在轨道1音频1:40.000处添加淡出的效果，在轨道1音频2:10.000处添加淡入的效果，注意每段音频的左上角和右上角都有一个灰和黑的方块，鼠标放在这个方块上时，鼠标呈四向箭头形状，而在鼠标右下侧显示文字：淡入或淡出。如图6-2-20所示。拖动轨道1上第一段音频的淡出方块，水平移动到1:40.000处，出现一条淡出线，通过上下移动方块，可以改变淡出线的曲率，下面是小音量，上面是大音量，如图6-2-21所示。

(6)导出音频，单击【文件】—【导出】—【多轨混音】—【整个会话】，在导出多轨混音设置界面中改文件名为背景串烧音乐，文件保存的位置为计算机桌面，文件的格式为MP3，修改完成后单击【确定】。

图6-2-20 淡入标志

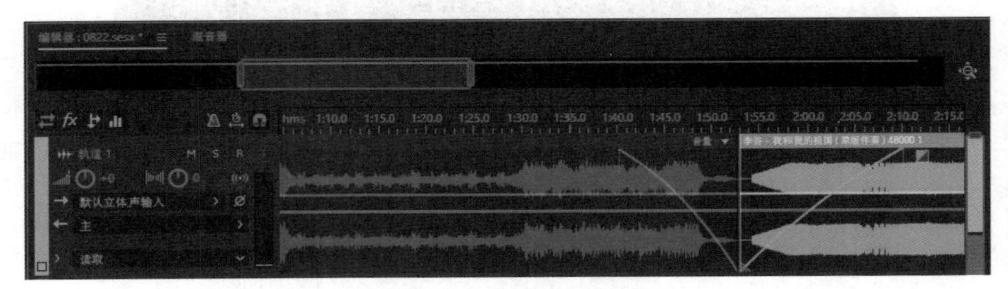

图6-2-21 添加的淡入淡出效果

项目小结

学生通过制作串烧音乐内容的学习,明白了音频数字化的过程及衡量数字音频质量的三大技术参数,能对数字音频进行简单编辑及效果处理,提高了对数字媒体音频处理技术的认识。

学以致用

录制自己的一首歌曲,为歌曲配上伴奏并进行修饰,体验歌手录制音乐专辑的整个过程。

项目三 数字视频

(1)知道视频的原理。
(2)知道与视频有关的常用术语。
(3)知道视频文件存储的格式。
(4)知道视频的数字化过程。
(5)能进行屏幕录制。
(6)能对视频进行简单编辑。
(7)能对视频格式进行转换。
(8)提高数字媒体视频处理的能力。

项目介绍

由于阿信的艺术特长,进校后加入了学校社团——音乐社,现学校要举行好声音大型音乐节目,需对各位领导进行采访,并完成视频的编辑,在学校的LED屏、电视屏、网站上进行微视频播放。

任务一 了解数字视频的相关概念

任务描述

学生通过该任务的学习,能知道视频的原理,知道帧、视频分辨率、码流、电视制式、逐行扫描等术语,了解视频的数字化过程和存储格式。

任务实施

视频(Video)是动态图像,是二维图像随时间的变化。

一、视频的定义

人眼具有一种视觉暂留的生物现象,即人观察的物体消失后,物体映像在人眼的视网膜上会保留一个非常短暂的时间(0.1~0.2 s)。利用这一现象,将一系列画面中物体移动或形状改变很小的图像,以足够快的速度(24~30 fps)连续播放,人就会感觉画面变成了连续活动的场景。

视频是一组图像序列按时间顺序的连续展示,是运动图像或序列图像。从数学角度描述,视频指随时间变化的图像。

数字视频文件起源于模拟电视信号,电视采用的是隔行扫描,而计算机显示则采用的是逐行扫描。同时,现今流行的3种电视制式决定了每种制式的视频文件分辨率各有不同。因此,我们要了解视频,就要从场、帧以及制式这些概念着手。

二、与视频有关的术语

(1)帧:视频是静态图像的连续播放,这些连续图像的每一幅就被称为一帧。

(2)帧率:每秒传输的帧数,通常用fps(Frames Per Second)表示。高的帧率可以得到更流畅、更逼真的动画。每秒钟帧数(fps)越多,所显示的动作就会越流畅。

(3)视频分辨率:一帧画面的大小,宽乘高等于若干像素。垂直分辨率表示垂直方向每英寸多少个像素点,水平分辨率表示水平方向每英寸多少个像素点。视频质量通常用线分辨率来度量,本质上是表示在显示器上可以显示多少不同的黑白垂直线。

(4)码流:指视频文件在单位时间内使用的数据流量,也叫码率,是视频编码中画面质量控制中最重要的部分。同样分辨率下,视频文件的码流越大,压缩比就越小,画面质量就越高。

(5)NTSC制式,NTSC(National Television System Committee)制式是1952年由美国国家电视制定委员会制定的彩色电视广播标准。NTSC制电视的供电频率为60 Hz,场频为每秒60场,帧频为每秒30帧,扫描线为525行,彩色带宽为3.58 MHz,伴音带宽为6.0 MHz。

(6)PAL制式,PAL(Phase Alternating Line),是1965年制定的电视制式,PAL制电视的供电频率为50 Hz,场频为每秒50场,帧频为每秒25帧,彩色带宽为4.43 MHz,伴音带宽为6.5 MHz。

(7)逐行扫描,电视的每帧画面是由若干条水平方向的扫描线组成的,PAL制为625行/帧,NTSC制为525行/帧。如果这一帧画面中所有的行是从上到下一行接一行地连续完成的,或者说扫描顺序是1,2,3,…,525,我们就称这种扫描方式为逐行扫描。

(8)隔行扫描,实际上,普通电视的一帧画面需要由两遍扫描来完成,第一遍只扫描奇数行,即第1,3,5,…,525行,第二遍扫描则只扫描偶数行,即第2,4,6,…,524行,这种扫描方式就是隔行扫描。一幅只含奇数行或偶数行的画面称为一“场(Field)”,其中只含奇数行的场称为奇数场或前场,只含偶数行的场称为偶数场或后场。也就是说一个奇数场加上一个偶数场等于一帧(一幅图像)。

三、视频的数字化

根据视频信息的处理和存储方式不同，视额可以分为两大类，一是模拟视频（Analog Video），二是数字视频（Digital Video）。

视频的数字化过程包括扫描、采样、量化和编码。

扫描：传送电视图像时，将每幅图像分解成很多像素，按照一个一个像素、一行一行的方式顺序传送或接收。

采样：将时间和幅度上连续的模拟信号转变为时间离散的信号，即时间离散化。

量化：将幅度连续信号转换为幅度离散的信号，即幅度离散化。

编码：按照一定的规律，将时间和幅度上离散信号用对应的二进制或多进制代码表示。

四、常见的数字视频文件格式

1.AVI

AVI格式不提供任何控制功能，其文件的扩展名为.avi。

2.WMV

WMV格式文件的扩展名为.wmv/.asf、.wmvhd。

3.MPEG

MPEG格式文件的扩展名为.dat（用于DVD）、.vob、.mpg/.mpeg、.3gp/.3g2（用于手机）。

4.MPEG-2

MPEG-2也是一种MPEG多媒体格式，用于压缩和存储音频和视频。它供广播质量的应用程序使用，并定义了支持添加封闭式字幕和各种语言通道功能的协议。

5.MPEG-4

MP4，全称MPEG-4 Part 14，是一种使用MPEG-4的多媒体电脑档案格式，副档名为mp4，以储存数码音讯及数码视讯为主。MP4其实是个封装格式，不是编码格式。简单理解，它就是一个扩展名，里面的内容是可变的。比如比较早以前，mp4是divx和xvid等编码，后来用过h.263编码，现在几乎全是h.264编码。

6.MKV

MKV 文件的扩展名为 .mkv。

7.MOV

MOV 格式文件的扩展名为 .mov。

任务二　屏幕录制

任务描述

阿信来到学校有一段时间了，对学校的各个方面都有了全新的认识，通过模块三图文编辑的学习，他制作了学校简介 PPT 文档，现在他需要把 PPT 文档放映的效果录制成视频文件。让我们一起来完成这个任务吧！

任务实施

（1）使用 Camtasia Studio 录制视频。打开 Camtasia Studio 软件，单击【新建录制（R）】—【全屏】，黄色虚线框表示录屏区域。

（2）打开学校简介 PPT 文档，单击【幻灯片放映】—【从头开始】。

（3）开始屏幕录制，单击 Camtasia Studio 软件上红色【rec】，开始录制，如图 6-3-1 所示。

图 6-3-1　开始屏幕录制

（4）用鼠标播放 PPT 至文档结束后，按【F10】键停止录制，如图 6-3-2 所示。

（5）在 Camtasia Studio 中可以对录制的视频进行预览、剪辑、添加字幕、添加音频等操作。

（6）简单处理完成后，就可以输出视频。单击【分享】—【本地文件】，根据向导提示一步一步设置视频的输出选项，如图6-3-3所示。

（7）设置完成后，Camtasia Studio将对视频渲染输出，输出的文件如图6-3-4所示。

图6-3-2 录制完成

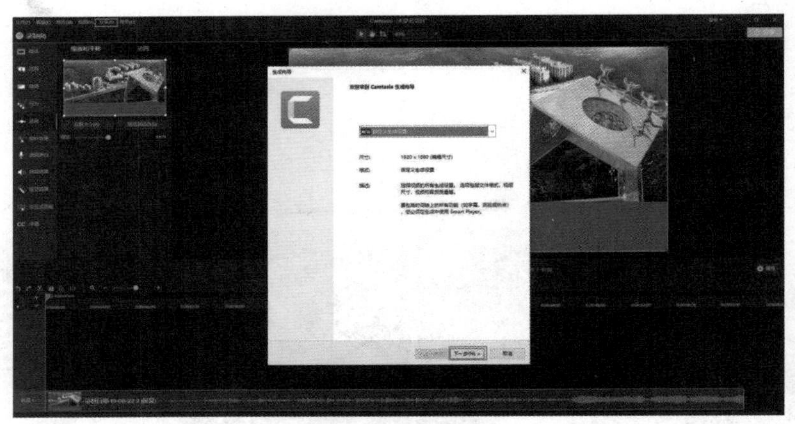

图6-3-3 输出视频

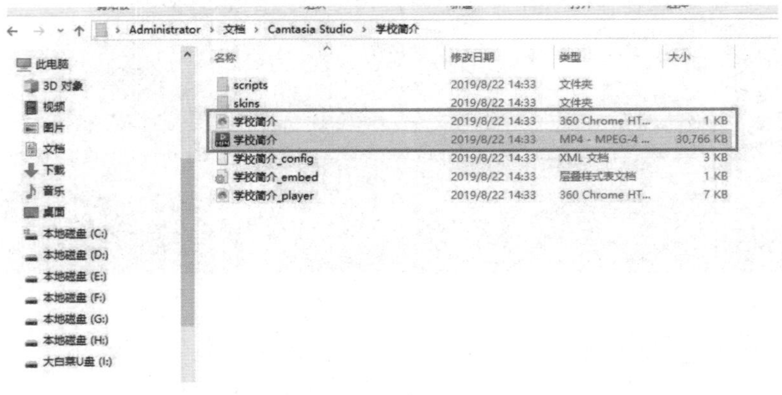

图6-3-4 输出文件

任务三　编辑视频

任务描述

阿信利用数码摄像机已经完成对领导的采访，现需要对视频进行剪辑，添加切换效果、字幕、合成等操作。让我们一起来完成视频的编辑吧！

任务实施

（1）打开Premiere Pro CC软件，单击【新建项目】—【确定】，可以对项目名称和保存的文字进行修改，如图6-3-5所示。

（2）导入需要编辑的视频，单击【文件】—【导入】，导入成功后，可以在左下角项目框里面查看导入的视频，如图6-3-6所示。

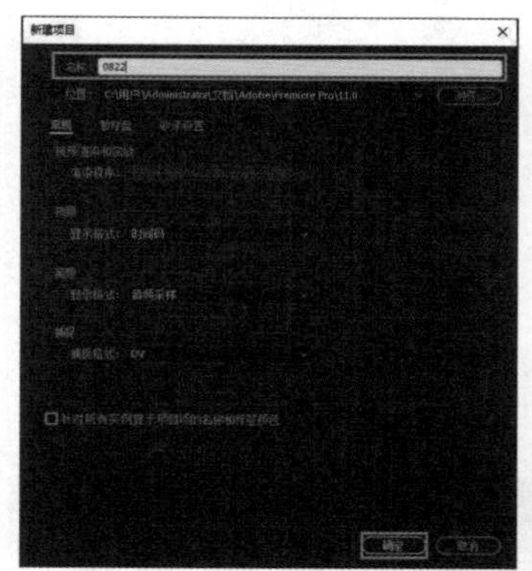

图6-3-5 新建项目

图6-3-6 导入需编辑的视频

（3）粗剪视频，在项目文件框中对文件进行排序后，全部选中导入的视频，拖动视频文件到时间轴上，对每个视频用剃刀工具进行拆分，并删除不要的片段。如对672_0128_01.mp4这个视频，分别在1秒17帧（00:00:01:17）和8秒19帧（00:00:08:19）处进行拆分，并删除掉这个视频1秒17帧以前的画面和8秒19帧以后的画面，如图6-3-7所示。其余视频剪辑原理是一样的，自己独立完成，剪辑结果如下6-3-8所示。

图6-3-7 剪辑视频

图6-3-8 粗剪视频

(4)添加字幕，重新排列时间轴上的视频片段，分别在672_0128_01.mp4和672_0155_01.mp4两个视频片段开始处添加字幕：领导关怀、教师寄语。单击【字幕】—【新建字幕】—【默认静态字幕】—【确定】—【文字工具】，输入文字，选择文字的样式为黑体，颜色为红色，如图6-3-9所示。

(5)把字幕放到对应视频时间轴的上面，如图6-3-10所示。

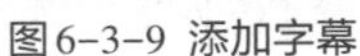
图6-3-9 添加字幕

图6-3-10 完成字幕

(6)添加视频过渡效果，在672_0128_01.mp4和672_0133_01.mp4之间，添加视频过渡中的渐变擦除效果，单击【效果】—【视频过渡】—【擦除】—【渐变擦除】，拖动渐变擦除到672_0128_01.mp4上，如图6-3-11所示。也可以为添加视频效果，如在672_0133_01.mp4上添加【视频效果】-【变换】—【水平翻转】。

同样的操作步骤，在其余视频之间，可以添加不一样的视频过渡效果，自己独立完成。

(7)输出视频文件，单击【文件】—【导出】—【媒体】—【导出】，在导出设置中可以对导出生成视频文件的格式、文件名等进行修改，如图6-3-12所示。

图6-3-11 视频过渡

图6-3-12 导出设置

(8)保存项目，生成PRPROJ 文件（.prproj），其中一定要注意视频编辑中所用到的素材的相对路径不要改变，否则再次编辑时无法正常打开。

任务四 视频格式转换

任务描述

阿信在使用摄像机进行视频拍摄时，发现摄像机拍摄的13分钟视频的数据量达到3.5 G，视频存储量太大，现急需对视频进行压缩及格式转换，让我们一起来转换视频格式。

任务实施

现在需要对视频进行压缩及格式转换，要求如下。

一、视频压缩格式及技术参数

1. 压缩格式

采用H.264/AVC（MPEG-4 Part10）编码格式。

2. 码流

动态码流的码率为1024 kbps。

3. 分辨率

采用高清16：9拍摄时，分辨率设定为1280×720。

4. 帧率

25帧/秒。

5. 画幅宽高比

分辨率设定为1280×720时，画幅宽高比选定为16：9。

6. 扫描方式

逐行扫描。

二、音频压缩格式及技术参数

1. 压缩格式

采用AAC（MPEG4 Part3）格式。

2. 采样率

48 kHz。

3. 码流

128 kbps（恒定）。

三、封装格式

采用MP4格式封装。视频编码格式：H.264/AVC（MPEG-4 Part10）；音频编码格式：AAC（MPEG4 Part3）。

四、利用格式工厂进行视频的压缩及转换

（1）查看需要进行视频压缩及格式转换的视频的文件属性，如图6-3-13所示。

（2）打开格式工厂软件，单击左边的文件类型【视频】—【MP4】—【添加文件】，如图6-3-14所示。

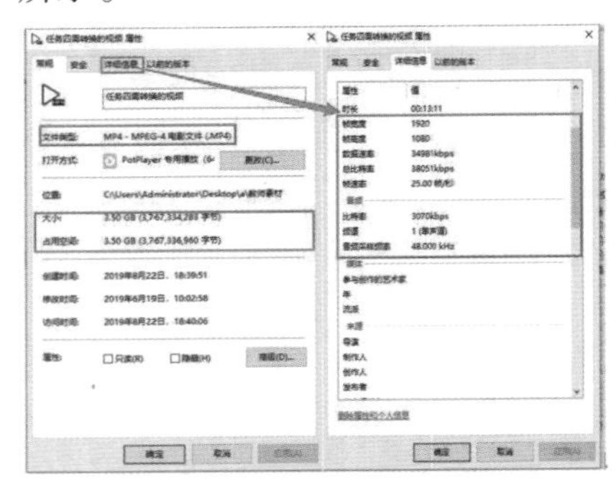

图6-3-13 视频文件属性

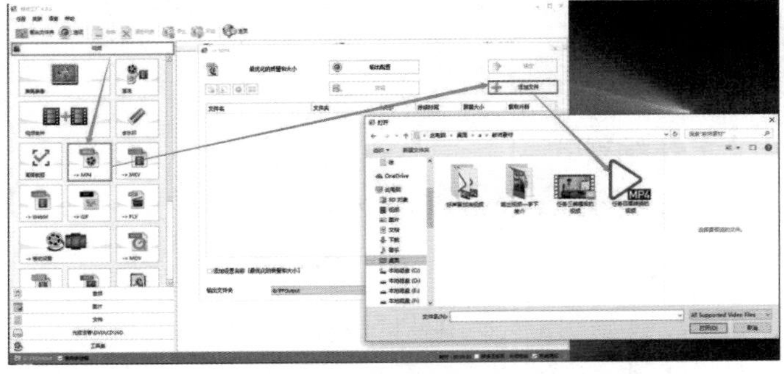

图6-3-14 添加文件

（3）单击【输出配置】—【视频流】—【音频流】—【确定】，如图6-3-15所示。

（4）单击【确定】—【开始】，如图6-3-16所示。

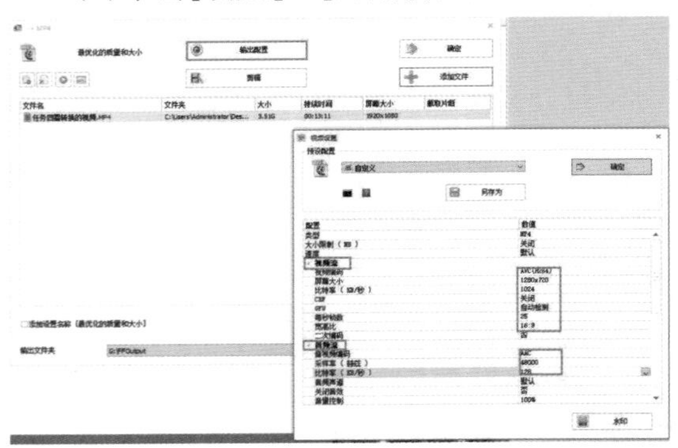

图6-3-15 输出配置

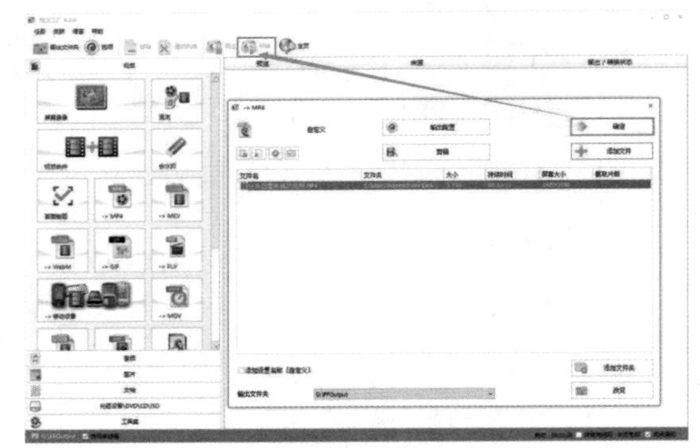

图6-3-16 开始格式转换

(5)完成转换,查看转换后的视频属性,如图6-3-17所示,转换后视频文件大小为108 M。

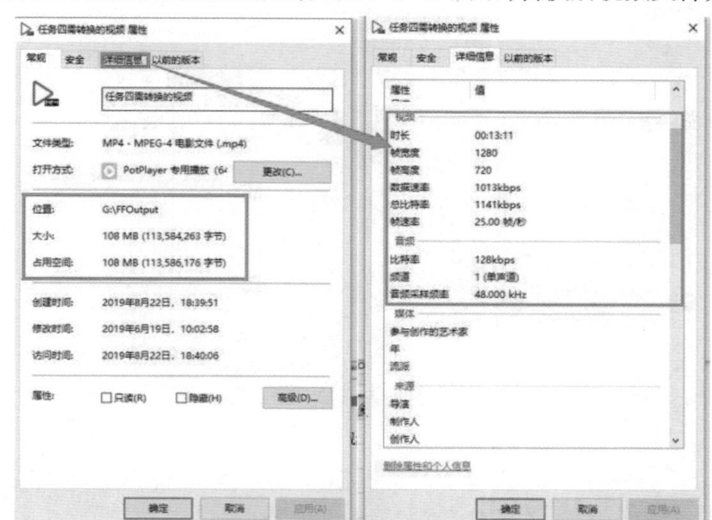

图6-3-17　转换后视频文件属性

项目小结

学生通过数字视频的学习,明白了视频的数字化过程及数字视频的主要参数、画面参数(画面参数包括画面大小和颜色深度)、声音参数和帧数,能对数字视频进行简单编辑及效果处理,提高了对数字媒体视频处理技术的认识。

学以致用

利用学校运动会开幕式拍摄的素材,自己动手剪辑生成一个5分钟内的短视频,要求视频内容覆盖运动会开幕式的所有议程并为视频配上音乐,文件小于500 M。

模块七

信息安全基础

随着信息化的快速发展,网络入侵、网络攻击等对信息安全的威胁越来越大。没有网络的安全就没有国家的安全。网络安全为人民,网络安全靠人民,维护网络安全是全社会共同的责任,需要政府、企业、社会组织、广大网民共同参与,共筑网络安全防线。

本模块围绕信息安全的概念、作用和地位,以及修补软件的应用,让学生了解信息安全常识,明白信息安全所面临的威胁,知道信息安全人人有则。通过对网络攻击方法和防范的介绍,让学生树立信息安全意识,了解信息安全的规范。通过对360杀毒软件和360安全卫士等修补系统漏洞软件的学习,学生能设置防火墙防范网络攻击,用文件夹加密超级大师保护数据安全,增强网络安全动手能力。

学习本模块,学生增强了信息安全的意识,了解了网络信息安全的重要性,学会了常用的防病毒、防范网络攻击的技术,并能设计简单的信息安全防护方案。

项目一 重要的信息安全

(1)能理解信息安全的概念。
(2)能知道信息安全的作用和地位。
(3)能知道常见网络攻击的形式。
(4)能提高防范网络攻击的意识。
(5)会设计简单的信息安全防护方案。
(6)树立信息安全的社会责任意识,共同维护社会信息安全。

项目介绍

有一天,阿信打开计算机准备使用,发现计算机出现了如图7-1-1所示对话框,并且计算机里的所有文件都不能打开了。通过了解,阿信发现,是计算机感染了勒索病毒,需要付一定金额的费用才能正常使用。计算机里有他非常重要的文件,他欲哭无泪,于是他决定开始认识信息安全相关知识,为后面学习防范网络攻击技术做准备。

图7-1-1 勒索病毒对话框

任务一　认识信息安全

任务描述

了解信息安全的概念,知道信息安全的重要性。

任务实施

一、信息安全的概念

信息安全包括的范围很大,包括如何防范国家机密泄露、商业机密泄露、青少年对不良信息的浏览、个人信息的泄露等。网络环境下的信息安全体系是保证信息安全的关键,包括计算机安全操作系统、各种安全协议、安全机制(数字签名、消息认证、数据加密等),甚至安全系统,只要存在安全漏洞便可以威胁全局安全。

信息安全是指信息系统(包括硬件、软件、数据、人、物理环境及其基础设施)受到保护,不受偶然的或者恶意的原因而遭到破坏、更改、泄露,为信息和信息系统提供保密性、完整性、真实性、可用性等服务。

个人信息主要包括基本信息、设备信息、账户信息、隐私信息、社会关系信息和网络行为信息等。个人信息泄露危害巨大,除了个人要提高信息保护的意识外,国家也正在积极推进保护个人信息安全的立法进程。2017年6月1日,《中华人民共和国网络安全法》(简称《网络安全法》)正式施行。这是中国首部网络安全法,保护个人信息是其重要内容。

二、信息安全的作用地位

信息安全的作用和地位主要有以下四个方面:

1.关乎经济发展

目前,我国已建立了覆盖全国的公用电信网、广播电视网等基础信息网络,银行、证券、海关、民航、铁路、电力、税务等关系国民经济发展和正常运行的重要支撑领域基本完成了行业信息系统建设,传统工业的信息化改造正逐步展开,电子政务、电子事务、电子商务也在不断推进,它们在国家经济发展中起着十分重要的作用。这些信息系统的安全一旦受到威胁和破坏,轻则影响经济发展,重则损害国家经济利益,甚至导致整个国民经济的瘫痪或崩溃。信息安全在经济领域中的保障作用将会越来越重要。

2. 关乎社会稳定

以因特网为代表的信息网络，是继报刊、广播、电视之后新兴的大众媒体，具有传播迅速、渗透力强、影响面大的特点，形成了一个不受地域限制的新空间。在这个空间里，不同的意识形态、价值观念、行为规范、生活方式等在激烈碰撞，毒害人民、污染社会的色情、迷信、暴力等低俗腐朽文化，经济诈骗、敲诈勒索、非法传销等网络犯罪活动，以制造恐怖气氛、造成社会混乱的网络恐怖活动，都对我国的社会稳定和公共秩序构成了严重危害。有效应对网络空间中的上述危害，已成为信息化条件下维护社会稳定的重要工作。

3. 关乎国家安全

信息空间已成为与领土、领海、领空等并列的国家主权疆域，信息安全是国家安全的重要组成部分。国内外各种敌对、分裂、邪教等势力利用网络对我国进行的反动宣传和政治攻击，敌对国家和地区对我国实施的网络渗透、网络攻击等信息对抗行动，西方有害价值观和文化观在网络上的大肆传播，使我国的政治安全、国防安全和文化安全面临着前所未有的挑战。随着信息技术的迅速普及、广泛应用和深层渗透，信息安全在政治安全、国防安全、文化安全等国家安全领域将具有越来越重要的作用。

4. 关乎公众权益

随着科学技术和国民经济的发展，社会公众对信息的依赖程度越来越高，网络的触角已经深入到社会生活的各个方面。网络应用服务的普及直接涉及个人的合法权益，宪法规定的多项公众权益在网络上将逐步得到体现，需要得到保护。这种普遍的、社会化的需求，对信息安全问题提出了比以往更广、更高的要求。

任务二　防范网络攻击

任务描述

认识防范网络攻击的方法，采取防范网络攻击的措施，提高信息安全意识。

任务实施

一、网络攻击的方法

网络攻击是指针对计算机信息系统、基础设施、计算机网络或个人计算机设备的任何类型的进攻动作。主要的攻击方法有：

1. 口令入侵

所谓口令入侵是指使用某些合法用户的账号和口令登录到目的主机，然后再实施攻击活动。这种方法的前提是必须先得到该主机上的某个合法用户的账号，然后再进行合法用户口令的破译。

2.特洛伊木马

放置特洛伊木马程式能直接侵入用户的计算机并进行破坏,它常被伪装成工具程式或游戏等诱使用户打开带有特洛伊木马程式的邮件附件或从网上直接下载,一旦用户打开了这些邮件的附件或执行了这些程序之后,他们就会像古特洛伊人在敌人城外留下的藏满士兵的木马一样留在自己的计算机中,并在自己的计算机系统中隐藏一个能在Windows启动时悄悄执行的程式。当你连接到因特网上时,这个程序就会通知攻击者,来报告你的IP地址及预先设定的端口。攻击者在收到这些信息后,再利用这个潜伏在其中的程序,就能任意地修改你的计算机参数设定、复制文件、窥视你整个硬盘中的内容等,从而达到控制你的计算机的目的。

3.欺骗攻击

欺骗攻击是网络攻击的一种重要手段。常见的欺骗攻击方式有:DNS欺骗攻击、Email欺骗攻击、Web欺骗攻击和IP欺骗攻击等。

4.节点攻击

攻击者在突破一台主机后,往往以此主机作为根据地,攻击其他主机(以隐蔽其入侵路径,避免留下蛛丝马迹)。他们能使用网络监听方法,尝试攻破同一网络内的其他主机;也能通过IP欺骗和主机信任关系,攻击其他主机。

5.网络监听

网络监听是一种监视网络状态、数据流程以及网络上信息传输的管理工具,它可以将网络界面设定成监听模式,并且可以截获网络上所传输的信息。系统在进行密码校验时,用户输入的密码需要从用户端传送到服务器端,而攻击者就能在两端之间进行数据监听。

虽然网络监听获得的用户账号和口令具有一定的局限性,但监听者往往能够获得其所在网段的用户账号及口令。

6.漏洞攻击

漏洞攻击是黑客发现网络系统的漏洞,利用针对该漏洞的工具进行入侵、攻击的行为。无论是操作系统,还是应用程序、协议实现等,都存在大量的漏洞。如何利用漏洞以及利用漏洞能执行什么样的攻击行为,取决于该漏洞本身的特性。比较典型的漏洞入侵有:SQL注入入侵、跨站脚本入侵等。

二、网络攻击的防范

加强信息安全,防范网络攻击要做到未雨绸缪、预防为主。要增强信息安全管理意识,加大信息安全管理力度,从技术上强化安全隐患防范能力。

1.提高安全意识

(1)不要随意打开来历不明的电子邮件及文件,不要随便运行来历不明的软件。

(2)尽量避免从Internet下载不知名的软件、游戏程序。即使从知名的网站下载的软件,在运行前也要及时使用升级到最新病毒库的杀毒软件和木马查杀软件进行扫描。

(3)密码设置至少在8位以上,且尽可能使用字母、数字、标点符号混排,单纯的英文或者数字很容易穷举,不要用个人信息(如生日、名字)。常用的密码不要跟重要的密码设置相同,重要密码最好经常更换。

(4)及时下载安装系统安全补丁程序。

(5)不随便运行黑客程序,很多这类程序运行时会泄漏用户的个人信息。

2. 使用能防毒、防黑客的防火墙软件

防火墙是一个用以阻止网络中的黑客访问某个网络的屏障,也可称之为控制进、出两个方向通信的门槛。在网络边界上通过建立起来的相应网络通信监控系统来隔离内部和外部网络,以阻挡外部网络的入侵。将防毒、防黑客当成日常例行工作,定时更新防毒软件,将防毒软件保持在常驻状态,以彻底防毒。由于黑客常常会针对特定的日期发动攻击,用户应提高警惕。

3. 建立完善的访问控制策略

访问控制是网络安全防范和保护的主要策略,它的主要任务是保证网络资源不被非法使用和非常访问。它也是维护网络系统安全、保护网络资源的重要手段。要正确地设置入网访问控制、网络权限控制、目录等级控制、属性安全控制、网络服务的安全控制、网络端口和节点的安全控制、防火墙控制等安全机制。各种安全访问控制互相配合,可以达到保护系统的最佳效果。

4. 采用加密技术

不要在网络上传输未经加密的口令、重要文件及重要信息。

5. 对重要的数据做好定期备份

备份可选用U盘备份、光盘备份或使用异地设备备份。

项目小结

通过本项目的学习,学生能理解信息安全的概念,知道了信息安全的作用地位,理解了常见网络攻击的形式,并提高了防范网络攻击的意识。

学以致用

查阅相关资料,设计一个简单的信息安全防护方案。

项目二 实用的信息系统安全技术

学习目标

(1)能管理用户及密码安全。
(2)能安装和使用杀毒软件。
(3)能按需求设置系统防火墙。
(4)能使用软件修补系统漏洞。
(5)能保护计算机中的数据安全。

项目介绍

为了确保信息系统的安全,阿信开始学习信息安全系统的安全技术,提升防范网络攻击、保护数据安全的能力。

项目任务

任务一 管理用户及密码

任务描述

创建、修改计算机的用户和密码,删除不用的账号。

任务实施

一、设置安全的系统密码

计算机账户一般默认的有管理员账号(Administrator)、访客账号(Guest)。为了保证系统重要数据的安全，访客账号一般要禁用，同时用户账号要设置复杂密码。

1. 管理用户

单击任务栏上的【开始】按钮，选择【控制面板】，点击【添加或删除用户账户】，如图7-2-1所示。进入要管理的用户界面，如图7-2-2所示。

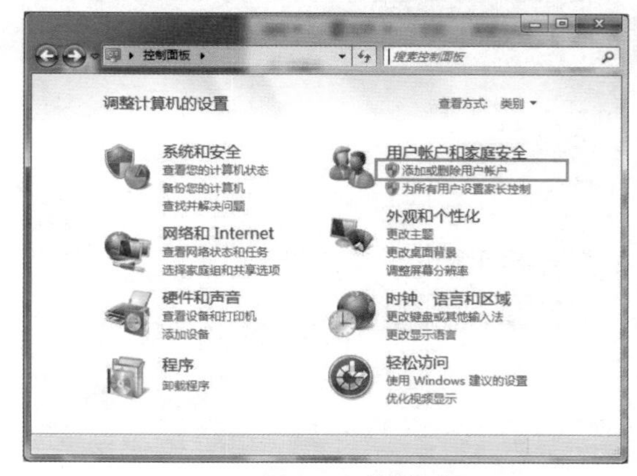

图7-2-1 控制面板

图7-2-2 管理账户窗口

2. 创建密码

点击要更改密码的账户名后，在左边点击【创建密码】，然后输入密码，点击【创建密码】完成设置，所图7-2-3。（提示：验证密码是否设置成功，可以使用Windows+L键锁定桌面测试。）

（a）

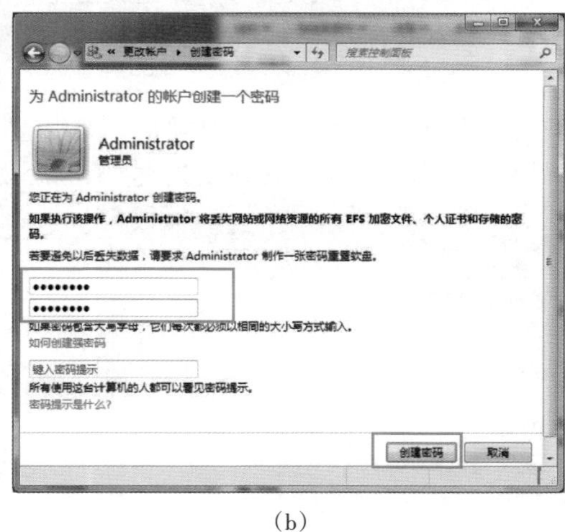

（b）

图7-2-3 创建密码

3.更改密码

点击【更改密码】,如图7-2-4所示。然后在密码文本框中分别输入原密码、输入新密码、密码提示,点击【更改密码】按钮完成设置,如图7-2-5所示。

图7-2-4 更改密码

7-2-5 设置密码

二、新建账户【阿信】

在如图7-2-2所示的左下角点击【创建一个新账户】,然后输入账户名称【阿信】,选择账户类型【管理员】,单击【创建账户】即完成创建。

三、删除不使用的账户【阿信】

首先点击要删除的账户【阿信】,然后选择左边的【删除账户】,在【是否保留阿信的文件】中选择【删除文件】,即将该用户及其文件删除。如图7-2-6所示。(提示:不能删除正在登录的用户。)

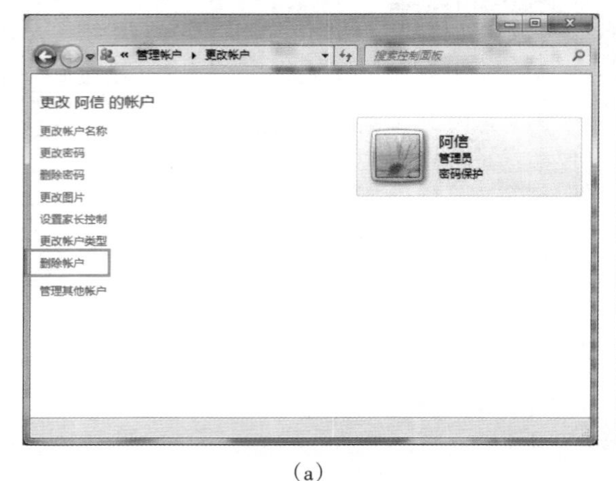

(a)

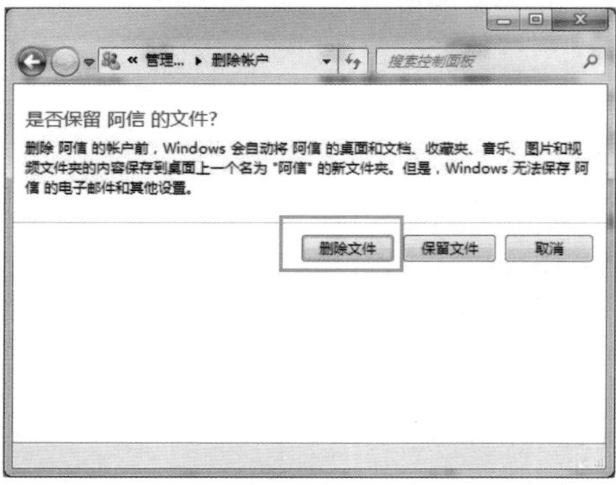

(b)

图7-2-6 删除用户

任务二　使用杀毒软件

任务描述

杀毒软件是我们电脑安装和使用过程中最基本的软件，装杀毒软件对电脑安全至关重要。随着信息技术的发展，病毒、木马、恶意软件随时有可能侵入你的电脑或手机，所以我们必须提前防范病毒的入侵。目前常用的杀毒软件有360杀毒、金山杀毒、瑞星杀毒等。我们以360杀毒软件为例，学习并使用它来查杀计算机病毒。

任务实施

一、认识病毒及危害

计算机病毒是编制者在计算机程序中插入的破坏计算机功能或者数据的代码，能影响计算机使用并能自我复制的一组计算机指令或者程序代码。

计算机病毒具有生物病毒的大多数特点，其主要特点是具有极强的破坏性、传染性、隐蔽性和潜伏性。计算机病毒有独特的复制能力，可以很快地蔓延，又常常难以根除。它们能把自身附着在各种类型的文件上，当文件被复制或从一个用户传送到另一个用户时，随同文件一起蔓延。一般来说，计算机病毒主要通过U盘、网络等进行传播。在网络中，网页浏览、文件下载、电子邮件、网络论坛等是病毒传播的主要途径。

计算机病毒虽然令人烦恼，但并不可怕，只要采取有力的措施，就能够有效地预防病毒。我们一定要从观念、管理和技术等多方面入手，做好病毒的预防工作。

二、认识计算机木马

特洛伊木马（以下简称木马），它是一种基于远程控制的黑客工具，具有隐蔽性和非授权性的特点。

木马程序分为服务器程序和控制器程序。服务器程序以图片、电子邮件、一般应用程序等伪装，让用户下载，自动安装后，木马里藏着的“伏兵”就在你的电脑上开个“后门”，使拥有控制器的人可以随意在你的电脑中存取文件，操纵你的电脑，监控你的所有操作，窃取你的资料。

可以看出，病毒是破坏电脑，而木马是入侵电脑进而控制你的电脑，窃取你的资料。

三、360杀毒软件的安装使用

（1）首先打开浏览器，然后在地址栏输入网址【www.360.com】进入360官网。如图7-2-7所示。

（2）下载安装，并升级最新病毒库，定期进行【全盘扫描】。如图7-2-8所示。

图7-2-7 360杀毒软件下载页面

图7-2-8 杀毒软件主界面

（3）扫描结果中若有异常项目，点击【立即处理】，清除危险项。如图7-2-9所示。

（4）360杀毒具有实时病毒防护和手动扫描功能，为你的系统提供全面的安全防护。实时防护功能在文件被访问时对文件进行扫描，及时拦截活动的病毒。在发现病毒时会自动将病毒隔离，并通过提示窗口警告。如图7-2-10所示。

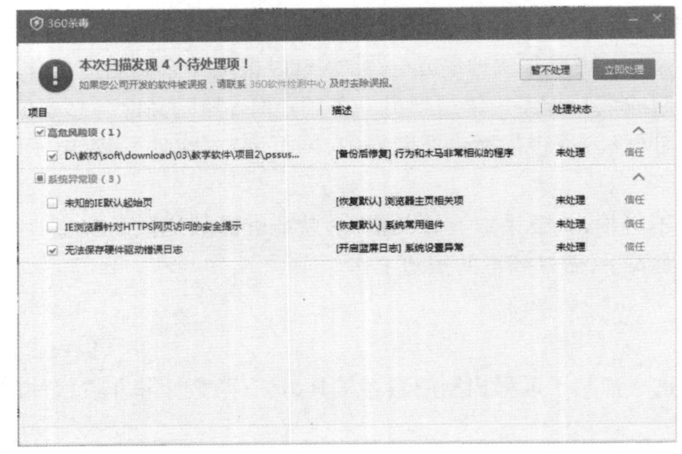

图7-2-9 扫描界面

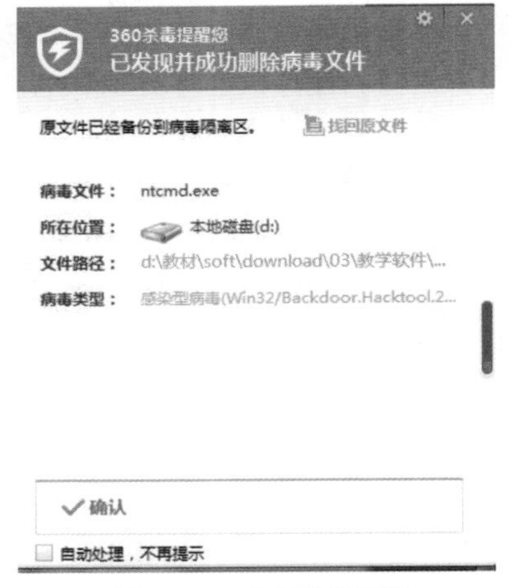

图7-2-10 实时监控杀毒

任务三　设置系统防火墙

任务描述

2017年5月12日，全球发生了最大规模的勒索病毒攻击事件，同时在校园网用户中大规模传播，其主要原因之一就是许多计算机系统没有对445等危险端口进行封禁。以下介绍我们如何通过Windows 7以上版本系统自带的防火墙关闭危险端口，减少被攻击风险。

任务实施

一、启用防火墙

(1)打开【控制面板】—【系统和安全】。如图7-2-11所示。

图7-2-11　防火墙打开窗口

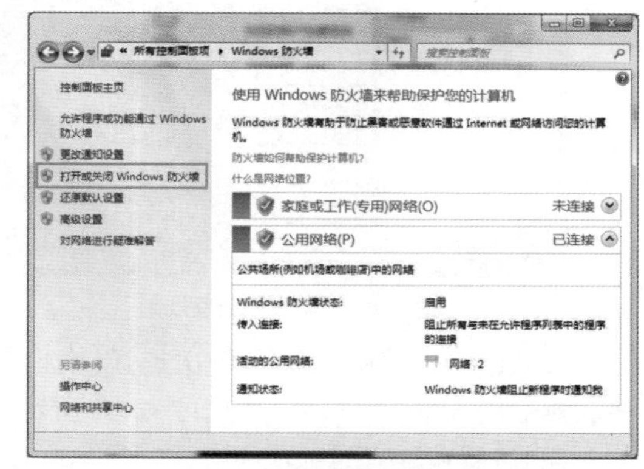

图7-2-12　打开防火墙设置

(2)点击【Windows防火墙】,左侧可以看到【打开或关闭Windows防火墙】的按钮。如图7-2-12所示。

(3)点击【打开或关闭Windows防火墙】,然后分别启用【家庭或工作(专用)网络位置】和【公用网络位置】即可。如图7-2-13所示。

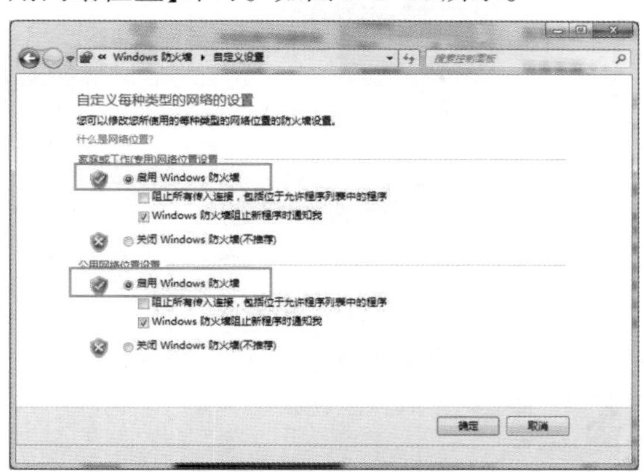

图7-2-13　启用防火墙

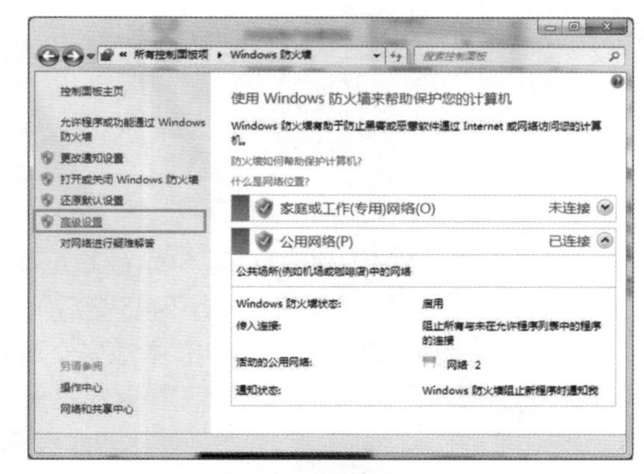

图7-2-14　高级设置

二、阻止危险端口

勒索病毒利用了NSA黑客工具包中的“永恒之蓝”漏洞,通过电脑445端口(文件共享普通用户一般用不到这个端口,可以关闭),在内网进行蠕虫式感染传播,为了防止内网感染,建议用户关闭Windows的445端口,具体操作方法如下。

(1)首先打开Windows防火墙,然后点击左侧的【高级设置】,如图7-2-14所示。

(2)打开防火墙高级设置后,先点击左侧的【入站规则】,然后再点击右侧的【新建规则】。如图7-2-15所示。

图7-2-15 防火墙新建规则

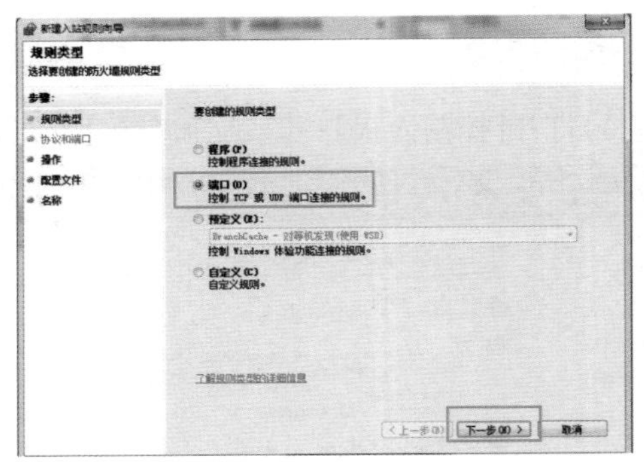

图7-2-16 选择端口

(3)在新建规则设置中,依次选择【端口】—【TCP】,如图7-2-16所示。并选择【特定本地端口】,然后输入端口"445"。如图7-2-17所示。

(4)然后在【操作】选项中,选择【阻止连接】, 如图7-2-18所示。

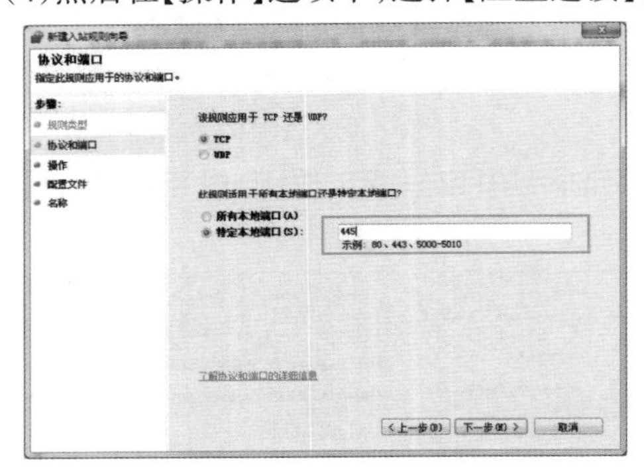

图7-2-17 输入端口

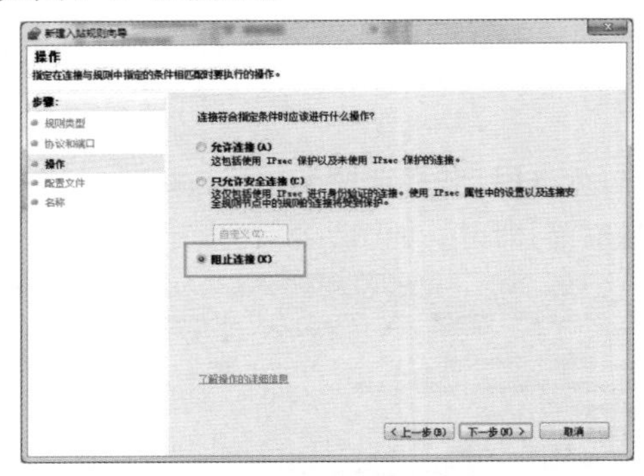

图7-2-18 选择阻止连接

(5)【配置文件】选项为默认,全部勾上。如图7-2-19所示。

(6)最后在名称中命名为"禁用445端口",点击【完成】即可,如图7-2-20所示。

提示:关闭的端口还可以使用"本地安全设置"里的"IP安全策略"的方法(详见素材包)。

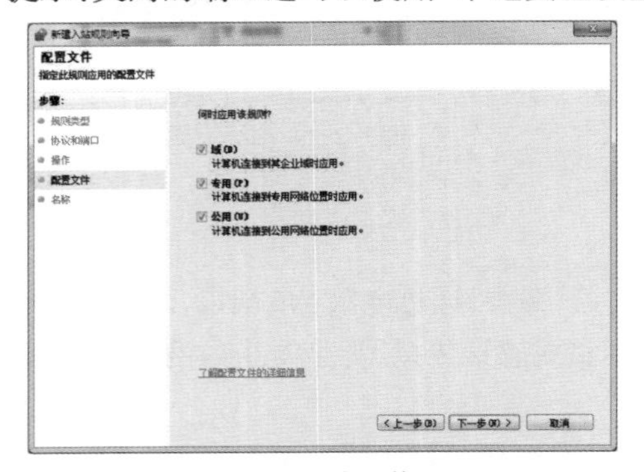

图7-2-19 应用范围

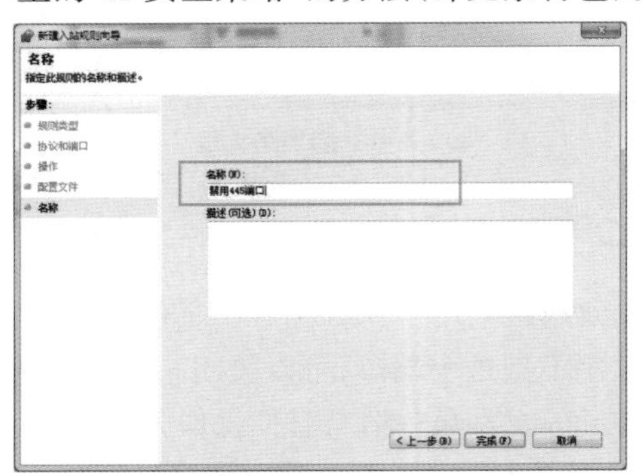

图7-2-20 名称设置

任务四　修补系统漏洞

任务描述

使用360安全卫士中的系统修复功能修复计算机中的漏洞。

任务实施

一、使用360安全卫士修补系统漏洞

（1）在360网站上下载360安全卫士软件并安装。打开软件选择【系统修复】—【全面修复】。如图7-2-21所示。

图7-2-21　系统修复　　　图7-2-22　扫描结果

（2）扫描要花一定时间，扫描结束后可能看到有很多潜在危险项，点击【一键修复】，待修复完成后按要求重新启动电脑即可。如图7-2-22所示。

二、点击【安全防护中心】

在360安全卫士软件主界面的右边点击【安全防护中心】，里面还有很多比较实用的安全防护功能，根据需要打开。如图7-2-23所示。

图7-2-23　安全防护中心

三、尝试其他功能

360安全卫士软件里面还有木马查杀、优化加速、软件管理等实用功能，大家可以去试着使用。

任务五　保障计算机中的数据安全

任务描述

如果计算机有重要数据文件，建议对其加密保存，市面上有很多加密软件，我们以“文件夹加密超级大师”为例，学习如何保护计算机里的数据文件安全。

任务实施

一、安装并选择加密文件夹

正确安装“文件夹加密超级大师”软件，运行软件，点击【文件夹加密】按钮，选择需要加密的文件夹，然后点击【确定】。如图7-2-24所示。

二、设置密码

在弹出的“加密密码”的对话框中输入密码，点击【加密】按钮，如图7-2-25所示。（提示：请务必记住设置的密码）

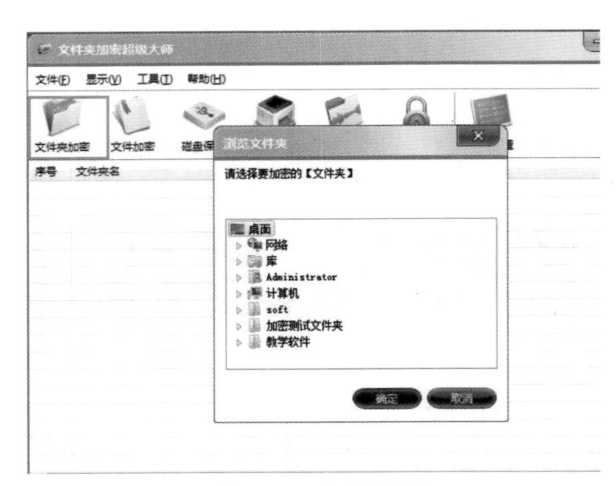

图7-2-24 加密文件夹

图7-2-25 设置密码

三、加密前后文件夹的对比

文件加密后,原文件夹图标变成了一个绿色有一把钥匙的文件夹。加密前和加密后的文件夹对比如图7-2-26所示。

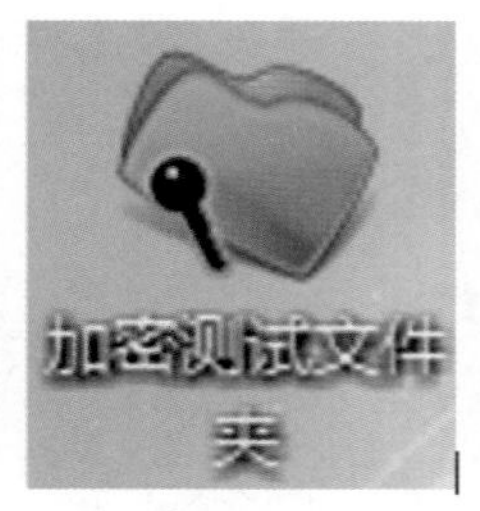

图7-2-26　文件夹加密前后对比

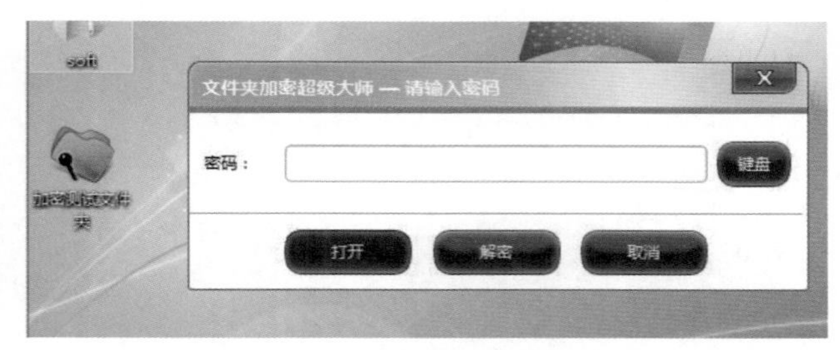

图7-2-27　打开或解密码输入密码

四、打开加密文件夹

双击打开已加密的文件夹时,会弹出输入密码的对话框,输入之前设置的密码,点击【打开】可读取和编辑里面的文件。如果点击的是【解密】,就会将加密文件夹还原为普通文件夹,不再进行加密保护,如图7-2-27所示。

项目小结

通过本项目的介绍,学生能设置管理Windows用户及安全的密码,能安装和使用杀毒软件,能按需求设置系统防火墙,能使用软件修补系统漏洞,能使用软件保护计算机中的数据安全。

学以致用

(1)创建一个新的“管理员”用户,用户名为“你的姓名”,密码要求设备为强度密码,并将计算机注销再使用此用户登录。

(2)下载“腾讯电脑管家”软件对你的计算机进行全盘病毒扫描。

(3)使用Windows防火墙,在入站规则中阻止TCP的135、139、3389端口。

(4)在网上下载其他加密软件进行文件加密,比较它们的易用性和安全性。

模块八

人工智能初步

我国现代科学技术不断发展，人工智能技术取得巨大的进步，引起各行各业从传统生产模式向信息化产生转变。利用先进的科学手段，在传统的工作生产模式的基础上，形成新型的工作生产模式，带来更多新的工作机遇。

本模块通过对人工智能的基本概念介绍，让学生了解人工智能发展阶段历程、级别，以及在当前社会生产中的应用以及未来的发展趋势。通过介绍人工智能的基本概念、级别，使学生了解人工智能系统的基本组成。通过体验腾讯AI开放平台，让学生从计算机视角、自然语言处理、智能语言等典型应用方面详细了解人工智能，并学会运用人工智能，利用人工智能解决生活中遇到的实际问题。通过介绍智慧机器人的相关生活案例，让学生明白人类制造机器人是为人类服务的理念。随着科学技术不断发展和进步，人工智能会在生产、生活中充当越来越重要的角色，并改变我们的生活。同时也培养学生思考和运用创新思维，以期其在未来研发出更多人工智能机器人来解决人类生活各方面问题，让人类生活更加便利和舒适。

学习本模块内容之后，学生提高观察、发现生活另一面色彩的能力，养成勤于思考的习惯来创造新生活。并充分利用专业知识研究创造人工智能，从而体现自我价值，以期在人工智能发展浪潮中，肩负起社会责任感和使命感，提高人类生活质量。

项目一 奇妙的人工智能

学习目标

(1)知道人工智能的基本概念。
(2)知道人工智能的三个级别。
(3)知道人工智能发展的三个阶段。
(4)能正确绘制人工智能系统结构图。

项目介绍

阿信在外地实习,吃了好几天的外地菜,实在是有点腻了,阿信很想吃一顿像样的重庆火锅。可在外地,人生地不熟,到哪里去找一家正宗的重庆火锅呢? 正在犯难的时候,同事提醒阿信,为什么不试试问一下自己的手机呢? 阿信恍然大悟,他打开手机上的导航软件,对着手机说“距离我最近的重庆火锅”,很快,导航便给出了答案,规划好了前往餐馆的路线,并引导阿信顺利地到达了目的地。阿信美美地饱餐一顿后,感慨地说:“人工智能真是好!”究竟什么是人工智能呢? 本项目就来替你解答这个问题。

项目任务

任务一 初识人工智能

任务描述

学生通过该任务的学习,能够正确描述人工智能概念、分类及发展阶段,并正确绘制人工智能系统结构图,掌握人工智能系统各部分的主要功能。

任务实施

一、人工智能概述

人工智能(Artificial Intelligence),英文缩写为“AI”,是基于计算机学科产生的一个分支学科。随着计算机在计算速度、存储容量、网络技术等各方面的不断提升,人们尝试在学习、推理、思考、规划领域用计算机来模拟人的某些思维过程和智能行为的基本理论、方法和技术。

二、人工智能分类

人工智能可以分为弱人工智能、强人工智能和超人工智能三个级别。

1.弱人工智能

目前,弱人工智能的应用已经非常广泛,如智能手机拦截骚扰电话、电子邮箱自动过滤等,日常生活中常见的功能都属于弱人工智能的范畴。

2.强人工智能

相对于弱人工智能,强人工智能能够有自己的思考方式,能够进行推理然后制作计划,最后进行执行,并且拥有一定的学习能力,能够在实践中不断进步。

3.超人工智能

至于超人工智能,我们可以理解为其智慧程度比人类还要高,在大部分领域当中都超越人类的人工智能。

几十年来,人工智能迅速发展,在很多学科领域都获得了广泛应用,并取得了丰硕的成果。人工智能已逐步成为一个独立的分支,无论在理论和实践上都已自成一个系统,已被认为是人类在21世纪的三大尖端技术(基因工程、纳米科学、人工智能)之一。相信在不久的将来,人工智能将出现在我们生活的方方面面,为我们提供更多的方便。

三、人工智能发展历程

伴随着计算机的发展,人类已经掌握了弱人工智能,其实弱人工智能已经在我们生活中无处不在,人工智能是从弱人工智能,通过强人工智能最终到达超人工智能的旅途。

这个发展将经历三个阶段:第一个阶段是计算智能,能存会算,比如我们现在使用的个人计算机;第二个阶段是认知智能,能说会听,能看会认,比如苹果开发的Siri;第三个阶段,也是最高阶段,是感知智能,它要求机器或系统理解会思考,这是人工智能领域正在努力的目标。

四、人工智能系统的基本组成

人工智能系统由信息处理系统、存储系统、传感系统、感觉系统四部分组成。如图8-1-1所示。

(1)信息处理系统:负责对信息进行加工处理,然后发出控制信息。

(2)存储系统:负责存储和管理各种数据信息。

(3)传感系统:负责将感觉系统与信息处理系统和存储系统之间的信息进行传递。

(4)感觉系统:负责搜集生物体内环境和外环境的一切与生命体存在及发展相关的信息。人工智能系统组成图如图8-1-1所示。

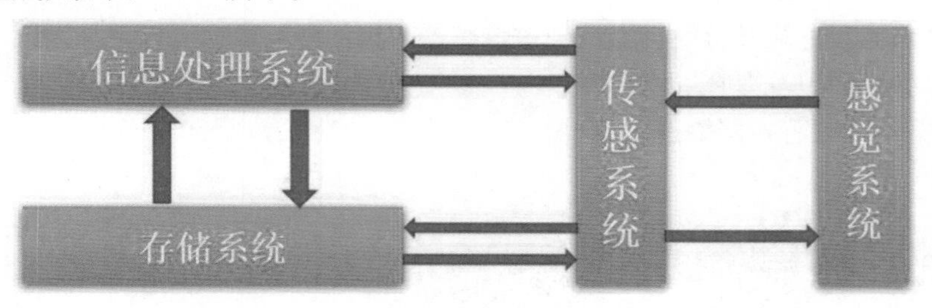

图8-1-1　人工智能系统组成图

任务二　无所不在的人工智能

任务描述

人工智能已经在我们的生产生活中广泛应用,为我们的生产生活带来前所未有的便利和全新的体验。通过本任务中几个案例的学习,能够更多的发现生活中的AI应用,加深对人工智能技术的认识和理解。

任务实施

一、案例:上海洋山港,"空无一人"的集装箱码头

上海洋山港四期是全球规模最大、最先进的全自动化码头。10台岸桥,30台轨道吊,50辆自动导引运输车。在码头的装卸现场,只看见吊车和自动引导运输车忙碌,却空无一人,整个码头的生产控制只需要9个人,而智能码头作业效率较传统码头可以提升30%,这意味着未来洋山港的年吞吐量可以突破4000万标准箱,这将是目前美国所有港口吞吐量的总和。

二、案例:京东物流,智能无人分拣中心

昆山京东物流分拣中心是中国快递业最大的智能分拣工厂,过去至少需要100名熟练工人在三个半小时分拣的工作量,因为人工智能技术的应用其工作效率得以极大提高,计算机5分钟的计算量相当于国内最繁忙的首都机场一天航班的起降的计算量。中国每年要产生300亿件快递包裹,智慧物流体系的建设使得中国的物流体系已经领先全球。

三、案例:智能园区管理

张江人工智能岛,是上海首批十二个人工智能试点应用场景之一。在这里,人工智能覆盖园区运行的方方面面,有会分析土壤湿度的浇灌系统,水下机器人随时监测水质水况,地面上的垃圾桶会分辨垃圾类型并主动分类,此外,通过传感器收集的各种数据可以掌握园区各个角落的状况,极大提高了园区管理的科学性和实效性。

注:相关案例视频可在网络搜索观看。

项目小结

人工智能是21世纪人类三大尖端技术之一,是在计算机技术的基础上发展的一项前沿科学技术。人工智能技术的发展,能够赋予机器学习、思考、推理、规划等能力,使机器具备人的思维过程和智能行为,为我们人类创造更加美好的生活和更加丰富多彩的世界。

学以致用

请自己收集人工智能的相关视频和资料。

项目二　体验腾讯AI开放平台

(1)知道腾讯AI开放平台常用功能。

(2)知道计算机视角、自然语言处理、智能语音三个板块的典型应用项目。

(3)能掌握腾讯AI开放平台的使用方法。

(4)能灵活运用腾讯AI开放平台提供的服务解决生活中遇到的实际问题。

(5)能具备运用信息工具处理信息、创造信息的意识,提高革新创新、自我提高、解决问题的能力。

项目介绍

阿信在一家贸易公司实习,一天,经理交给他一家外国公司发来的销售合同,让他在一小时内将合同翻译成中文版本并提交给公司签署。在短短的一小时内要将一份几十页的合同全部翻译完成,而且还不能出一点错误,这让外语基础本就不太好的阿信十分为难。正在一筹莫展的时候,阿信突然想到有一款叫作“腾讯AI体验中心”的软件上提供了智能翻译功能,抱着试一试的心态,阿信打开了这款软件,没想到不到10分钟的时间,他就利用这款软件翻译完成了合同的全部文本,顺利完成了经理交给他的任务。阿信非常高兴,在翻译完成之后,他还发现这款软件中有不少功能可以用来解决实际工作中的各种问题。下面,我们就和阿信一起去认识和了解一下这款有趣的AI软件吧!

任务一　进入“腾讯AI体验中心”

任务描述

利用微信搜索功能，进入“腾讯AI体验中心”。

任务实施

一、打开微信功能

打开手机版微信软件。如图8-2-1所示。

图8-2-1 打开“微信”

二、微信搜索功能

在微信搜索对话框中输入“腾讯AI体验中心”，进入平台。

三、进入“腾讯AI体验中心”

图8-2-2 “腾讯AI体验中心”主界面

“腾讯AI体验中心”分为计算机视觉、自然语言处理、智能语音三大板块，如图8-2-2所示。

1. 计算机视觉

计算机视觉是使用计算机及相关设备对生物视觉的一种模拟。它的主要任务就是通过对采集的图片或视频进行处理以获得相应场景的三维信息，就像人类和许多其他类生物每天所做的那样。

“腾讯AI体验中心”的计算机视觉板块包括光学字符识别（OCR）、人脸识别、图片特效、图片识别等功能，能帮助人们进一步处理图形、图像，以获取所需的有效信息。

2. 自然语言处理

自然语言处理是实现人与计算机之间用自然语言进行有效通信的各种理论和方法，是计算机科学领域与人工智能领域中的一个重要方向。

“腾讯AI体验中心”的自然语言处理板块包括基本文本分析、语义解析、情感分析、机器翻译、知识问答等功能。

3. 智能语音

即智能语音技术，是实现人机语言的通信，包括语音识别技术（ASR）和语音合成技术（TTS）。“腾讯AI体验中心”的智能语音板块由语音合成与语音识别两部分组成。

任务二　“腾讯AI体验中心”典型功能应用

任务描述

通过计算机视觉、自然语言处理、智能语音三个板块中部分典型功能的实际应用，加深理解人工智能的含义，掌握人工智能技术具体运用方法。

任务实施

一、利用“腾讯AI体验中心”给图片自动备注文字说明

（1）在“计算机视觉”板块中点击【看图说话】命令，如图8-2-3所示。

（2）在【看图说话】界面中点击【上传图片】，在手机相册中选择需要备注文字说明的图片，软件自动为图片备注文字。如图8-2-4、图8-2-5所示。

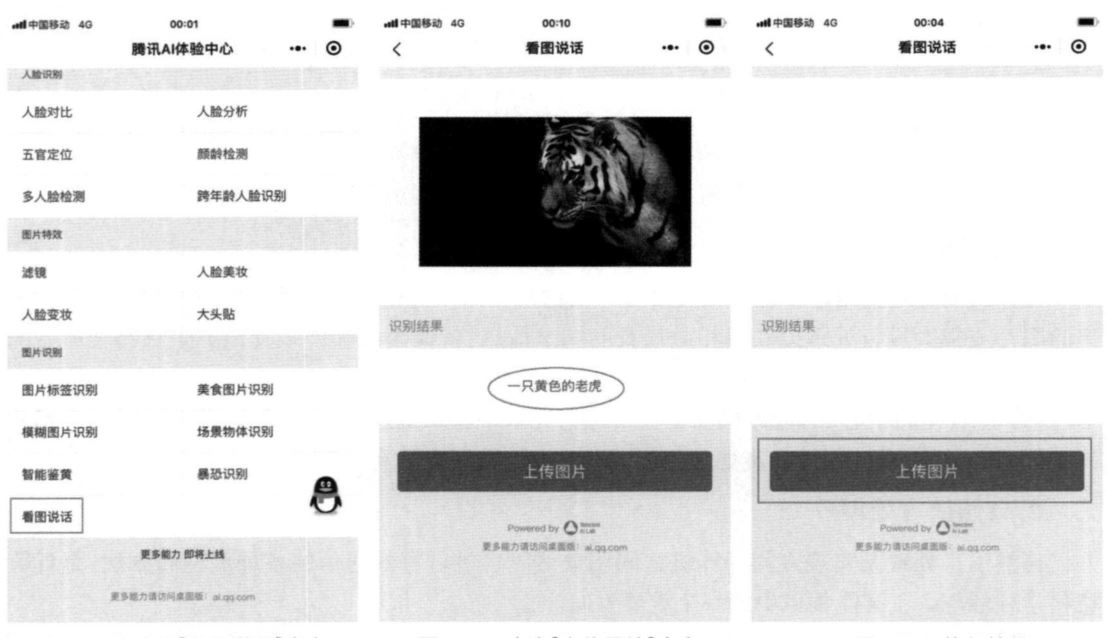

图8-2-3　点击【看图说话】命令　　图8-2-4　点击【上传图片】命令　　图8-2-5　执行结果

二、利用“腾讯AI体验中心”将图片中的英文翻译为汉语

（1）在“自然语言处理”板块中点击【图片翻译】命令，如图8-2-6所示。

（2）在【图片翻译】界面中点击【上传图片】，在手机相册中选择需要翻译的图片，软件自动将图片中的英文翻译为中文。如图8-2-7、图8-2-8所示。

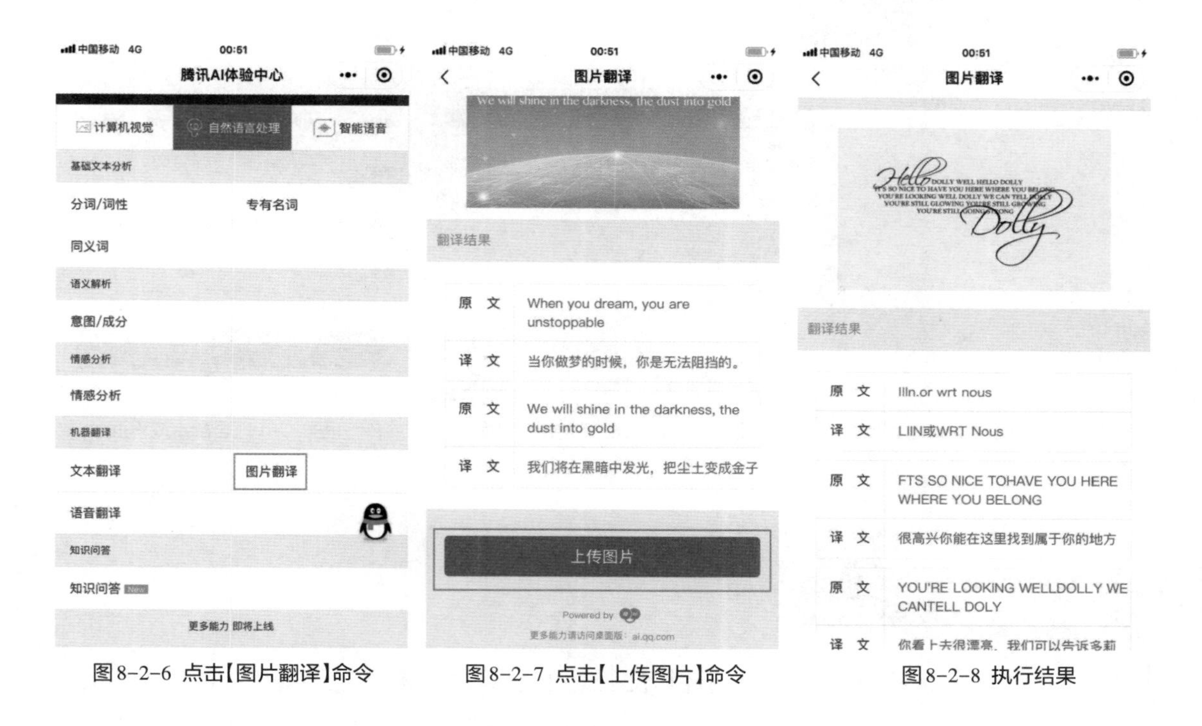

图8-2-6 点击【图片翻译】命令　　图8-2-7 点击【上传图片】命令　　图8-2-8 执行结果

三、利用“腾讯AI体验中心”将输入的文字转换为语音

（1）在“智能语音”板块中点击【语音合成】命令，如图8-2-9所示。

（2）输入想要转换为语音的文字，如“我爱你中国”，并点击【开始合成】按钮。如图8-2-10所示。

（3）选择想要合成的语音效果，如“女声”，然后点击【播放】便可听到转换的最终效果。如图8-2-11所示。

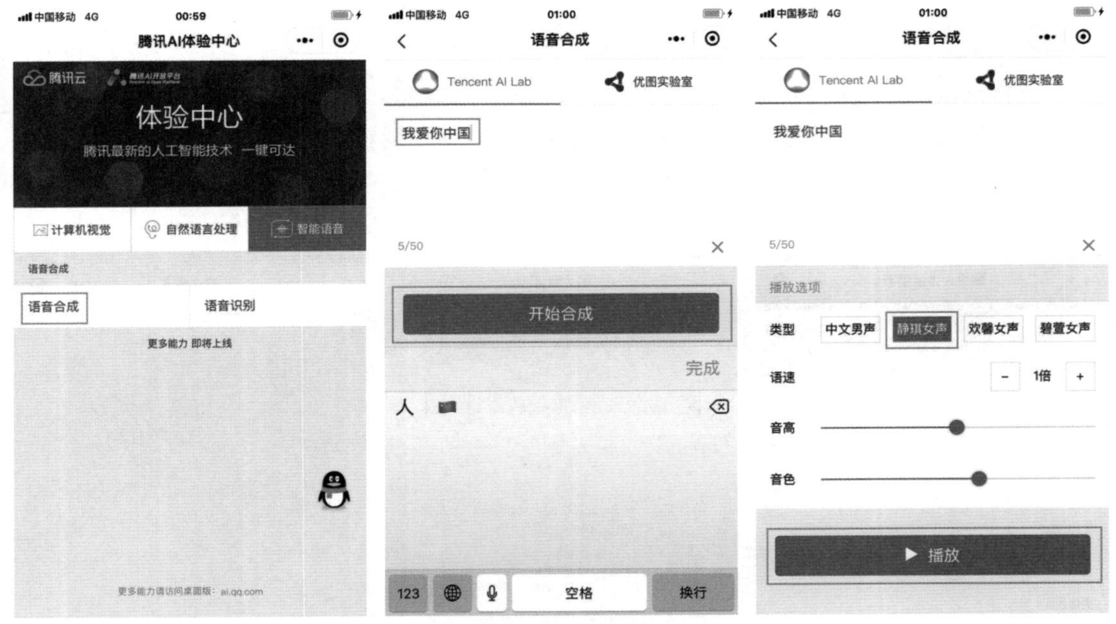

图8-2-9 点击【语音合成】命令　　图8-2-10 点击【开始合成】命令　　图8-2-11 语音合成界面

项目小结

“腾讯AI体验中心”是一款集计算机视觉、自然语言处理、智能语音为一体的人工智能小程序集合。其中，光学字符识别、图文翻译、语音合成等功能在实际生活和工作中具有较强的针对性和实用性，运用好这一类人工智能程序，能充分感受到人工智能为我们提供的便利，能使我们的生活和工作效率大大提高。

学以致用

阿信今天在公司接待了一位来访的外国客人，可是由于语言不通，他们之间根本无法进行有效的交流，你能通过“腾讯AI体验中心”帮助阿信解决这个困难吗？

项目三　智慧的机器人

学习目标

(1)知道机器人的基本概念。
(2)知道机器人的分类。
(3)知道机器人的发展历程及未来趋势。
(4)能正确划分机器人的各种类别。

项目介绍

阿信的朋友每天工作十分繁忙,往往回到家后已经筋疲力尽,可家里还有一大堆家务事等着他,其中扫地尤其使他烦恼。于是,阿信在网络上给他购买了一款扫地机器人。每天阿信的朋友只要在上班离开家的时候打开扫地机器人,扫地机器人就会自动将家里的每一个角落打扫得干干净净。打扫完成后,它会自动关闭电源,静静地待在房间的角落里迎接主人回家。自从有了扫地机器人,阿信的朋友下班后再也不会为清洁地面而头疼了。为了减轻做家务的负担,他又开始在网络上寻找更多的机器人来帮助自己。除了扫地机器人外,还有没有其他的机器人能够给我们的生活和工作带来便利呢？让我们一起走进机器人的世界吧！

项目任务

任务一　初识机器人

任务描述

学生通过该任务的学习,能够正确描述机器人的概念、分类及发展历程,正确理解机器人在我们的生活和工作中的重大作用和意义,明确机器人未来发展的趋势。

任务实施

一、机器人概述

机器人(Robot)是自动执行工作的机器装置。它既可以接受人类指挥,又可以运行预先编排的程序,还可以根据以人工智能制定的原则行动。它的任务是协助或取代人类的工作,例如制造业、建筑业或是从事其他繁重和危险的工作。

随着计算机技术和人工智能技术的迅猛发展,如今机器人的应用领域愈加广泛,像做手术、采摘水果、工程掘进、侦查排雷、太空探索、深海遨游等领域都有机器人的身影。未来,机器人的智能化将会得到加强,机器人会变得更加聪明和富有情感,成为我们人类在各方面的好帮手。

二、机器人分类

1.按机器人的应用环境分类

机器人专家从应用环境出发,将机器人分为工业机器人和特种机器人两大类。所谓工业机器人就是面向工业领域的多关节机械手或多自由度机器人。而特种机器人则是除工业机器人以外的,用于非制造业并服务于人类的各种先进机器人,包括:服务机器人、水下机器人、军用机器人、农业机器人等。从应用环境出发也将机器人分为两类,包括工业机器人和非制造环境下的服务与仿人机器人。几种常见机器人如图8-3-1、图8-3-2、图8-3-3所示。

图8-3-1 农业灌溉机器人

图8-3-2 家庭扫地机器人

图8-3-3 水下探测机器人

2.按机器人的功能及特点分类

机器人按功能分类又可分为家务型、操作型、程控型、数控型、搜救型、平台型、示教再现型、感觉控制型、适应控制型、学习控制型和智能型等。

(1)家务型:能帮助人们打理生活,做简单的家务劳动。

(2)操作型:能自动控制,可重复编程,多功能,有几个自由度,可固定或运动,用于相关自动化系统中。

(3)程控型:按照预先要求的顺序及条件,依次控制和完成机械动作。

(4)数控型:通过数值、语言等对机器人进行示教,机器人根据示教后的信息进行作业。

(5)搜救型:在大型灾难后,能进入人类进入不了或危险的废墟中,用红外线扫描废墟中的景象,把信息传送给在外面的搜救人员。

(6)平台型:机器人在不同的场景下,提供不同的定制化智能服务的机器人应用终端。

(7)示教再现型:通过引导或其他方式,先教会机器人动作,输入工作程序,机器人则自动重复进行作业。

(8)感觉控制型:利用传感器获取的信息控制机器人的动作。

(9)适应控制型:能适应环境的变化,控制其自身的行动。

(10)学习控制型:能"体会"工作的经验,具有一定的学习功能,并将所"学"的经验用于工作中。

(11)智能型:以人工智能决定其行动的机器人。

三、机器人的发展历史及趋势

机器人一词的出现以及工业机器人的问世都不过是近几十年的事,然而人们对机器人技术探寻的历史却有3000多年。以机器人一词的出现为标志,将这段历史的机器人划分为古代机器人和现代机器人。

(1)古代机器人。如木牛流马,如图8-3-4所示。

图8-3-4 木牛流马

西周时期,我国的工匠就对古代机器人技术进行了大胆的探索,研发出了一种能歌善舞的机器,这大概就是人类最早的机器人;春秋后期,我国著名木匠鲁班曾制造过一只木鸟,能在空中飞行"三日不下";三国时期,蜀国丞相诸葛亮成功地创造出"木牛流马",并用其运送军粮,支援前方战争。以上这些都是古人对机器人不断探索和尝试的产物,受科学技术和社会经济发展的限制,在很长一段时间里机器人技术都未有明显的发展,一直到了18世纪,才有了现代机器人的雏形。

(2)现代机器人。如图8-3-5、图8-3-6所示。

1920年,创造出"机器人"这个词,从此,人类开始了现代机器人的探索。1942年,提出了机器人学,并提出了所谓的"机器人三原则",即:第一,机器人不得伤害人类,或看到人类受到伤害而袖手旁观;第二,机器人必须服从人类的命令,除非这条命令与第一条相矛盾;第三,机器人必须保护自己,除非这种保护与上两条相矛盾。

第一代现代机器人:1959年,制造了机器人。这种机器人通过人用“示教控制盒”发出指令,一步步完成它应当完成的各个动作,成为示教再现型机器人的典型代表,示教再现型机器人又被称作第一代现代机器人。

第二代现代机器人:这种机器人通过传感器使它们对外界环境有一定的感知能力,灵活调整自己的工作状态,保证在适应环境的情况下完成工作,并具有听觉、视觉、触觉等功能,被称为“有感觉的机器人”。

第三代现代机器人:即智能机器人,它不仅具有感觉能力,而且还具有独立判断和行动的能力,并具有记忆、推理和决策的能力,因而能够完成更加复杂的动作。

智能机器人能够用自然语言与人对话,并且能够模仿人类的思维过程和智能行为,是未来机器人发展的重要趋势。

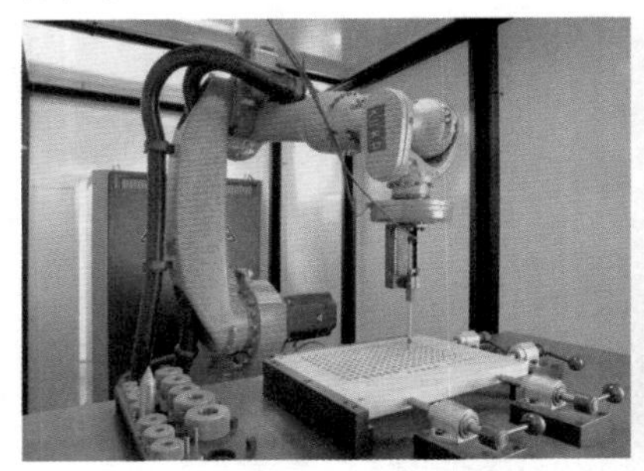

图8-3-5 工业机器人

图8-3-6 养老机器人

任务二　无所不能的机器人

任务描述

机器人已经越来越快地走进了我们的生活,通过本任务中几个案例的学习,能够真实地感受到机器人给我们生产、生活带来的巨大变化,加深对机器人的认识和理解。

任务实施

一、案例:机器人陪伴老人温馨晚年

运动机器人进入养老院,带领老年人做运动;宠物机器人,陪伴老人晚年生活,慰藉老人心理。养老院里的机器人拥有不同功能,扮演不同角色,陪伴和帮助老年人的生活。除了养老院之外,机器人也在慢慢走进家庭,为人们的生活创造更多的精彩。

二、案例：医疗机器人助力人类健康

机器人介入心脏瓣膜修复手术，借助人工智能技术，无须人工导引就能准确找到目标位置。机器人能在充满血液的跳动心脏中抵达毫米级的目标，表现相当出色。

注：相关案例视频可以在网络搜索观看。

项目小结

人类制造机器人的目的是为人类服务的，随着人工智能等技术的不断发展和进步，机器人的功能愈加强大，应用领域日益广泛。相信在不久的将来，机器人将在我们的生产、生活中充当更加重要的角色，为我们提供更加便利和舒适的生活。

学以致用

请自己收集机器人的相关视频和资料。

附录　拓展专题二维码

专题一　计算机与移动终端维护

专题二　小型网络系统搭建

专题三　实用图册制作

专题四　三维数字模型绘制

专题五　数据报表编制

专题六　数字媒体创意

专题七　演示文稿制作

专题八　个人网店开设

专题九　信息安全保护

专题十　机器人操作

《中职信息技术》
理实一体学生学习清单

姓名：____________________

班级：____________________

学号：____________________

目录

模块一　信息技术应用基础 ······ 1
项目一　信息技术的基本概念 ······ 1
项目二　操作系统 ······ 3

模块二　网络应用 ······ 5
项目一　神秘的计算机网络 ······ 5
项目二　多彩的计算机网络 ······ 7
项目三　实用的小型局域网 ······ 10
项目四　实用的无线局域网 ······ 14

模块三　图文编辑 ······ 17
项目一　美观的校园宣传报 ······ 17
项目二　规范的计算机教材 ······ 19
项目三　灵活的学生信息表 ······ 21

模块四　数据处理 ······ 23
项目一　规范的学生信息 ······ 23
项目二　灵活实用的小商品账目表 ······ 25
项目三　严谨的员工月度出勤统计 ······ 28

模块五　程度设计入门 ······ 31
项目　实用的超市计费小程序 ······ 31

模块七　信息安全基础 ······ 35

模块八　人工智能初步 ······ 37

《中职信息技术》理实一体学生学习清单

班级＿＿＿＿＿＿＿＿　　姓名＿＿＿＿＿＿＿＿　　学号＿＿＿＿＿＿＿＿

<table>
<tr><td colspan="5">模块一　信息技术应用基础
项目一　信息技术的基本概念</td></tr>
<tr><td rowspan="15">知识准备</td><td colspan="4">信息</td></tr>
<tr><td>定义</td><td colspan="3">对各种事物的(   )、(   )运动变化的反映,又是(   )之间相互作用和联系的表示。</td></tr>
<tr><td colspan="4">数据</td></tr>
<tr><td>定义</td><td colspan="3">记录下来的(   ),是客观实体属性的(   )。</td></tr>
<tr><td colspan="4">信息系统</td></tr>
<tr><td>定义、功能</td><td colspan="3">信息系统是与信息加工、(   )、信息存贮以及信息利用等有关的系统。其特点是由(   )、(   )和(   )三者构成。</td></tr>
<tr><td colspan="4">数据处理系统</td></tr>
<tr><td>定义、功能</td><td colspan="3">数据处理系统是由(   )、(   )、(   )以及人所组成并完成特定的数据处理功能的系统。其特点是对数据进行(   )、(   )、(   )或变换等过程。</td></tr>
<tr><td colspan="4">办公自动化系统</td></tr>
<tr><td>定义、功能</td><td colspan="3">办公自动化系统是由(   )、办公自动化软件、通信网络、(   )等设备组成,是办公过程实现自动化的系统。其特点是具有(   )、信息管理等功能。</td></tr>
<tr><td>进制</td><td>组成数字</td><td colspan="2">进位规则</td></tr>
<tr><td>二进制</td><td></td><td colspan="2"></td></tr>
<tr><td>八进制</td><td>0~7</td><td colspan="2"></td></tr>
<tr><td>十进制</td><td></td><td colspan="2">逢十进一</td></tr>
<tr><td>十六进制</td><td></td><td colspan="2"></td></tr>
<tr><td>项目名称</td><td colspan="2">信息技术的基本概念</td><td>学时</td><td>4</td></tr>
<tr><td>项目内容</td><td colspan="4">信息技术的定义与特征、信息系统的构成、信息在计算机中的表示。</td></tr>
<tr><td>项目实施</td><td colspan="4">引导学生在网上或在书中搜索信息、数据的定义,完成知识准备,分小组分享并填写结果;观看计算机系统的思维导图,并根据课前搜集的资料,完成知识准备;观看进制转换微课视频,将各个进制的组成数字和进位规则填写在学习清单表格中。</td></tr>
</table>

<table>
<tr><td rowspan="2">项目小结</td><td colspan="12">请谈一谈你完成本次项目后的收获：</td></tr>
<tr><td colspan="12">请谈一谈在本次项目中你的困惑：</td></tr>
<tr><td rowspan="2">评价</td><td colspan="4">学生自评</td><td colspan="4">小组互评</td><td colspan="4">教师评价</td></tr>
<tr><td>A</td><td>B</td><td>C</td><td>D</td><td>A</td><td>B</td><td>C</td><td>D</td><td>A</td><td>B</td><td>C</td><td>D</td></tr>
<tr><td>课后巩固</td><td colspan="12">一、判断题
1. 数据和信息可以随意相互转换。（ ）
2. 信息是记录客观事物的可以被鉴别的符号，数据是信息所蕴含的关于客观事物的知识。（ ）
3. 载体不同，数据的表现形式也不同。（ ）
4. 信息系统包括办公自动化系统。（ ）
5. 计算机系统是由硬件系统和系统软件组成。（ ）
6. 字是数据处理的基本单位。（ ）
二、选择题
1. 以下哪些是信息的特征？（ ）
A. 可识别 B. 可共享 C. 可存储 D. 可转换
2. 以下哪些是数据？（ ）
A. 文字 B. 数值 C. 图像 D. 声音
3. 下列哪些属于数据管理系统？（ ）
A. 数据的识别和复制 B. 数据的搜集和存储
C. 硬件设备的管理 D. 数据的比较和分类
4. 哪些属于输出设备？（ ）
A. 扫描仪 B. 显示器 C. 打印机 D. 绘图仪
5. 以下哪些属于应用软件？（ ）
A. 文字处理程序 B. 辅助设计软件
C. 汇编和编译程序 D. 用户应用程序</td></tr>
</table>

《中职信息技术》理实一体学生学习清单

班级__________________ 姓名__________________ 学号__________________

<table>
<tr><td colspan="9">模块一 信息技术应用基础
项目二 操作系统</td></tr>
<tr><td rowspan="8">知识准备</td><td colspan="8">认识操作系统</td></tr>
<tr><td colspan="2">国产操作系统</td><td colspan="2"></td><td colspan="2">国际操作系统</td><td colspan="2"></td></tr>
<tr><td>Ctrl+C</td><td>Ctrl+V</td><td>Ctrl+Z</td><td>Ctrl+X</td><td>Ctrl+S</td><td>Ctrl+Shift</td><td>Alt+F4</td><td>PrintScreen</td></tr>
<tr><td></td><td></td><td></td><td></td><td></td><td></td><td></td><td></td></tr>
<tr><td></td><td colspan="3"></td><td></td><td colspan="3"></td></tr>
<tr><td></td><td colspan="3"></td><td></td><td colspan="3"></td></tr>
<tr><td></td><td colspan="3"></td><td></td><td colspan="3"></td></tr>
<tr><td colspan="8"></td></tr>
<tr><td>项目名称</td><td colspan="5">操作系统</td><td>学时</td><td colspan="2">4</td></tr>
<tr><td>项目内容</td><td colspan="8">认识各种操作系统，包括全新实用的Windows 10系统、Windows 10系统文件管理、更改系统设置。</td></tr>
<tr><td>效果图</td><td colspan="8"></td></tr>
</table>

<table>
<tr><td>项目实施</td><td colspan="12">引导学生在网上搜集国产操作系统、国际操作系统种类并填写学习清单表格，分5个小组分别描述不同操作系统的特点及研发公司；教师讲解，让学生认识基本快捷键，并填写表格；让学生在D盘新建一个文件夹，命名为“数据”，然后将该文件夹复制到C盘中，然后将D盘的“数据”文件夹删除到回收站，最后将C盘中“数据”文件夹彻底删除。</td></tr>
<tr><td>项目小结</td><td colspan="12">请谈一谈你完成本次项目后的收获：

请谈一谈在本次项目中你的困惑：</td></tr>
<tr><td>评价</td><td colspan="4">学生自评</td><td colspan="4">小组互评</td><td colspan="4">教师评价</td></tr>
<tr><td></td><td>A</td><td>B</td><td>C</td><td>D</td><td>A</td><td>B</td><td>C</td><td>D</td><td>A</td><td>B</td><td>C</td><td>D</td></tr>
<tr><td>课后巩固</td><td colspan="12">一、判断题
1.用鼠标左键或右键点击一次的动作称为“单击”，通常单击左键选定，单击右键打开菜单。（　　）
2.按住滚轮，然后前后滚动即可，主要用于屏幕窗口中内容的左右移动。（　　）
3.鼠标指向一个对象，按住左键并拖至目标位置，然后释放目标。（　　）
4.快速打开任务管理器的快捷键是Ctrl+Alt。（　　）
二、选择题
1.以下哪个是华为自主研发的操作系统？（　　）
A.MAC OS　B.IOS　C.Android　D.Harmony OS
2.Windows 10系统首个正式版发布日期是（　　）。
A.2012年10月26日　B.2013年10月17日
C.2015年7月29日　D.2016年8月3日
3.Windows 10系统中选择对象常对鼠标进行（　　）。
A.单击　B.双击　C.右击　D.拖动
4.在Windows系统中只进行中英文切换的操作是（　　）。
A.Ctrl+Space　B.Ctrl+Shift　C.Ctrl+Esc　D.Ctrl+Alt
5.在Windows系统中进行半角和全角切换的操作是（　　）。
A.Ctrl+Space　B.Ctrl+Shift　C.Shift +Space　D.Ctrl+ Alt</td></tr>
</table>

《中职信息技术》理实一体学生学习清单

班级＿＿＿＿＿＿＿＿　　姓名＿＿＿＿＿＿＿＿　　学号＿＿＿＿＿＿＿＿

<table>
<tr><td colspan="13">模块二　网络应用
项目一　神秘的计算机网络</td></tr>
<tr><td>知识准备</td><td colspan="12">1. 计算机网络的概念。
2. 计算机网络的分类。
3. 计算机网络的应用。</td></tr>
<tr><td>项目名称</td><td colspan="8">神秘的计算机网络</td><td colspan="2">学时</td><td colspan="2">4</td></tr>
<tr><td>项目内容</td><td colspan="12">1.判断学校机房或家中的计算机网络的类型。
2.认识学校机房或家中的计算机网络的硬件构成。
3.认识学校机房或家中的计算机网络的软件构成。</td></tr>
<tr><td>效果图</td><td colspan="12">无</td></tr>
<tr><td>项目实施</td><td colspan="12">1. 观察学校机房或家中的计算机网络的组成。
2. 判断学校机房或家中的计算机网络的类型。
3. 画出学校机房或家中的计算机网络的构成图。
4. 列出学校机房或家中的计算机网络所用到的硬件名称。
5. 列出学校机房或家中的计算机网络所使用的软件名称。</td></tr>
<tr><td>项目小结</td><td colspan="12">请谈一谈你完成本次项目后的收获:

请谈一谈在本次项目中你的困惑:</td></tr>
<tr><td rowspan="2">评价</td><td colspan="4">学生自评</td><td colspan="4">小组互评</td><td colspan="4">教师评价</td></tr>
<tr><td>A</td><td>B</td><td>C</td><td>D</td><td>A</td><td>B</td><td>C</td><td>D</td><td>A</td><td>B</td><td>C</td><td>D</td></tr>
</table>

<table>
<tr><td>课后巩固</td><td>一、判断题
1. 路由器有网络连接、路由选择和设备管理功能。（　　）
2. 计算机网络分类方法有很多种，如果从覆盖范围来分，可以分为局域网、城域网和广域网。（　　）
3. 中继器能将模拟信号和数字信号进行相互转换。（　　）
4. NetWare 、Windows NT、UNIX 、DOS都是网络操作系统。（　　）
5. 网卡的主要功能是进行数据收发和介质连接与控制。（　　）
二、选择题
1. 计算机网络中，所有的计算机都连接到一个中心节点上，一个网络节点需要传输数据，首先传输到中心节点上，然后由中心节点转发到目的节点，这种连接结构被称为（　　）。
A. 总线结构　B. 环型结构　C. 星型结构　D. 网状结构
2.学校内的一个计算机网络系统属于（　　）。
A. PAN　B. LAN　C. MAN　D. WAN
3. 关于www服务，以下哪种说法是错误的？（　　）
A. www服务采用的主要传输协议是HTTP
B. www服务以超文本方式组织网络多媒体信息
C. 用户访问Web服务器可以使用统一的图形用户界面
D. 用户访问Web服务器不需要知道服务器的URL地址
4. 物理层上信息传输的基本单位称为（　　）。
A. 段　B. 位　C. 帧　D. 报文
5.交换式局域网的核心设备是（　　）。
A.中继器　B.局域网交换机　C.集线器　D.路由器</td></tr>
</table>

《中职信息技术》理实一体学生学习清单

班级________________　　姓名________________　　学号________________

<table>
<tr><td colspan="4">模块二　网络应用
项目二　多彩的计算机网络</td></tr>
<tr><td>知识准备</td><td colspan="3">1. 下载云笔记软件。
2. 搜索、下载有用的网络资源。
3. 会使用QQ、微信工具。</td></tr>
<tr><td>项目名称</td><td>多彩的计算机网络</td><td>学时</td><td>4</td></tr>
<tr><td>项目内容</td><td colspan="3">1.安装云笔记。
2.新建文件夹。
3.搜索下载网络资源进行信息收集,根据自己的需求新建笔记。
4.同步及分享笔记。</td></tr>
<tr><td>效果图</td><td colspan="3">1. 手机端效果图。</td></tr>
</table>

	2. 电脑端效果图。 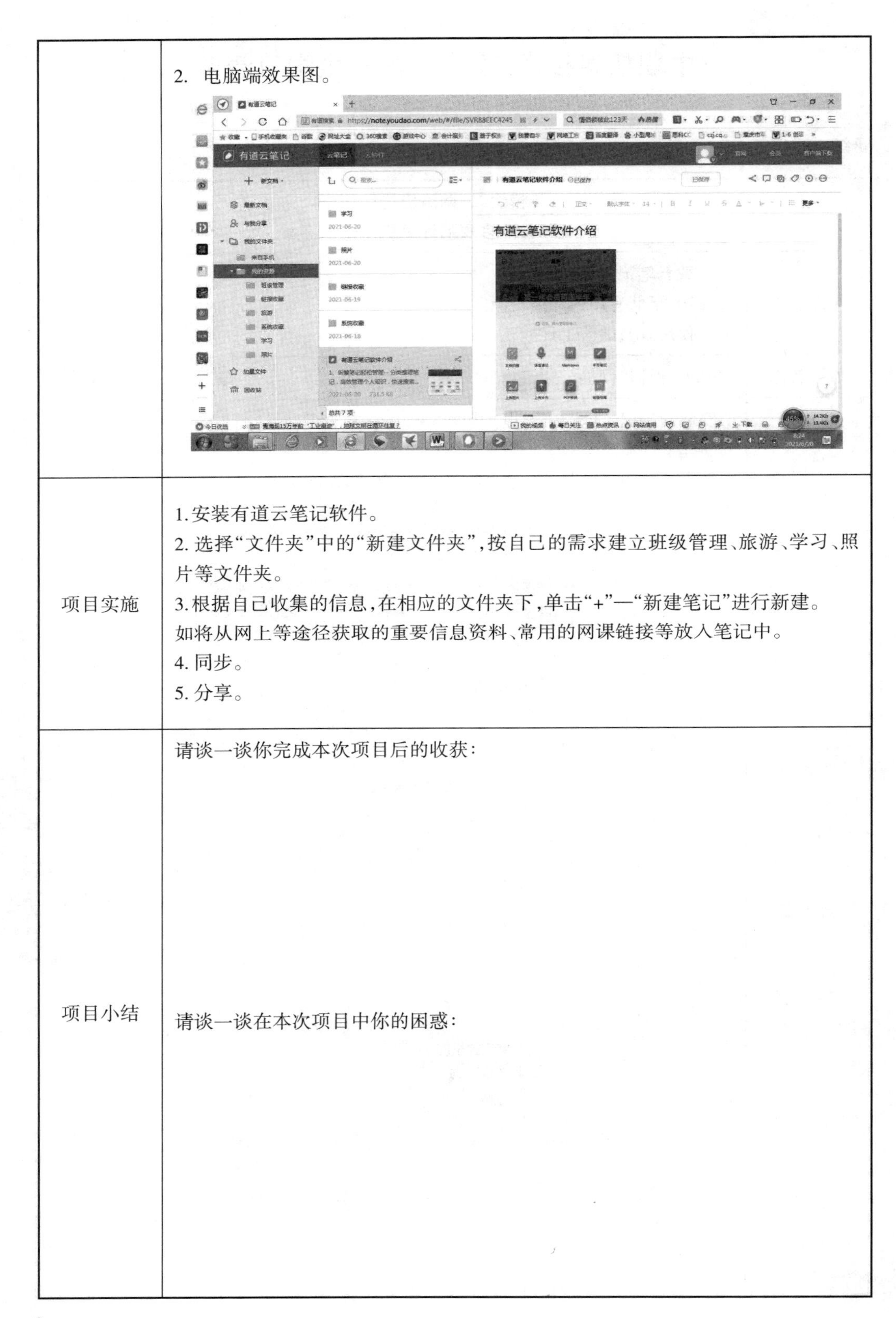
项目实施	1. 安装有道云笔记软件。 2. 选择“文件夹”中的“新建文件夹”，按自己的需求建立班级管理、旅游、学习、照片等文件夹。 3. 根据自己收集的信息，在相应的文件夹下，单击“+”—“新建笔记”进行新建。如将从网上等途径获取的重要信息资料、常用的网课链接等放入笔记中。 4. 同步。 5. 分享。
项目小结	请谈一谈你完成本次项目后的收获： 请谈一谈在本次项目中你的困惑：

<table>
<tr><td rowspan="2">评价</td><td colspan="4">学生自评</td><td colspan="4">小组互评</td><td colspan="4">教师评价</td></tr>
<tr><td>A</td><td>B</td><td>C</td><td>D</td><td>A</td><td>B</td><td>C</td><td>D</td><td>A</td><td>B</td><td>C</td><td>D</td></tr>
<tr><td>课后巩固</td><td colspan="12">一、判断题
1.“我的博客我做主”,我在自己的博客上想写什么就写什么。（　　）
2. 某网民在网上擅自发布消息称将发生大地震,提醒网友注意安全。这种做法是合法的。（　　）
3. 用IE浏览器浏览网页时,当鼠标移动到某一位置时,鼠标指针变成“小手”,说明该位置一般有超链接。（　　）
4. 搜索的关键字越长,搜索的结果越多。（　　）
5. Internet邮件地址中,不能少的一个字符是@。（　　）
二、选择题
1.某同学希望在网上查找需要的资料,那么较好的信息搜索流程是(　　)。
A.选择查找方式→确定搜索目标→确定搜索引擎→查找、筛选
B.确定搜索目标→选择查找方式→确定搜索引擎→查找、筛选
C.确定搜索引擎→确定搜索目标→选择查找方式→查找、筛选
D.确定搜索目标→确定搜索引擎→选择查找方式→查找、筛选
2.在Internet上,向用户提供信息搜索服务的工具称为(　　)。
A.信息下载　B.搜索引擎　C.信息浏览　D.邮件发送
3.在我国古代,使用“鸣金收兵”来传递信息,此时信息传递所依附的媒介是(　　)。
A.声音　B. 图像　C.文字　D.空气
4. http://www.google.com 提供的服务是(　　)。
A.新闻娱乐　B.全世界网站介绍　C.搜索引擎　D.网络技术咨询
5. 如果想保存网页上的一张图片,正确的操作是(　　)。
A.单击“文件”菜单,选择“另存为”命令
B.右击该图片,在弹出的快捷菜单中选择“图片另存为”命令
C.单击该图片,选择“图片另存为”命令
D.直接拖拽图片到收藏夹中</td></tr>
</table>

《中职信息技术》理实一体学生学习清单

班级__________ 姓名__________ 学号__________

模块二 网络应用 项目三 实用的小型局域网			
知识准备	1. 传输介质相关知识。 2. 网卡、交换机、路由器的相关知识。 3. 计算机的IP地址、子网掩码、网关的相关知识。		
项目名称	实用的小型局域网	学时	4
项目内容	1. 搭建对等网。 2. 配置网络协议。 3. 配置路由器。 4. 测试连通性。		
效果图			
项目实施	1. 连接计算机网卡和交换机。		

2. 连接交换机和路由器。

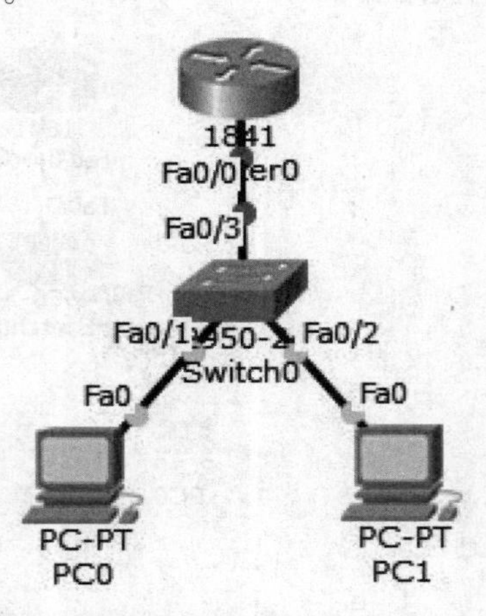

3. 配置计算机的IP地址、子网掩码及网关。

计算机的IP地址、子网掩码及网关

计算机	IP地址	子网掩码	网关
PC0	192.168.3.2	255.255.255.0	192.168.3.1
PC1	192.168.3.3	255.255.255.0	192.168.3.1

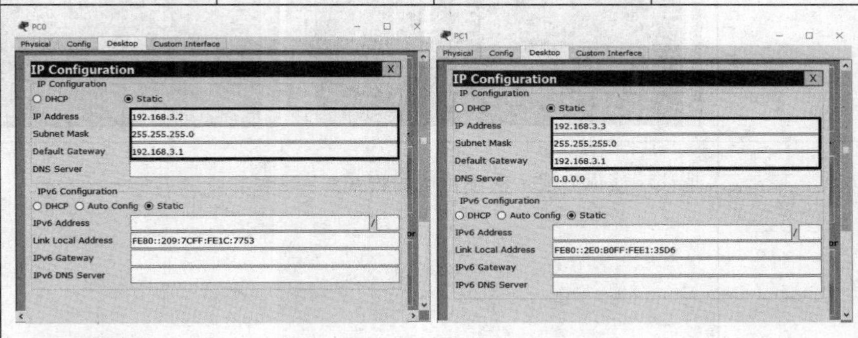

4. 配置路由器。

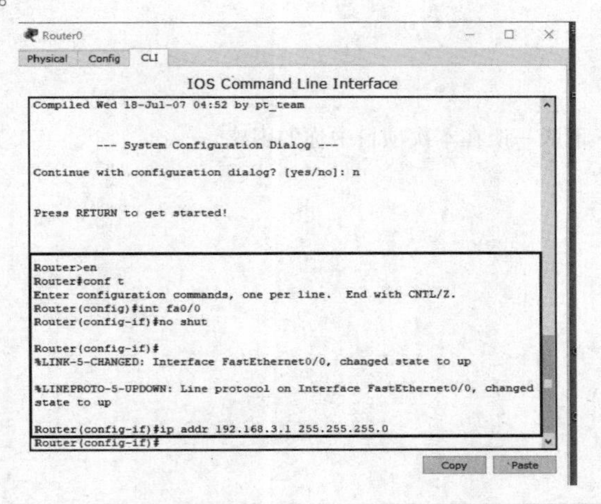

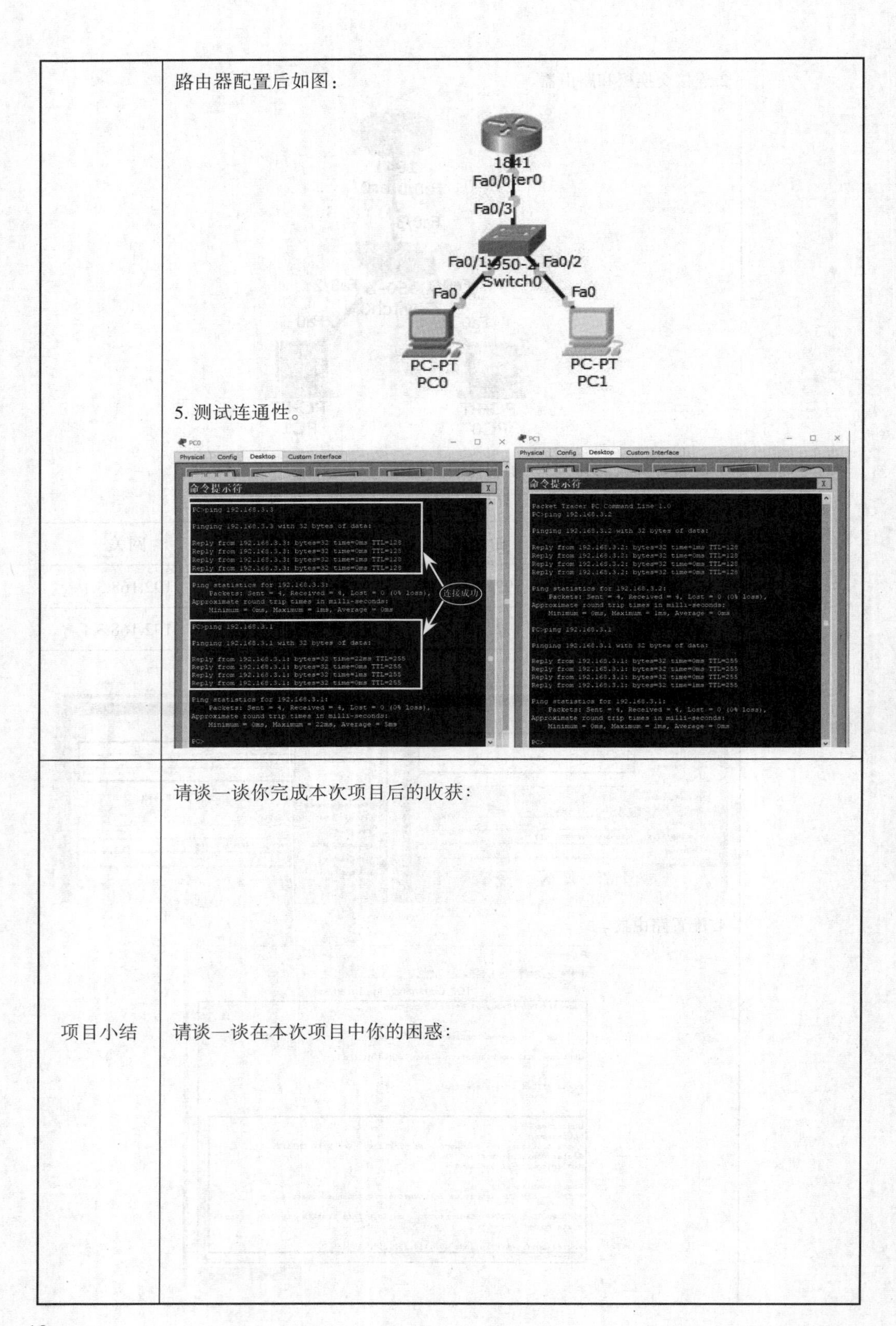

路由器配置后如图：

5. 测试连通性。

项目小结

请谈一谈你完成本次项目后的收获：

请谈一谈在本次项目中你的困惑：

<table>
<tr><td rowspan="2">评价</td><td colspan="4">学生自评</td><td colspan="4">小组互评</td><td colspan="4">教师评价</td></tr>
<tr><td>A</td><td>B</td><td>C</td><td>D</td><td>A</td><td>B</td><td>C</td><td>D</td><td>A</td><td>B</td><td>C</td><td>D</td></tr>
<tr><td>课后巩固</td><td colspan="12">一、判断题
1.Ping命令是测试计算机网络是否连通的命令。（ ）
2.只有双绞线才能作为网络传输介质。（ ）
3.网关是一个网络通向其他网络的IP地址。（ ）
4.路由器的一个作用是连通不同的网络,另一个作用是选择信息传送的线路。（ ）
5.网络交换机,是一个扩大网络的设备,能为子网络中提供更多的连接端口,以便连接更多的计算机。（ ）
二、选择题
1.连接局域网中的计算机与传输介质的网络连接设备是（ ）。
A.网卡 B.集线器 C.交换机 D.路由器
2.IPv4地址由多少位二进制数值组成?（ ）
A.16位 B.8位 C.32位 D.64位
3.互联网中子网掩码的位数是多少?（ ）
A.12 B.32 C.64 D.128
4.TCP/IP协议是Internet中计算机之间通信所必须共同遵循的一种（ ）。
A.信息资源 B.通信规定 C.软件 D.硬件
5.IP地址能唯一地确定Internet上每台计算机与每个用户的（ ）。
A.距离 B.费用 C.位置 D.时间</td></tr>
</table>

《中职信息技术》理实一体学生学习清单

班级＿＿＿＿＿＿＿　姓名＿＿＿＿＿＿＿　学号＿＿＿＿＿＿＿

<table>
<tr><td colspan="4">模块二　网络应用
项目四　实用的无线局域网</td></tr>
<tr><td>知识准备</td><td colspan="3">1. 无线网卡的相关知识。
2. 无线路由器的相关知识。
3. 无线终端设备的相关知识。</td></tr>
<tr><td>项目名称</td><td>实用的无线局域网</td><td>学时</td><td>4</td></tr>
<tr><td>项目内容</td><td colspan="3">1. 安装无线网卡。
2. 配置无线路由器。
3. 配置无线终端设备。
4. 测试连通性。</td></tr>
<tr><td>效果图</td><td colspan="3"></td></tr>
<tr><td>项目实施</td><td colspan="3">1. 将PC1、PC2分别和交换机连接，然后再与无线路由器相连。

2. 按下表配置PC1、PC2的IP地址、子网掩码及网关。</td></tr>
</table>

计算机的IP地址、子网掩码及网关

计算机	IP地址	子网掩码	网关
PC1	192.168.2.2	255.255.255.0	192.168.2.1
PC2	192.168.2.3	255.255.255.0	192.168.2.1

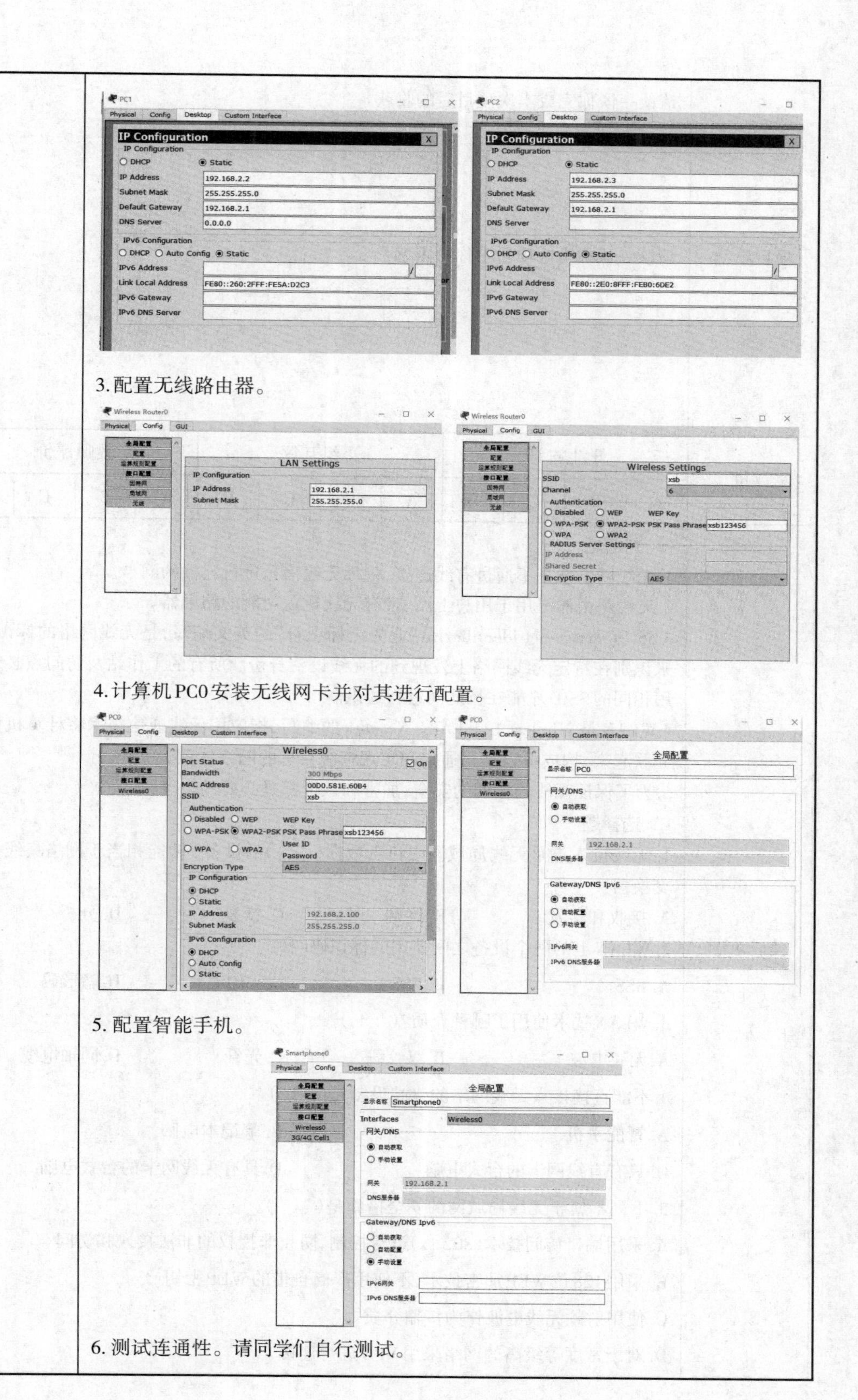

3. 配置无线路由器。

4. 计算机PC0安装无线网卡并对其进行配置。

5. 配置智能手机。

6. 测试连通性。请同学们自行测试。

<table>
<tr><td>项目小结</td><td colspan="12">请谈一谈你完成本次项目后的收获:

请谈一谈在本次项目中你的困惑:</td></tr>
<tr><td rowspan="2">评价</td><td colspan="4">学生自评</td><td colspan="4">小组互评</td><td colspan="4">教师评价</td></tr>
<tr><td>A</td><td>B</td><td>C</td><td>D</td><td>A</td><td>B</td><td>C</td><td>D</td><td>A</td><td>B</td><td>C</td><td>D</td></tr>
<tr><td>课后巩固</td><td colspan="12">一、判断题
1.无线网卡就是不通过有线连接,采用无线信号进行连接的网卡。( )
2.无线路由器是用于用户上网、带有无线覆盖功能的路由器。( )
3.SSID(Service Set Identifier)是“业务组标识符”的英文缩写,是无线网络的标识,用来识别在特定无线网络上发现到的无线设备身份。所有的工作站及访问点必须使用相同的SSID才能在彼此间进行通讯。( )
4.WLAN是Wireless Local Area Network的缩写,指应用无线通信技术将计算机设备互联起来,构成可以互相通信和实现资源共享的网络体系。( )
5.为了保证无线局域网的安全,加密和认证都是必要的。( )
二、选择题
1.无线接入点是无线局域网中负责数据( )的设备,功能相当于网络集线器和交换器。
A.接收和转发 B.终端 C.恢复 D.分析
2.WLAN上的两个设备之间使用的标识码叫( )。
A.BSS B.ESS C.SSID D.隐形码
3.WLAN技术使用了哪种介质?( )
A.无线电波 B.双绞线 C.光纤 D.同轴电缆
4.不能直接接入无线网络的终端设备是( )。
A.智能手机 B.笔记本电脑
C.只有有线网卡的台式电脑 D.具有无线网卡的台式电脑
5.下列不属于无线局域网的安全措施是( )。
A.采用端口访问技术(802.1x)进行控制,防止非授权的非法接入和访问
B.采用128位WEP加密技术,不使用产商自带的WEP密钥
C.使用射频无线电波作为传输介质
D.对于密度等级高的网络采用VPN进行连接</td></tr>
</table>

《中职信息技术》理实一体学生学习清单

班级________________　　姓名________________　　学号________________

<table>
<tr><td colspan="4">模块三　图文编辑
项目一　美观的校园宣传报</td></tr>
<tr><td rowspan="8">知识准备</td><td>操作要求</td><td colspan="2">操作方法</td></tr>
<tr><td>设置页边距、纸张、版式、文档网格。</td><td colspan="2">【布局】—【页面设置】</td></tr>
<tr><td>设置字体。</td><td colspan="2">【开始】—【字体】</td></tr>
<tr><td>设置段落。</td><td colspan="2">【开始】—【段落】</td></tr>
<tr><td>添加拼音。</td><td colspan="2">【开始】—【字体】—【拼音指南】</td></tr>
<tr><td>插入图片、形状、SmartArt、文本框。</td><td colspan="2">【插入】—【插图】/【文本】</td></tr>
<tr><td>设置带圈字符、文本效果和版式、中文版式、首字下沉。</td><td colspan="2">【开始】—【字体】/【段落】
【插入】—【文本】</td></tr>
<tr><td>输入标题。</td><td colspan="2">【插入】—【文本】</td></tr>
<tr><td>项目名称</td><td>美观的校园宣传报</td><td>学时</td><td>4</td></tr>
<tr><td>项目内容</td><td colspan="3">1. 了解文档的排版要求与各种元素的作用与效果。
2. 在文档编辑时能够熟练地、合理地进行文档的插入设置与特殊格式的设置。</td></tr>
<tr><td>效果图</td><td colspan="3">（见下方效果图）</td></tr>
</table>

莫辜负这大好春光

——寄语中职学生们

一些人提起中职生的时候，总是会联想到一些符号或标签，诸如“中考的失败者”“文化基础知识薄弱”等，他们用别样的眼光看待你们，认为只要你们在职业学校里不犯大的错误、不扰乱社会，职业学校就等于为社会做出了贡献。每逢听到这些说法，我都想大声疾呼：不是这样的！中职生是同高中生、大学生一样的，也是社会不可或缺的人才！

亲爱的中职同学，我想对你们说：

第一、莫辜负，天赐良机

我认为，你们进入中职学校，也得到了有利于你们全面发展的良机。中职生没有读三年的普通高中，但从另一方面来说，进入职业学校，你们可以潜心学习专业知识，掌握专业技能，发展个人爱好，为自己的一生打下良好的基础。你们在校期间的主要精力可以用来为自己将来的职业做准备，对于成长中的青少年来说，真可谓天赐良机！

中职生进入职业学校后，就开始接触到了专业（zhuānyè）、职业（zhíyè）、就业（jiùyè）、职场（zhíchǎng）等概念。有的同学在学校期间就开始了打工生涯，因此也较早接触到了社会。你们对生活的艰辛、社会的复杂、自立的重要性等有着更为深刻的体验和认识。

与本科生相比，中职生可以提前四到五年进入职场，而这四五年时间对于职场中的人来说是极其宝贵的。如果我们的学生敬业爱岗、努力工作，那么，熟悉职场规则，认同企业文化，独当一面地工作，在这四五年中都有可能得到解决。因此，当本科生步入职场时，中职生已经是一个熟门熟路、站稳脚跟、有点资力的员工了。

基于以上分析，我认为，你们完全有可能，也完全有条件走好自己的幸福人生路。

第二、莫自卑，[illegible]

我知道，即便你们同意我的“莫辜负，天赐良机”的观点，但只要一想到将来，仍然会产生自卑心理。这是因为，你们的文化基础知识与高中生相比的确存在着一定的差距。你们的初中同学有相当部分上了高中，他们之中将来也会有相当一部分会上大学。而上了大学就意味着前途光明。对此，我有不同的看法。

上了大学，就一定是前途光明吗?上了中职，就注定此生无望了吗?大量事实证明，不是这样的。

且不说比尔盖茨、乔布斯这些连大学都没读完的人照样可以成就一番事业，就一般情况而言，一个人或读大学，或读大专，或读中职，无非是获取一张进入社会的“通行证”。一旦进入了社会，这张通行证的作用也就所剩无几了。关键还要看每个人在不同的岗位上能否胜任工作，能否做出成绩。

攀登者

试想，当本科生就业的时候，你们已经有四五年的工作经验了。在构建学习型社会的今天，文化基础知识方面的不足就更不是问题了。当今社会，学习早已不再是阶段性的任务，而是一个人终生要做的事情。你们在实现了自立后，还有许多机会可以通过不同方式进修深造，以弥补自己知识的不足。

第三、莫急躁，脚踏实地

亲爱的同学们，我想告诉你们的是，无论你持有什么学历，如何走好踏入职场的第一步，都是至关重要的。即使是学历层次比你们高的大专、本科生，也是从最基层干起的。进入企业的第一步，相当于飞机的起飞阶段，走稳了，走好了，就可以顺利地进入轨道，继而会腾空高飞。

一个简单的道理是：一个连小事都做不好的人，老板肯定不会委以重任。★选拔新人选的标准，就是看一般职工在从事这些最简单劳动时的态度、效率、质量、人际关系、责任心以及对企业的忠诚度。所以，在进入企业后，无论做什么工作，都要脚踏实地，都要尽力把最小的、最简单的、最枯燥的、最辛苦的、最脏的、最被人看不起的、待遇最低的工作干好、干出色。只有这样，一旦机会来临，你才能承担重任。

亲爱的同学们，我想请你们一定要记住：千里之行，始于足下。展示你们的才能、才干，绝不是从重要岗位开始的。事实上，从你们顶岗实习的那一天就开始了，从你们参加企业面试的那一瞬间就开始了，从你做最简单工作的那一刻就开始了。

最后我想说，当前，国家高度重视职业教育，大力发展中职教育已写进国家的发展纲要。可以说，职业教育的春天已经来临。在和煦春光沐浴下的职教同仁和广大的中职学生，我们应该振奋精神，有所作为，才不辜负这大好春光！

<table>
<tr><td>项目实施</td><td colspan="12">1. 设置页面格式。
2. 设置文档段落格式。
3. 编辑图片、文本框、形状、图形。
4. 编辑带圈字符、文本效果、中文版式。</td></tr>
<tr><td>项目小结</td><td colspan="12">请谈一谈你完成本次项目后的收获：

请谈一谈在本次项目中你的困惑：</td></tr>
<tr><td rowspan="2">评价</td><td colspan="4">学生自评</td><td colspan="4">小组互评</td><td colspan="4">教师评价</td></tr>
<tr><td>A</td><td>B</td><td>C</td><td>D</td><td>A</td><td>B</td><td>C</td><td>D</td><td>A</td><td>B</td><td>C</td><td>D</td></tr>
<tr><td>课后巩固</td><td colspan="12">一、判断题
1. 快速保存不会覆盖之前保存的文档内容。（　　）
2. 复制文件的快捷键是Ctrl+C。（　　）
3.Word文档的文件格式是doc。（　　）
4. 表格处理软件属于系统软件。（　　）
二、选择题
1. 以下哪一个软件是办公文字处理软件？（　　）
A. CAD 2008　B. Excel 2016　C. Word 2016　D. 我的文档
2. 删除页眉的横线，正确的操作是（　　）。
A. Ctrl+Shift+空格　B. Ctrl+Shift+Delete
C. Ctrl+Shift+N　D. Ctrl+Shift+Del
3. 以下文字描述正确的是（　　）。
A. 标题和正文都是居中对齐　B. 标题居中对齐，正文左对齐
C. 标题居中对齐，正文右对齐　D. 以上说法都不正确
4. 在Word中，我们要绘制一个7×4的表格，代表（　　）。
A. 列为7　B. 行为7　C. 列为4　D. 行为4
5. 我们在Word中录入“张三”的身份证号，以下操作正确的是（　　）。
A. 设置单元格格式为“文本格式”
B. 拉伸单元格长度以满足“身份证”号码能够全部装到“单元格”里面
C. 复制身份号码
D. 粘贴身份证号码
6. 关闭文档的快捷键是（　　）。
A. Ctrl+C　B. Shift+C　C. Tab+C　D. Alt+C</td></tr>
</table>

《中职信息技术》理实一体学生学习清单

班级________________　　姓名________________　　学号________________

<table>
<tr><td colspan="4">模块三　图文编辑
项目二　规范的计算机教材</td></tr>
<tr><td rowspan="13">知识准备</td><td>操作要求</td><td colspan="2">操作方法</td></tr>
<tr><td>设置纸张大小、页边距、纸张方向、文档网格等。</td><td colspan="2">【布局】—【页面设置】</td></tr>
<tr><td>插入分节符。</td><td colspan="2">【布局】—【页面设置】—【分隔符】—【下一页】</td></tr>
<tr><td>编辑脚注。</td><td colspan="2">【引用】—【插入脚注】</td></tr>
<tr><td>设置项目符号、编号。</td><td colspan="2">【开始】—【段落】—【项目符号】/【编号】</td></tr>
<tr><td>添加水印。</td><td colspan="2">【设计】—【页面背景】—【水印】</td></tr>
<tr><td>设置标题。</td><td colspan="2">【开始】—【样式】—【标题】</td></tr>
<tr><td>生成目录。</td><td colspan="2">【引用】—【目录】—【自定义目录】</td></tr>
<tr><td>插入页眉、页脚、页码。</td><td colspan="2">【插入】—【页眉和页脚】—【页眉】/【页脚】/【页码】</td></tr>
<tr><td>添加封面页。</td><td colspan="2">光标定位在目录页首行前,插入分节符,即可添加一页。</td></tr>
<tr><td>输入标题。</td><td colspan="2">【插入】—【文本】—【艺术字】</td></tr>
<tr><td>添加封面图片。</td><td colspan="2">利用PrintScreen键对需要的界面截图,粘贴到封面页。</td></tr>
<tr><td></td><td colspan="2"></td></tr>
<tr><td>项目名称</td><td>规范的计算机教材</td><td>学时</td><td>4</td></tr>
<tr><td>项目内容</td><td colspan="3">通过编辑教材来提高文档的编辑能力。</td></tr>
<tr><td>效果图</td><td colspan="3"></td></tr>
<tr><td>项目实施</td><td colspan="3">1. 规划版面(页面设置、插入分节符)。
2. 编辑脚注、项目符号、编号、水印。
3. 编辑页眉、页码、目录。
4. 设计封面。</td></tr>
</table>

<table>
<tr><td rowspan="2">项目小结</td><td colspan="12">请谈一谈你完成本次项目后的收获:</td></tr>
<tr><td colspan="12">请谈一谈在本次项目中你的困惑:</td></tr>
<tr><td rowspan="2">评价</td><td colspan="4">学生自评</td><td colspan="4">小组互评</td><td colspan="4">教师评价</td></tr>
<tr><td>A</td><td>B</td><td>C</td><td>D</td><td>A</td><td>B</td><td>C</td><td>D</td><td>A</td><td>B</td><td>C</td><td>D</td></tr>
<tr><td>课后巩固</td><td colspan="12">一、判断题
1.页眉和页脚一经插入,就不能修改了。 (　　)
2.项目符号可以自定义,但编号不能自定义。 (　　)
3.Word一般是利用标题或者大纲级别来创建目录的。 (　　)
4.Word把艺术字作为图形来处理。 (　　)
二、选择题
1.页面设置对话框由四个部分组成,不属于页面设置对话框的是(　　)。
A.版式　B.纸张　C.页边距　D.打印
2.要删除分节符,可将插入点置于双点线上,然后按(　　)。
A.Esc键　B.Tab键　C.回车键　D.Del键
3.若要设定打印纸张大小,在Word 中可在(　　)进行。
A.“开始”选项卡中的“段落”对话框中
B.“开始”选项卡中的“字体”对话框中
C.“布局”选项卡中的“页面设置”对话框中
D. 以上说法都不正确
4.在Word中可以在文档的每页或一页上打印一图形作为页面背景,这种特殊的文本效果被称为(　　)。
A.图形　B.艺术字　C.插入艺术字　D.水印
5.在Word中,下列说法正确的是(　　)。
A.一个段落能添加一个项目符号或编号
B.一个段落能添加多个项目符号或编号
C.一个段落中的每一行都能添加一个项目符号或编号
D.多个段落中的每一行都能添加一个项目符号或编号
6.在Word中生成目录必须在文档中各部分设置了(　　)的基础上实现。
A.字形　B.字体　C.字号　D.大纲标题</td></tr>
</table>

《中职信息技术》理实一体学生学习清单

班级________________ 姓名________________ 学号________________

<table>
<tr><td colspan="4">模块三　图文编辑
项目三　灵活的学生信息表</td></tr>
<tr><td>知识准备</td><td colspan="3">1.制作主文档：
（1）能在Word中，通过插入或绘制等方法生成表格。
（2）能在Word中，美化表格：合并与拆分单元格，调整行高与列宽，设置边框、底纹及单元格对齐方式。
2.提前准备数据源文件。
3.理解主文档和数据源的关系。
4.插入合并域是在主文档中添加收件人列表中的域，如“姓氏”“住宅”“公司名称”或其他域。</td></tr>
<tr><td>项目名称</td><td>灵活的学生信息表</td><td>学时</td><td>4</td></tr>
<tr><td>项目内容</td><td colspan="3">1.邮件合并能让我们批量生成需要的文档，从繁重的重复劳动中解脱出来，提高工作效率。
2.通过Word邮件合并功能批量生成学生信息表。</td></tr>
<tr><td>效果图</td><td colspan="3"></td></tr>
</table>

<table>
<tr><td>项目实施</td><td colspan="12">1. 建立主文档。
2. 连接数据源文件。
3. 插入合并域。
4. 预览结果。
5. 完成并合并邮件。</td></tr>
<tr><td>项目小结</td><td colspan="12">请谈一谈你完成本次项目后的收获:

请谈一谈在本次项目中你的困惑:</td></tr>
<tr><td rowspan="2">评价</td><td colspan="4">学生自评</td><td colspan="4">小组互评</td><td colspan="4">教师评价</td></tr>
<tr><td>A</td><td>B</td><td>C</td><td>D</td><td>A</td><td>B</td><td>C</td><td>D</td><td>A</td><td>B</td><td>C</td><td>D</td></tr>
<tr><td>课后巩固</td><td colspan="12">一、判断题
1. 邮件合并可以没有主文档。 (　　)
2. 邮件合并的数据源必须是Excel文件。 (　　)
二、选择题
1. 关于Word的邮件合并功能描述正确的是(　　)。
A. 处理批量文档
B. 快速复制文档
C. 专门用来处理电子邮件,将不同的邮件合并到一块
D. 专门用来处理电子邮件,将相同的邮件合并到一块
2. 对于一个文档,在处理数据时有些数据是相同的,这些相同的数据在邮件合并功能中组成了它的(　　)。
A. 主文档　B. 模板　C. 数据源　D. 主要内容
3. 如果将现有的Excel表数据作为邮件合并数据源,需选择“邮件”选项卡中的“开始邮件合并”组中的(　　)按钮,再选择“使用现有列表”。
A.“插入合并域”　B.“选择收件人”　C.“开始邮件合并”　D.“标签”
4. 在连接数据源后插入合并域前,我们可以对数据进行的操作有(　　)。【多选题】
A. 排序　B. 筛选　C. 查找重复联系人　D. 删除</td></tr>
</table>

《中职信息技术》理实一体学生学习清单

班级＿＿＿＿＿＿＿＿ 姓名＿＿＿＿＿＿＿＿ 学号＿＿＿＿＿＿＿＿

<table>
<tr><th colspan="4">模块四 数据处理
项目一 规范的学生信息</th></tr>
<tr><td rowspan="4">知识准备</td><td colspan="2">1.Excel中常见数据的类型及录入方法。</td><td>文本型数据、数值型数据、日期型数据。</td></tr>
<tr><td colspan="2">2.Excel中的函数：函数SUN、函数AV-ERAGE、函数MAX、函数MIN等。</td><td>函数SUM计算单元格区域中所有数值的和。
函数AVERAGE返回参数平均值。
函数MAX返回一组数值中的最大值。
函数MIN返回一组数值中的最小值。</td></tr>
<tr><td colspan="2">3.Excel中分类汇总的方法。</td><td>对分类字段进行排序：【数据】—【分级显示】—【分类汇总】。</td></tr>
<tr><td colspan="2">4.Excel中插入图表的方法。</td><td>【插入】—【图表】—选择合适的图。</td></tr>
<tr><td>项目名称</td><td>规范的学生信息</td><td>学时</td><td>4</td></tr>
<tr><td>项目内容</td><td colspan="3">结合案例，在Excel中完成常见类型数据的录入、计算和分析。</td></tr>
<tr><td>效果图</td><td colspan="3">

某校会计1班学生基本信息

序号	姓名	身份证号码	性别	出生日期	籍贯
01	贺安安	50010920141202xxxx	女	2014年12月2日	重庆市垫江县
02	陈信	50023720140804xxxx	男	2014年8月4日	重庆市长寿区
03	王慧	51162320150809xxxx	女	2015年8月9日	重庆市潼南县
04	钟真琴	50022120130427xxxx	女	2013年4月27日	重庆市长寿区
05	孙欣	50024320141123xxxx	女	2014年11月23日	重庆市巫山县
06	雷仁鹏	50024320150519xxxx	男	2015年5月19日	重庆市长寿区
07	聂灵娅	50024320151126xxxx	女	2015年11月26日	重庆市垫江县
08	靳娅	50024320140815xxxx	女	2014年8月15日	重庆市巫山县
09	龚书琴	50024320151020xxxx	女	2015年10月20日	重庆市长寿区
10	赞媛	50022620140930xxxx	女	2014年9月30日	重庆市武隆县
11	蔡海峰	50023220140722xxxx	男	2014年7月22日	重庆市丰都县
12	李果	50010920130412xxxx	女	2013年4月12日	重庆市长寿区
13	曾涛	50023720140103xxxx	男	2014年1月3日	重庆市长寿区
14	李婷婷	50022120131214xxxx	女	2013年12月14日	重庆市垫江县
15	龚霞	50023220141008xxxx	女	2014年10月8日	重庆市武隆县
16	黄灵	52222520140108xxxx	女	2014年1月8日	重庆市丰都县
17	廖伊	50023020130823xxxx	女	2013年8月23日	重庆市武隆县
18	张涵晗	50022120150626xxxx	女	2015年6月26日	重庆市武隆县
19	高金花	50024220130818xxxx	女	2013年8月18日	重庆市垫江县
20	高芝	50024320140501xxxx	女	2014年5月1日	重庆市巫山县

基本信息表

某校会计1班学生中考成绩表

个人成绩与班级平均分比较图

入学成绩表

某校会计1班学生入学成绩分析

序号	姓名	性别	语文	数学	英语	物理	化学
		女 平均值	82	71	78	62	78
		男 平均值	76	84	71	89	90
		总计平均值	81	74	77	68	80

男女生各科成绩比较图

入学成绩分析表

</td></tr>
</table>

<table>
<tr><td>项目实施</td><td colspan="12">1. 在Excel 2016中快速录入各种类型的数据。
2. 在Excel 2016中对数据进行求和、求平均值、求最大值、求最小值操作。
3. 在Excel 2016对数据进行分类汇总并创建柱形图、折线图。</td></tr>
<tr><td>项目小结</td><td colspan="12">请谈一谈你完成本次实验后的收获：

请谈一谈在本次实验中你的困惑：

</td></tr>
<tr><td rowspan="2">评价</td><td colspan="4">学生自评</td><td colspan="4">小组互评</td><td colspan="4">教师评价</td></tr>
<tr><td>A</td><td>B</td><td>C</td><td>D</td><td>A</td><td>B</td><td>C</td><td>D</td><td>A</td><td>B</td><td>C</td><td>D</td></tr>
<tr><td>课后巩固</td><td colspan="12">一、判断题
1. 在Excel 2016中，可以通过选择单元格—单击邮件—【设置单元格格式】的方法设置字体。（　　）
2. 在Excel 2016中按Ctrl+Enter组合键能在所选的多个单元格中输入相同数据。（　　）
3. 在Excel 2016中进行分类汇总时一定要先排序。（　　）
4. 在Excel 2016中插入图表后就不能再更改图表类型。（　　）
二、选择题
1. 在Excel 2016中B12表示（　　）。
A. 第B行12列　　B. 第12行B列
C. 第B1行2列　　D. 第2行B1列
2. 在全校学生人数统计表中，全校总人数和班级平均人数是通过公式计算出来的，如果改变了其中一个班的人数，则（　　）。
A. 要重新手动修改全校总人数和班级平均人数
B. 重新输入计算公式
C. 全校总人数和班级平均人数会自动更正
D. 会出现错误信息
3. 在Excel 2016中，如果要直观反映数据的发展趋势，应采用（　　）。
A. 柱状图　　B. 折线图　　C. 饼图　　D. 气泡图
4. 在Excel 2016中，单元格C1中公式为“=A1+B2”，如果将C1复制到E5单元格，则E5中的公式为（　　）。
A. =C3+A4　　B. =C5+D6　　C. =C3+D4　　D. =A3+B4</td></tr>
</table>

《中职信息技术》理实一体学生学习清单

班级＿＿＿＿＿＿＿＿　　姓名＿＿＿＿＿＿＿＿　　学号＿＿＿＿＿＿＿＿

<table>
<tr><td colspan="4">模块四　数据处理
项目二　灵活实用的小商品账目表</td></tr>
<tr><td>知识准备</td><td colspan="3">1. 函数VLOOKUP。
VLOOKUP(lookup_value,table_array,col_index_num,range_lookup)
参数说明：
(1)lookup_value为数据表首列进行搜索的值，可以是数值、引用或字符串。
(2)table_array需要在其中搜索的信息表，可以是对区域或区域名称的引用。
(3)col_index_num为在table_array中查找数据的数据列序号，例如值为3时，则返回table_array第3列的数值，以此类推。
(4)range_lookup是精确查询或者模糊查询，如果是TRUE或者不填，匹配，如果是FALSE则为模糊匹配。
2. 相对引用和绝对引用。
(1)相对引用是公式引用单元格计算时，公式的位置发生变化，则引用的单元格也发生变化。例如：=F3*G3，向下复制为变成F4*G4。
(2)绝对引用是指公式不会随着位置变化，加上美元符号$，这样无论公式被复制到哪个单元格都不会发生变化。我们选中想要绝对引用的公式，按F4自动加上$符号。
3. 数据透视表。
主要用途：
(1)在复杂数据中创建自定义的计算和公式从而查询大量数据。
(2)通过对数据执行筛选、排序、分组和条件格式设置，可以重点关注所需信息。
(3)通过移动到列或列移动到行，查看源数据的不同汇总。
操作步骤：
【插入】—【图表】—【数据透视图】–【创建数据透视表】。</td></tr>
<tr><td>项目名称</td><td>灵活实用的小商品账目表</td><td>学时</td><td>6</td></tr>
<tr><td>项目内容</td><td colspan="3">根据案例，引导学生分步骤制作出销售账目，学会通过函数VLOOKUP查询数据和引入数据，学会使用三维饼图查看数据，使用数据透视表快速查看各种形式的数据汇总情况，体会到数据流程化和标准化的价值。</td></tr>
</table>

<table>
<tr>
<td>效果图</td>
<td>
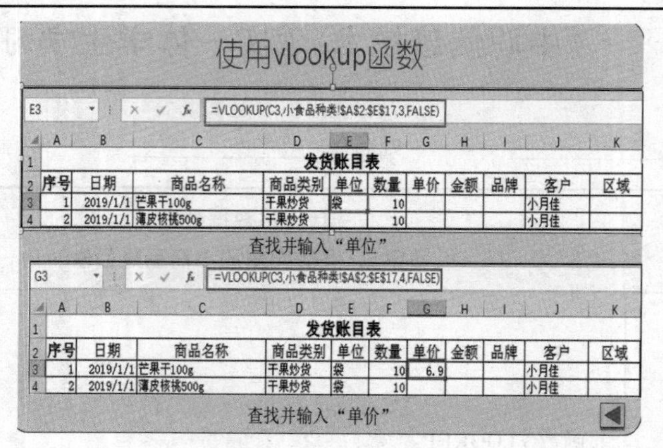

使用VLOOKUP函数
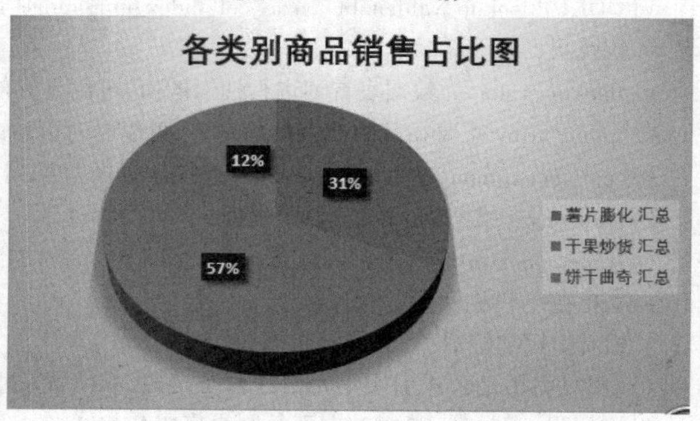

创建饼图
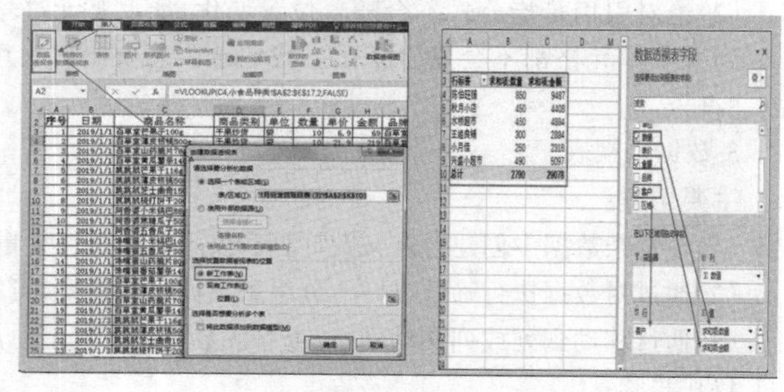
数据透视图
</td>
</tr>
<tr>
<td>项目实施</td>
<td>
1. 创建“小食品批发账目”工作簿。
(1)创建工作表,规划表格基本项目。
(2)冻结表格窗口。
(3)使用VLOOKUP函数,实现自动输入“单位”等项目的数据。
(4)使用表达式计算“金额”项。
2. 分析各类商品的销售情况。
(1)建立新工作表,名称为“商品分类汇总”。
(2)按商品类型对商品的销售数据及金额进行分类汇总。
(3)创建饼图,展示不同类型商品在销售总额中所占的比例。
</td>
</tr>
</table>

<table>
<tr><td></td><td colspan="12">3. 查看客户的进货情况。
(1)创建数据透视表,快速查看客户进货情况。
(2)对数据透视表进行排序。
(3)使用筛选器快速查看某一客户的进货情况。
(4)快速找出销量最好的两款商品。</td></tr>
<tr><td>项目小结</td><td colspan="12">请谈一谈你完成本次项目后的收获:

请谈一谈在本次项目中你的困惑:</td></tr>
<tr><td rowspan="2">评价</td><td colspan="4">学生自评</td><td colspan="4">小组互评</td><td colspan="4">教师评价</td></tr>
<tr><td>A</td><td>B</td><td>C</td><td>D</td><td>A</td><td>B</td><td>C</td><td>D</td><td>A</td><td>B</td><td>C</td><td>D</td></tr>
<tr><td>课后巩固</td><td colspan="12">一、判断题
1. 函数 VLOOKUP 第四参数“TRUE”表示精确查找。 (　　)
2. 复制工作表时需要勾选“建立副本”。 (　　)
3. 函数中的符号不区分中文符号和英文符号。 (　　)
4. VLOOKUP 函数第一参数所选单元格可以是空单元格。 (　　)
二、选择题
1. Excel 中,使用 VLOOKUP 函数的 table_array 要填入的是(　　)。
A. TRUE/FALSE(或不填)
B. 要查找的区域、数据表区域
C. 要查找的值、数值、引用或文本字符串
D. 返回数据在查找区域的第几列
2. Excel 中将相对引用选中更改为绝对引用可使用快捷键(　　)。
A. F3　　B. F4　　C. F5　　D. F6
3. Excel 中,不同图表有不同的特点,下面是饼图的特点的是(　　)。
A. 用于显示一段时间内的数据变化或显示各项之间的比较情况
B. 显示在相等时间间隔下数据的趋势
C. 显示每一数值相对于总数值的大小
D. 强调数量随时间而变化的程度
4. Excel 中,复制一个工作表,正确的操作步骤是(　　)。
A. 选择工作表→鼠标右键→插入
B. 选择工作表→鼠标右键→移动或复制
C. 选择工作表→鼠标右键→查看代码
D. 选择数据→鼠标右键→保护工作表</td></tr>
</table>

《中职信息技术》理实一体学生学习清单

班级________________ 姓名________________ 学号________________

<table>
<tr><td colspan="4">模块四 数据处理
项目三 严谨的员工月度出勤统计</td></tr>
<tr><td>知识准备</td><td colspan="3">1. 函数 DATEDIF。
DATEDIF(start_date,end_date,unit)
参数说明:
(1)start_date 为一个日期,它代表时间段内的第一个日期或起始日期。(起始日期必须在 1900 年之后)
(2)end_date 为一个日期,它代表时间段内的最后一个日期或结束日期。
(3)unit 为所需信息的返回类型。
注:结束日期必须晚于起始日期。
2. 函数 TODAY。
说明:返回值 Date,为当前系统日期。
注:该函数没有参数。
3. 函数 IF。
IF(logical_test,value_if_true,value_if_false)
参数说明:
(1)logical_test 表示计算结果为 TRUE 或 FALSE 的任意值或表达式。
(2)value_if_true 表示 logical_test 为 TRUE 时返回的值。
(3)value_if_false 表示 logical_test 为 FALSE 时返回的值。
功能:
函数 IF 是条件判断函数:如果指定条件的计算结果为 TRUE,IF 函数将返回某个值;如果该条件的计算结果为 FALSE,则返回另一个值。
例如 IF(测试条件,结果 1,结果 2),即如果满足“测试条件”则显示“结果 1”,如果不满足“测试条件”则显示“结果 2”。</td></tr>
<tr><td>项目名称</td><td>严谨的员工月度出勤统计</td><td>学时</td><td>6</td></tr>
<tr><td>项目内容</td><td colspan="3">根据案例,引导学生分步骤制作出员工年假表及月度出勤表,并使用数据透视图多角度、多方位地统计和展示员工出勤情况。</td></tr>
</table>

效果图	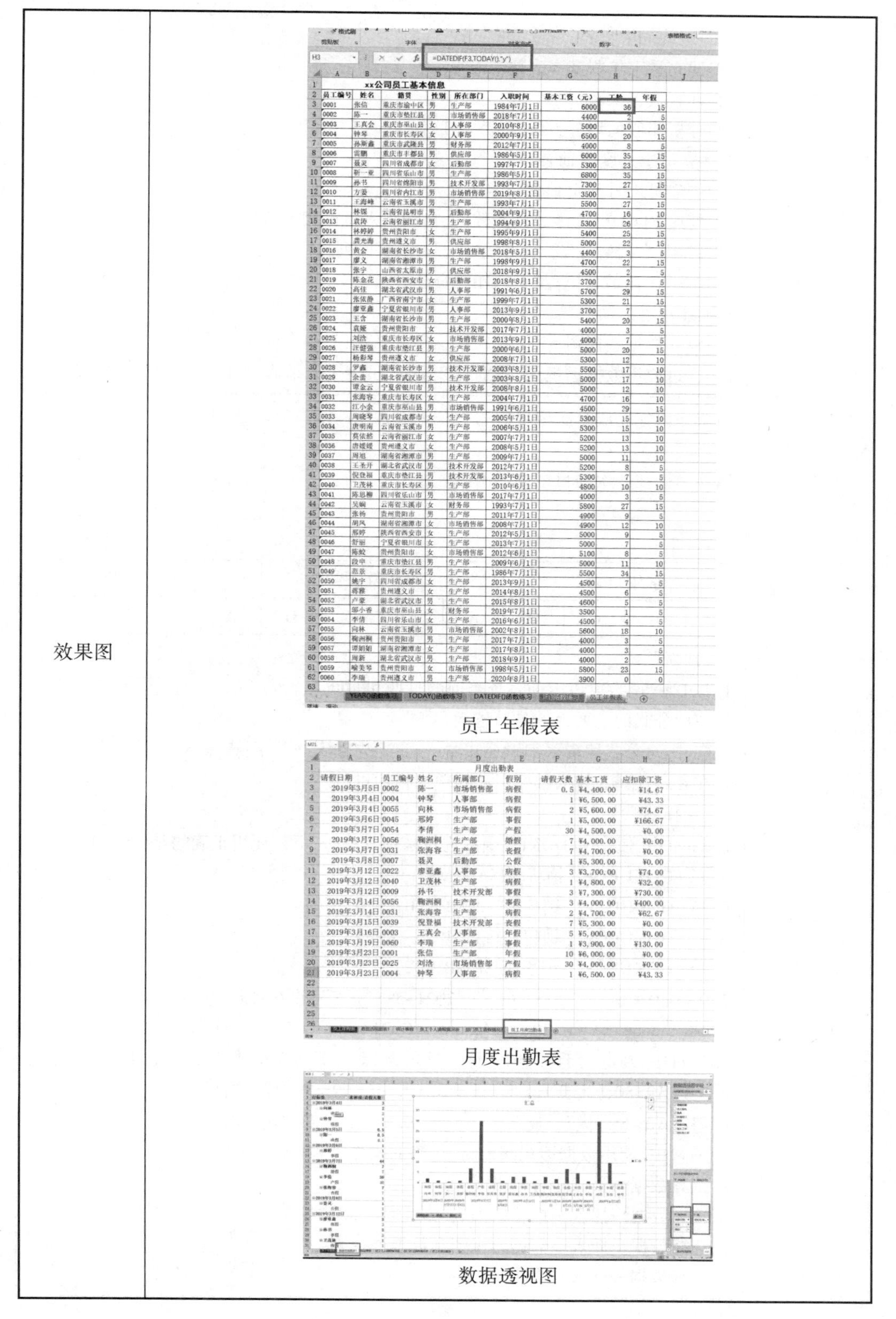

=DATEDIF(F3,TODAY(),"y")

xx公司员工基本信息

员工编号	姓名	籍贯	性别	所在部门	入职时间	基本工资（元）	工龄	年假
0001	张信	重庆市渝中区	男	生产部	1984年7月1日	6000	36	15
0002	陈一	重庆市垫江县	男	市场销售部	2018年7月1日	4400	2	5
0003	王真会	重庆市巫山县	女	人事部	2010年8月1日	5000	10	10
0004	钟琴	重庆市长寿区	女	人事部	2000年9月1日	6500	20	15
0005	孙斯鑫	重庆市武隆县	男	财务部	2012年7月1日	4000	8	5
0006	雷鹏	重庆市丰都县	男	供应部	1986年5月1日	6000	35	15
0007	聂灵	四川省成都市	女	后勤部	1997年7月1日	5300	23	15
0008	靳一亚	四川省乐山市	男	生产部	1986年5月1日	6800	35	15
0009	孙书	四川省绵阳市	男	技术开发部	1993年7月1日	7300	27	15
0010	方萎	四川省内江市	男	市场销售部	2019年8月1日	3500	1	5
0011	王海峰	云南省玉溪市	男	生产部	1993年7月1日	5500	27	15
0012	林锞	云南省昆明市	男	后勤部	2004年9月1日	4700	16	10
0013	袁涛	云南省丽江市	男	生产部	1994年9月1日	5300	26	15
0014	林婷婷	贵州贵阳市	女	生产部	1995年9月1日	5400	25	15
0015	龚光海	贵州遵义市	男	供应部	1998年8月1日	5000	22	15
0016	黄会	湖南省长沙市	女	市场销售部	2018年5月1日	4400	3	5
0017	廖文	湖南省湘潭市	男	生产部	1998年9月1日	4700	22	15
0018	张宇	山西省太原市	男	供应部	2018年9月1日	4500	2	5
0019	陈金花	陕西省西安市	女	后勤部	2018年8月1日	3700	2	5
0020	高佳	湖北省武汉市	男	人事部	1991年6月1日	5700	29	15
0021	张依静	广西省南宁市	女	生产部	1999年7月1日	5300	21	15
0022	廖亚鑫	宁夏省银川市	男	人事部	2013年9月1日	3700	7	5
0023	王含	湖南省长沙市	男	生产部	2000年8月1日	5400	20	15
0024	袁媛	贵州贵阳市	女	技术开发部	2017年7月1日	4000	3	5
0025	刘浛	重庆市长寿区	女	市场销售部	2013年9月1日	4000	7	5
0026	汪健强	重庆市垫江县	男	生产部	2000年6月1日	5000	20	15
0027	杨彩琴	贵州遵义市	女	供应部	2008年7月1日	5300	12	10
0028	罗鑫	湖南省长沙市	男	技术开发部	2003年8月1日	5500	17	10
0029	余蕾	湖北省武汉市	女	生产部	2003年8月1日	5000	17	10
0030	谭金云	宁夏省银川市	男	技术开发部	2008年8月1日	5000	12	10
0031	张海容	重庆市长寿区	女	生产部	2004年7月1日	4700	16	10
0032	江小余	重庆市巫山县	男	市场销售部	1991年6月1日	4500	29	15
0033	周晓琴	四川省成都市	女	生产部	2005年7月1日	5300	15	10
0034	唐明南	云南省玉溪市	男	生产部	2006年5月1日	5300	15	10
0035	莫依然	云南省丽江市	女	生产部	2007年7月1日	5200	13	10
0036	唐媛媛	贵州遵义市	女	生产部	2008年5月1日	5200	13	10
0037	周旭	湖南省湘潭市	男	生产部	2009年7月1日	5000	11	10
0038	王圣开	湖北省武汉市	男	技术开发部	2012年7月1日	5200	8	5
0039	倪登福	重庆市垫江县	男	技术开发部	2013年6月1日	5300	7	5
0040	卫茂林	重庆市长寿区	男	生产部	2010年6月1日	4800	10	10
0041	陈思柳	四川省乐山市	男	市场销售部	2017年7月1日	4000	3	5
0042	吴娴	云南省玉溪市	女	财务部	1993年7月1日	5800	27	15
0043	张杨	贵州贵阳市	男	生产部	2011年7月1日	4900	9	5
0044	胡风	湖南省湘潭市	女	市场销售部	2008年7月1日	4900	12	10
0045	邢婷	陕西省西安市	女	生产部	2012年5月1日	5000	9	5
0046	舒丽	宁夏省银川市	女	生产部	2013年7月1日	5000	7	5
0047	陈蛟	贵州贵阳市	女	市场销售部	2012年6月1日	5100	8	5
0048	段申	重庆市垫江县	男	生产部	2009年6月1日	5000	11	10
0049	范景	重庆市长寿区	男	生产部	1986年7月1日	5500	34	15
0050	姚宇	四川省成都市	女	生产部	2013年9月1日	4500	7	5
0051	蒋雅	贵州遵义市	女	生产部	2014年8月1日	4500	6	5
0052	卢豪	湖北省武汉市	男	生产部	2015年8月1日	4600	5	5
0053	邹小香	重庆市巫山县	女	财务部	2019年7月1日	3500	1	5
0054	李倩	四川省乐山市	女	生产部	2016年6月1日	4500	4	5
0055	向林	云南省玉溪市	男	市场销售部	2002年8月1日	5600	18	10
0056	鞠洲桐	贵州贵阳市	男	生产部	2017年7月1日	4000	3	5
0057	谭娟娟	湖南省湘潭市	女	生产部	2017年8月1日	4000	3	5
0058	周新	湖北省武汉市	男	生产部	2018年9月1日	4000	2	5
0059	喻美琴	贵州贵阳市	女	市场销售部	1998年5月1日	5800	23	15
0060	李瑞	贵州遵义市	男	生产部	2020年8月1日	3900	0	0

YEAR()函数练习 TODAY()函数练习 DATEDIF()函数练习 员工年假表

员工年假表

月度出勤表

请假日期	员工编号	姓名	所属部门	假别	请假天数	基本工资	应扣除工资
2019年3月5日	0002	陈一	市场销售部	病假	0.5	¥4,400.00	¥14.67
2019年3月4日	0004	钟琴	人事部	病假	1	¥6,500.00	¥43.33
2019年3月4日	0055	向林	市场销售部	病假	2	¥5,600.00	¥74.67
2019年3月6日	0045	邢婷	生产部	事假	1	¥5,000.00	¥166.67
2019年3月7日	0054	李倩	生产部	产假	30	¥4,500.00	¥0.00
2019年3月7日	0056	鞠洲桐	生产部	婚假	7	¥4,000.00	¥0.00
2019年3月7日	0031	张海容	生产部	丧假	7	¥4,700.00	¥0.00
2019年3月8日	0007	聂灵	后勤部	公假	1	¥5,300.00	¥0.00
2019年3月12日	0022	廖亚鑫	人事部	病假	3	¥3,700.00	¥74.00
2019年3月12日	0040	卫茂林	生产部	病假	1	¥4,800.00	¥32.00
2019年3月12日	0009	孙书	技术开发部	事假	3	¥7,300.00	¥730.00
2019年3月14日	0056	鞠洲桐	生产部	事假	3	¥4,000.00	¥400.00
2019年3月14日	0031	张海容	生产部	病假	2	¥4,700.00	¥62.67
2019年3月15日	0039	倪登福	技术开发部	丧假	7	¥5,300.00	¥0.00
2019年3月16日	0003	王真会	人事部	年假	5	¥5,000.00	¥0.00
2019年3月19日	0060	李瑞	生产部	事假	1	¥3,900.00	¥130.00
2019年3月23日	0001	张信	生产部	年假	10	¥6,000.00	¥0.00
2019年3月23日	0025	刘浛	市场销售部	产假	30	¥4,000.00	¥0.00
2019年3月23日	0004	钟琴	人事部	病假	1	¥6,500.00	¥43.33

月度出勤表

数据透视图

<table>
<tr><td>项目实施</td><td colspan="12">1. 创建员工年假表。
(1)建立员工年假基本表格。
(2)计算员工工龄。
(3)分析年假的划分方法,计算员工年假。
2. 建立员工月度出勤表。
(1)创建员工月度出勤表。
(2)使用 VLOOKUP 函数查找数据,自动录入员工相关信息。
(3)使用“数据验证”命令,快速建立“假别”序列。
(4)使用 IF 函数,计算员工应扣工资。
3. 统计月度出勤情况。
(1)建立数据透视图。
(2)通过使用数据透视图,分别统计事假、员工个人请假、部门员工请假的情况。</td></tr>
<tr><td>项目小结</td><td colspan="12">请谈一谈你完成本次项目后的收获:

请谈一谈在本次项目中你的困惑:</td></tr>
<tr><td rowspan="2">评价</td><td colspan="4">学生自评</td><td colspan="4">小组互评</td><td colspan="4">教师评价</td></tr>
<tr><td>A</td><td>B</td><td>C</td><td>D</td><td>A</td><td>B</td><td>C</td><td>D</td><td>A</td><td>B</td><td>C</td><td>D</td></tr>
<tr><td>课后巩固</td><td colspan="12">一、判断题
1. TODAY 函数可以返回系统当前的日期和时间。 (　　)
2. 使用公式的主要目的是节省内存。 (　　)
3. 在 Excel 公式编辑区编辑公式时,一定要先输入“ = ”字符。 (　　)
4. 在 Excel 编辑、输入数据只能在单元格内进行。 (　　)
二、选择题
1. Excel 中,使用 VLOOKUP 函数进行精确查找时,下列使用正确的是(　　)。
A. =VLOOKUP(A2,销售表!$A:$B,2,1)
B. =VLOOKUP(A2, 销售表!$A:$B,2,0)
C. =VLOOKUP(A2, 销售表!$A: $B,2,-1)
D. =VLOOKUP(A2, 销售表!$A:$B,2,2)
2. DATEDIF 函数(“2000-6-3”,”2021-5-8”,”Y”)的返回值为(　　)。
A. 19　　B. 20　　C. 21　　D. 22
3.Excel 中,判定大于 80 分为“优”,反之为“良”,下列 IF 公式使用正确的是(　　)。
A. =IF(A2>80,优,良)　　B. =IF(A2>80,“优”,“良”)
C. =IF(A2>80,“优”,“良”)　　D. =IF(A2<80,“优”,“良”)
4.Excel 中,使用数据透视图表时,正确的操作步骤是(　　)。
A. 选择数据→插入→柱形图
B. 选择数据→插入→推荐的图表
C. 选择数据→插入→数据透视图和数据透视表
D. 选择数据→插入→表格</td></tr>
</table>

《中职信息技术》理实一体学生学习清单

班级＿＿＿＿＿＿＿ 姓名＿＿＿＿＿＿＿ 学号＿＿＿＿＿＿＿

模块五 程序设计入门 项目 实用的超市计费小程序		
知识准备	1.C 语言程序的基本构成。	头文件、主函数、系统函数、自定义函数。
	2.数据类型。	整型(int)、浮点型(float)、字符型(char)。
	3.定义变量。	“数据类型 变量名”,如:int a。
	4.输入函数 scanf。	scanf("<格式化字符串>",<地址表>)。 说明:函数返回成功赋值的数据项数,出错时则返回 EOF。
	5.输出函数 printf。	printf("<格式化字符串>", <参量表>)。

	if语句	if(boolean_expression)
		{
		/* 如果布尔表达式为真将执行的语句 */
		}
		流程图 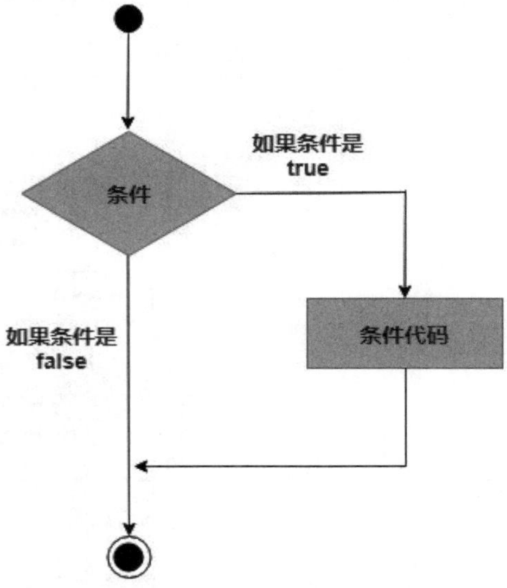
		条件
		如果条件是 true
		条件代码
		如果条件是 false

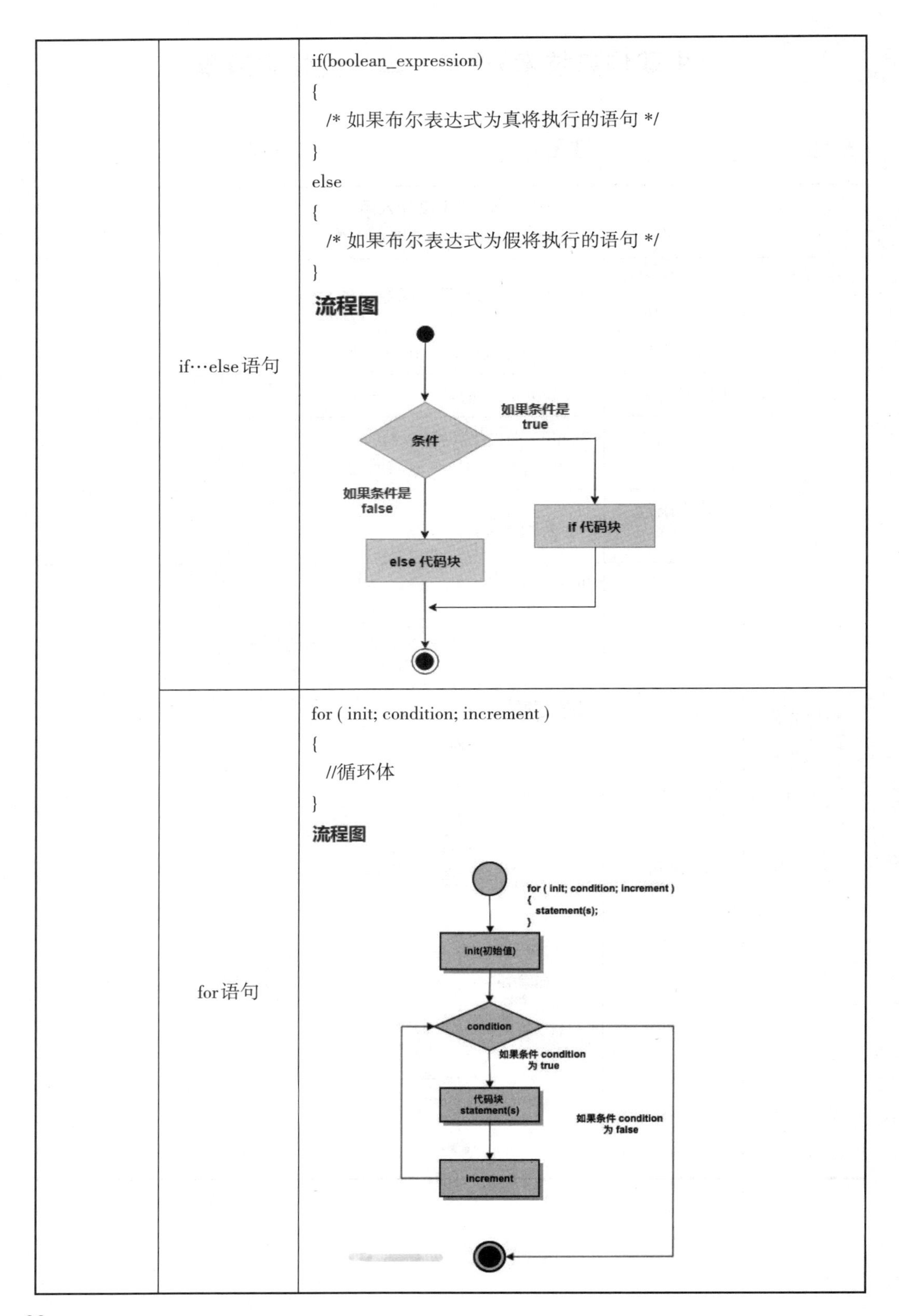

<table>
<tr><td rowspan="2"></td><td>if…else语句</td><td>if(boolean_expression)
{
/* 如果布尔表达式为真将执行的语句 */
}
else
{
/* 如果布尔表达式为假将执行的语句 */
}
流程图</td></tr>
<tr><td>for语句</td><td>for (init; condition; increment)
{
//循环体
}
流程图</td></tr>
</table>

项目名称	实用的超市计费小程序	学时	8
项目内容	小程家开了一家小超市。随着超市的生意越来越好,妈妈的工作也越来越繁重。小程想要尽快地设计出一款小程序,按照顾客购买商品的总价给予优惠,同时还能快速地记录下顾客在超市的消费积分,借助计算机程序的优势让超市的运转更加高效,能够给妈妈减轻一些工作负担。具体需求是超市实行的是顾客积分制,顾客在超市内购买1元商品时可获得1个积分。超市搞促销活动,若顾客购买金额超过1000元超市返消费券100元;超过2000元,超市返消费券500元;超过5000元超市除返1000元消费券外,还另外附送积分100分。只需输入顾客的购买金额就可显示积分和消费券情况。		
效果图	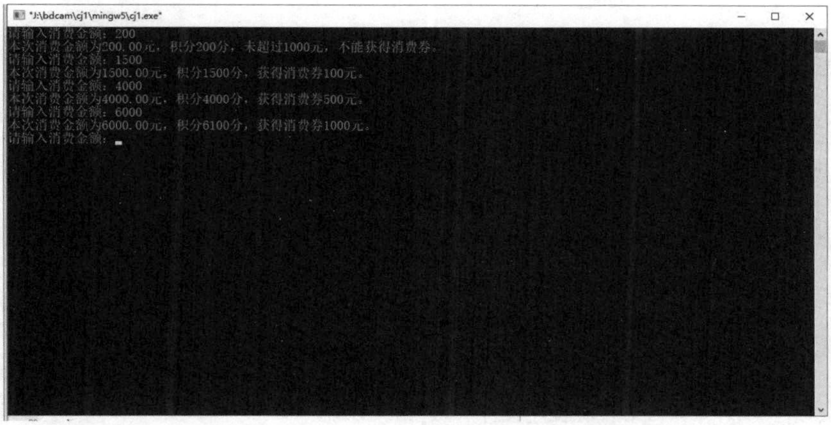 "J:\bdcam\cj1\mingw5\cj1.exe" 请输入消费金额：200 本次消费金额为200.00元，积分200分，未超过1000元，不能获得消费券。 请输入消费金额：1500 本次消费金额为1500.00元，积分1500分，获得消费券100元。 请输入消费金额：4000 本次消费金额为4000.00元，积分4000分，获得消费券500元。 请输入消费金额：6000 本次消费金额为6000.00元，积分6100分，获得消费券1000元。 请输入消费金额：		
项目实施	1. 程序设计需求分析。 2. 根据需求绘制流程图。 3. 程序语句实现。		
项目小结	请谈一谈你完成本次项目后的收获: 请谈一谈在本次项目中你的困惑:		

<table>
<tr><td rowspan="2">评价</td><td colspan="4">学生自评</td><td colspan="4">小组互评</td><td colspan="4">教师评价</td></tr>
<tr><td>A</td><td>B</td><td>C</td><td>D</td><td>A</td><td>B</td><td>C</td><td>D</td><td>A</td><td>B</td><td>C</td><td>D</td></tr>
<tr><td>课后巩固</td><td colspan="12">一、判断题
1.“A”是一个字符常量。 ( )
2. 在程序运行过程中值可以改变的量称为变量。 ( )
3. 在C语言中,变量可以先使用再定义。 ( )
4. 在C语言中,“=”是判断两个数是否相等。 ( )
5. 所有的C语言程序都必须有一个名为main的主函数。 ( )
二、选择题
1. C语言源程序的基本单位是( )。
A. 过程 B. 函数 C. 子程序 D. 标识符
2. C语言规定:在一个源程序中,main函数的位置( )。
A. 必须在最开始
B. 必须在系统调用的库函数后面
C. 可以任意
D. 必须在最后
3. C语言中主函数的个数为( )。
A. 1个 B.2个 C.无穷个 D.任意个
4. C语言源程序文件后缀为( )。
A. EXE B. OBJ C. c D. ASM
5. C语言属于( )。
A. 机器语言 B. 汇编语言 C. 高级语言 D. 面向对象语言</td></tr>
</table>

《中职信息技术》理实一体学生学习清单

班级________________ 姓名________________ 学号________________

<table>
<tr><td colspan="5">模块七 信息安全基础</td></tr>
<tr><td>知识准备</td><td colspan="4">1. 查看要扫描的计算机的IP地址命令。
2. 常见的计算机端口和作用。</td></tr>
<tr><td>模块名称</td><td colspan="2">信息安全基础</td><td>学时</td><td>2</td></tr>
<tr><td>项目内容</td><td colspan="4">使用端口探测扫描工具Zenmap扫描查看学校某台计算机或服务器端口。</td></tr>
<tr><td>项目实施</td><td colspan="4">1. 安装扫描工具Zenmap。
2. 运行软件进行扫描。
3. 对扫描到的端口进行分析,并在防火墙里阻止危险端口。</td></tr>
<tr><td>项目小结</td><td colspan="4">请谈一谈你完成本次项目后的收获:

请谈一谈在本次项目中你的困惑:</td></tr>
</table>

<table>
<tr><td rowspan="2">评价</td><td colspan="4">学生自评</td><td colspan="4">小组互评</td><td colspan="4">教师评价</td></tr>
<tr><td>A</td><td>B</td><td>C</td><td>D</td><td>A</td><td>B</td><td>C</td><td>D</td><td>A</td><td>B</td><td>C</td><td>D</td></tr>
</table>

课后巩固	单选题 1. 为了预防计算机病毒,应采取的正确措施是(　　)。 A. 每天都对计算机硬盘和软件进行格式化 B. 不用盗版软件和不打开来历不明的软件 C. 不同任何人交流 D. 不玩任何计算机游戏 2. 在网络攻击的多种类型中,攻击者窃取到系统的访问权并盗用资源的攻击形式属于哪一种?(　　) A. 拒绝服务　B. 侵入攻击　C. 信息盗窃　D. 信息篡改 3. 信息安全是信息网络的硬件、软件及系统中的(　　)受到保护,不因偶然或恶意的原因而受到破坏、更改或泄露。 A. 用户　B. 管理制度　C. 数据　D. 设备 4. 网络安全的特征包含保密性、完整性以及(　　)。 A. 可用性和可靠性　B. 可用性和合法性 C. 可用性和有效性　D. 可用性和可控性 5.(　　)不是防火墙的功能。 A.过滤进出网络的数据包　B.保护存储数据安全 C.封堵某些禁止的访问行为　D.记录通过防火墙的信息内容和活动 6.入侵检测的基本方法是(　　)。 A. 基于用户行为概率统计模型的方法　B. 基于神经网络的方法 C. 基于专家系统的方法　D. 以上都正确 7. 以下人为的恶意攻击行为中,属于主动攻击的是(　　)。 A. 数据篡改及破坏　B. 数据窃听 C. 数据流分析　D. 非法访问 8. 数据完整性指的是(　　)。 A. 保护网络中各系统之间交换的数据,防止因数据被截获而造成泄密 B. 提供连接实体身份的鉴别 C. 防止非法实体对用户的主动攻击,保证数据接受方收到的信息与发送方发送的信息完全一致 D. 确保数据是由合法实体发出的 9. 以下关于计算机病毒的特征说法正确的是(　　)。 A. 计算机病毒只具有破坏性,没有其他特征 B. 计算机病毒具有破坏性,不具有传染性 C. 破坏性和传染性是计算机病毒的两大主要特征 D. 计算机病毒只具有传染性,不具有破坏性

《中职信息技术》理实一体学生学习清单

班级________________ 姓名__________________ 学号______________

<table>
<tr><td colspan="4">模块八 人工智能初步</td></tr>
<tr><td>知识准备</td><td colspan="3">1.人工智能的基本概念、分类。
2.人工智能系统结构。
3.人工智能的发展历程及未来趋势。
4.AI开放平台常用功能及使用方法。
5.AI开放平台解决生活中实际问题。
6.信息工具处理信息、创造信息。</td></tr>
<tr><td>模块名称</td><td>人工智能初步</td><td>学时</td><td>4</td></tr>
<tr><td>项目内容</td><td colspan="3">周末，AI和朋友一起去植物公园玩，到公园看到很多植物，其中有很多植物AI不知道其名称，就问同行朋友。朋友告诉AI你可以打开微信，有一款“百度AI体验中心”的小程序，小程序上提供了植物识别功能，这样就可以帮你识别植物。于是AI打开了这个小程序，并利用这个小程序顺利识别出来不认识的植物。AI又利用这个小程序识别了很多植物，在此软件中，他还发现这个小程序有不少其他功能，可以用来解决实际工作中的各种问题。</td></tr>
<tr><td>效果图</td><td colspan="3">16:46
植物识别
识别结果
名 称 置信度
蝴蝶兰 84.71%
扁竹 0.43%
蝴蝶花 0.24%
应用场景 拍照识图、教育
上传植物图片</td></tr>
</table>

<table>
<tr><td>项目实施</td><td colspan="12">1. 打开微信。
2. 打开微信搜索功能，搜索“百度AI体验中心”。
3. 进入“百度AI体验中心”。</td></tr>
<tr><td>项目小结</td><td colspan="12">请谈一谈你完成本次项目后的收获：

请谈一谈在本次项目中你的困惑：</td></tr>
<tr><td rowspan="2">评价</td><td colspan="4">学生自评</td><td colspan="4">小组互评</td><td colspan="4">教师评价</td></tr>
<tr><td>A</td><td>B</td><td>C</td><td>D</td><td>A</td><td>B</td><td>C</td><td>D</td><td>A</td><td>B</td><td>C</td><td>D</td></tr>
<tr><td>课后巩固</td><td colspan="12">一、判断题
1. 负责收集生物体内环境和外环境的一切生命体存在及发展相关信息的系统被称为感觉系统 。（　　）
2. 记忆工程、纳米科学、基因工程被认为是人类在21世纪的三大尖端技术。（　　）
3. 一段文字可以合成语音是人工智能的产物 。（　　）
4. 被誉为“人工智能之父”的科学家是麦卡锡 。（　　）
5. 要想让机器具有智能，必须让机器具有知识。因此，在人工智能中有一个研究领域，主要研究计算机如何自动获取知识和技能，实现自我完善，这门研究分支学科叫机器学习。（　　）
二、选择题
1. AI的英文缩写是（　　）。
A. Automatic Intelligence　　B. Artifical Intelligence
C. Automatic Information　　D. Artifical Information
2. 人工智能分为（　　）。
A. 3类　　B. 4类　　C. 5类　　D. 6类
3. 下列不属于人工智能是（　　）。
A. 植物识别　　B. 车牌识别　　C. 在线翻译　　D. 扫码支付
4. 人工智能系统由（　　）系统组成。
A. 存储　　B. 传感　　C. 感觉　　D. 信息处理
5. 人工智能技术的发展能赋予机器（　　）。
A. 学习能力　　B. 推理能力　　C. 规划能力　　D. 思考能力</td></tr>
</table>